環境配慮行動の意思決定プロセスの分析

節電・ボランティア・環境税評価の行動経済学

村上一真 著

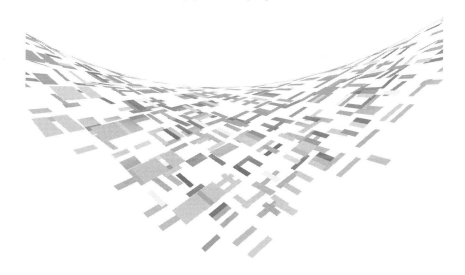

中央経済社

まえがき

　我々は特定情報の処理に係る動機づけ，時間，能力等に限界があり，他者の知識・情報や選好，圧力，期待に影響を受けながら，限定合理的な意思決定を行う。

　環境政策に限らないが，個人の行動に影響を与えようとする政策手段（規制的手法，経済的手法，情報的手法等）は，その機能発揮の前提として合理的な人間を想定する。また政策の評価では，政府は，住民も政策実施側の基準（効率性，有効性等）を同様に採用し，国民投票，住民投票，選挙等にその評価結果が反映されるものと期待する。しかし実際には，期待された政策効果や評価結果を得られない場合も多い。行動経済学は，人々の限定合理性に基づく意思決定プロセスを包括的に分析することで，このギャップの要因を明らかにし，必要な処方を示すことができる。

　本書は環境問題解決に係る行動経済学として，「個人の節電行動」，「集団での森林ボランティア活動」，「住民の森林環境税制度の必要性判断」に係る意思決定プロセスを明らかにし，東日本大震災，地球温暖化，森林への人間の働きかけ低下への処方を提示する。

　節電行動の規定要因に関しては，節電の数値目標，停電への不安・恐怖，電気代値上がり，身近な他者との関わり，個人費用便益の認知，社会費用便益の認知，社会的規範，電力会社への信頼，損失回避性の影響を検討する。そこでは，個人の制約状況の違い（過年度での節電の取組み水準，居住地域の違いに伴う停電への感情・身体感覚や危機意識の水準，電力需要量，他者の節電状況への関心水準）に起因する前述の要因の強度の違いや，時間経過に伴う各要因の強度の変容も分析する。

　また森林ボランティア活動の促進要因として，地域への愛着や身近な他者とのつながり，フォーマルな制度としての森林環境税の影響も検証する。さらに森林環境税制度の評価要因として，分配的公正（資源の配分結果の公正さ），手続き的公正（資源の配分過程の公正さ），身近な他者の評価，森林行政への信頼等の影響を明らかにする。そこでは，地域の森林への関心や森林ボランテ

ィア活動の参加状況，地域への愛着や他者との交流の水準，制度の認知水準など，個人の制約状況の違いによる各要因の影響の違いも分析する。

　今後，パリ協定や電力小売市場の全面自由化，森林の過少利用解消に係る政策を人々に受容してもらい，その政策効果を最大化させていく必要性が一層高まる。本書は既存の政策手段を補完する「インセンティブ情報」×「他者との関わり・ネットワーク」の相乗効果を狙う手法・技術とその社会実装のしくみを示すことで，これに貢献することを意図している。

2016年6月

村上　一真

目　次

まえがき

序　章　環境問題解決に係る行動経済学 ……………………………… 1
　1．研究の位置づけと対象・1
　2．研究フレームの特徴・7
　3．研究の全体構成・13

第Ⅰ部　個人の節電行動の意思決定プロセス　　17

　ⅰ．東日本大震災と地球温暖化への対応・18
　ⅱ．研究の目的と対象・24

第1章　個人費用便益認知と
　　　　社会費用便益認知の節電行動への影響 ……………… 28
　1．費用便益認知の視角・28
　2．研究の方法・30
　3．理論モデルの検証結果・39
　4．地域・前年節電経験別の分析結果・41
　5．社会費用便益認知の影響力の考察・46
　6．2013年度夏季データでの分析・考察・47

第2章　節電目標の理解度と
　　　　停電への不安・恐怖の節電行動への影響 ……………… 53
　1．東日本大震災に起因する外的要因・53
　2．研究の方法・54
　3．理論モデルの検証結果・57

  4．地域・時期別の分析結果・60
  5．知識・情報と身体感覚・感情に係る考察・66

第3章　社会的規範と電力会社への信頼の節電行動への影響 ………… 66
  1．節電目標への協力に係る内的要因・68
  2．研究の方法・70
  3．理論モデルの検証結果・73
  4．地域別の分析結果・75
  5．3季データ（大阪）の分析結果・78
  6．社会的規範と電力会社への信頼に係る考察・81

第4章　節電数値目標の有無と
    電気代値上がりの節電行動への影響 ……………………………… 83
  1．東日本大震災からの時間経過に伴う外的要因の変化・83
  2．研究の方法・84
  3．理論モデルの検証結果・87
  4．地域・時期別の分析結果・89
  5．節電数値目標の持続性の考察・92
  6．個人費用便益認知（電気代値上がり，経済性認知）の検討・94
  7．損失回避性の検討・96

第5章　身近な他者との関わりの節電行動への影響 ………………………… 102
  1．社会的比較の視角・102
  2．研究の方法・103
  3．理論モデルの検証結果・104
  4．地域・時期別の分析結果・106
  5．身近な他者との関わりの影響力の考察・109
  6．他者の節電状況への関心水準別の分析・考察・111
  7．意思決定要因の水準の推移・116

補　論　電力需要関数の推定 ……………………………………………………… 123

第Ⅱ部　森林ボランティア活動と森林環境税制度評価の意思決定プロセス ―― 133

  ⅰ．森林への人間の働きかけ低下に係る対応・134
  ⅱ．研究の目的と対象・144

第6章　地域への愛着と身近な他者とのつながりの森林ボランティア活動への影響 ……………… 147
  1．集団での環境配慮行動の規定要因・147
  2．研究の方法・150
  3．分析結果・155
  4．地域への愛着に基づく身近な他者との交流向上に係る考察・158

第7章　森林環境税制度の森林ボランティア活動への影響 ………… 160
  1．フォーマルな制度のソフト事業における政策効果・160
  2．研究の方法・161
  3．分析結果・164
  4．県別の森林環境税制度の影響力の考察・169

第8章　分配的公正の森林環境税制度評価への影響 ……………… 171
  1．システマティック処理とヒューリスティック処理・171
  2．研究の方法・173
  3．理論モデルの検証結果・177
  4．関心・行動の水準別の分析結果・179
  5．無関心層・低関心層への対応に係る考察・182

第9章　身近な他者の評価とネットワークの森林環境税制度評価への影響 ……………… 185
  1．身近な他者の意識・行動の視角・185
  2．研究の方法・187
  3．理論モデルの検証結果・191

4．関心・愛着・他者交流の水準別の分析結果・192
　　　5．身近な他者とのつながりの効果に係る考察・197

第10章　手続き的公正の森林環境税制度評価への影響 ……………… 201
　　　1．分配的公正と手続き的公正・201
　　　2．研究の方法・202
　　　3．理論モデルの検証結果・206
　　　4．認知・行動の水準別の分析結果・209
　　　5．手続き的公正の機能に係る考察・211

第11章　森林行政への信頼の規定要因の分析 ……………………… 214
　　　1．伝統的な信頼モデルと主要価値類似性モデル・214
　　　2．研究の方法・218
　　　3．理論モデルの検証結果・220
　　　4．関心の水準別の分析結果・222
　　　5．誠実さ，能力，価値類似性の関係性に係る考察・225

終　章　「インセンティブ情報」×「他者との関わり・ネットワーク」……… 229
　　　1．第Ⅰ部のまとめ・230
　　　2．第Ⅱ部のまとめ・237
　　　3．全体のまとめ・244

　　参考文献・257
　　あとがき・269
　　索引・271

序 章

環境問題解決に係る行動経済学

1. 研究の位置づけと対象

1.1 処方指針を提供する記述的アプローチ

　本研究は環境配慮行動に係る意思決定プロセスの研究として,「どのように選択(行動)することが合理的か」という規範的な分析ではなく,「実際にどのように選択(行動)するか」という記述的な分析をベースとした研究である。経済学のアプローチ区分では,規範的アプローチではなく,実証的アプローチに重きを置いた研究となる。認知心理学では,これらに加えて処方的アプローチ[1]が提案されている。これは実際の選択を合理的な選択に近づけるための支援方策を検討する,いわば記述論と規範論をつなぐ手続き的なアプローチである。

　行動経済学[2]は記述的な分析を基本とする(Tversky and Kahneman, 1986)。大垣・田中(2014)は行動経済学を「利己的で合理的な経済人の仮定を置かない経済学」(p.4)と定義する。大竹(2014a)は,行動経済学が,伝統的な経済学での合理的な行動の結果と現実とのずれをバイアスを用いて示せることに,心理学との違いがあるとする。そして,行動経済学はこの両方を示すことがで

1　Bell et al. (1988)
2　行動経済学の概要は多田(2003),友野(2006),依田(2010)に詳しい。また友野(2011)は行動経済学における規範的理論の必要性を説く。

きるため，人間の行動指針になるともする。

　行動経済学は，KahnemanやTverskyら認知心理学者の研究に基づき発展してきた。そこでは，合理性に基づかないアノマリー（例外）な事例を示す分析結果が多くあげられている[3]。友野（2006）は，行動経済学の第1段階はアノマリーを系統的に収集する段階であり，第2段階はそれら行動の体系化・理論化を図り，経済への影響を分析し，政策立案のための提言を行う段階とする。行動経済学者のThaler（1992）は，処方的アプローチに基づく指針的理論の必要性を指摘し，それを後年のThaler and Sunstein（2008）においてnudge（ナッジ）として示した。nudgeとは，ひじでやさしく押したり軽く突いたりするという単語で，「選択を禁じることも，経済的なインセンティブを大きく変えることもなく，人々の行動を予測可能な形で変える」（Thaler and Sunstein, 2008, 邦訳p.17）ような制度やしかけを意味する[4]。またBanerjee and Duflo（2011），Karlan and Appel（2011）は開発援助の現場で，そしてGneezy and List（2013）は様々な社会問題の発生現場で，ランダム化比較試験法（RCT）[5]を用いた社会実験結果に基づき，行動経済学的な問題解決方策を提示している。認知心理学や行動経済学において，記述的な分析を基にした，より望ましい選択の提示に向けた研究が進められている。

　本研究のアプローチを再度厳密に示すと，人々が実際にどのように行動するかの記述的な分析に加え，その行動の要因を明らかにし，その行動を継続あるいは変容させる状況をつくる処方指針までを検討する，記述的かつ処方的なアプローチとなる。そこでは実験室ゲームでの仮想的な状況ではなく，現実の環境問題に対する選好や選択に係る実証分析を行う。現実の問題から出発するこ

---

[3] 例えばThaler (1992), Motterlini (2006, 2008), Thaler and Sunstein (2008), Ariely (2008, 2010, 2012), Akerlof and Shiller (2009), 依田他 (2009), 池田 (2012) などがある。

[4] 小松・西尾 (2013) で示されているように，環境政策手段の3類型（規制的手法，経済的手法，情報的手法）のうち，nudgeは主に経済的手法，情報的手法を補ってそのパフォーマンスを向上させる機能を有すもので，新たな政策手段という位置づけにはない。

[5] Randomized Controlled Trial。実験参加者を政策介入等の処置を行うトリートメントグループと，その処置を行わないコントロールグループにランダムに分け，その処置の効果を明らかにする調査手法。基本的な手法はDuflo et al. (2007) に詳しい。また，1990年代後半にメキシコで実施されたPROGRESAという貧困削減プログラムが，RCTを用いた開発政策そして政策評価の成功事例の嚆矢とされる。もともとは医療分野で治療や薬剤等の効果を検証する治験や臨床試験で実施されてきた調査手法である。

とで，実践的な知見を提供することを意図する。

Thaler（1992），Thaler and Sunstein（2008）が示すように，人々の現実の行動の記述は，伝統的経済学に基づく精緻で美しいモデルではなく，ごちゃごちゃして漠然としたものとなる。ただ，Thalerは英国キャメロン首相，Sunsteinは米国オバマ大統領政権下で研究成果を用いた政策運営に携わるなど，現実社会での実践力は高い[6]。本研究では，処方指針を提供する記述的アプローチに基づき，問題解決が望まれている現場に対して有益となる研究成果を示すことを目指す。

1.2 プロセスモデルの設計と分析

意思決定プロセスの研究として，選好に基づく選択（行動）としての帰結だけではなく，そこに至るプロセスを明らかにする。帰結の要因および処方指針までをも考察するには，伝統的な経済学がブラックボックスとしている帰結に至る意思決定プロセスの把握が求められる[7]。そこでは心理的要因に係る主観的なデータを用いた，ボトムアップ・アプローチによるモデル設計および分析がなされる[8]。顕示されたものが全てではなく，表に現れない心理面に係る情報処理プロセスを明らかにすることで，選好と選択のギャップや選択結果の合理性とのギャップを生じさせる要因など，選好をより深く理解できる[9]。これ

---

[6] 2006年に米国で成立した年金保護法においてnudgeのアイデアが盛り込まれている（Thaler and Sunstein, 2008）。また米国では，行動経済学や心理学などの行動科学の知見を活かした政策策定を求める大統領令（Executive Order: Using Behavioral Science Insights to Better Serve the American People［September 15, 2015］）が示されている。そして，Social and Behavioral Sciences Team（SBST）により多分野での成果が紹介されている。また英国では，内閣府にBehavioural Insights Team（BIT）を創設し（通称，the Nudge Unit），行動科学の知見に基づいて，"improving outcomes by introducing a more realistic model of human behaviour to policy"を目指した活動が行われている。

[7] 竹村（2015）は，経済心理学では「過程」と「結果」の両方の観点での分析の必要性を指摘している。なお，前述のランダム化比較試験法（RCT）も，結果に至るプロセスがブラックボックスであることが課題とされている。どのような政策介入が望ましいかに関して，それぞれの介入がどのようなメカニズムで選好と選択に影響を与え，帰結として顕在化するのかを明らかにすることで，介入のあり方を検討できると考える。

[8] 主観的データを用いた研究として，近年，「幸福の経済学」が盛んになっている。小塩（2014）はこの隆盛の要因として，実験経済学や行動経済学での合理的行動がみられない結果を踏まえて，改めて効用や幸福の規定要因を明らかにしようとの気運の高まりをあげている。Kahneman（2011）も近年は主観的幸福感に係る研究を進めている。

により，どのような種類・形態のインセンティブが，選好や選択にどの程度の影響を与えるかを明らかにできる。これらのことが，人々の必ずしも合理的でない選択のメカニズムを明らかにし，より望ましい選択への処方指針の検討につながり，ひいては処方箋のバリエーションの拡大や深化をもたらす。

Gul and Pesendorfer（2008）「心抜き経済学の擁護論（The case for mindless economics）」は，心理学は個人の行動を矯正するセラピスト，経済学者は市場の結果を改善する組織や制度のデザイナーであるべきと主張し，心アリ経済学の神経経済学そして行動経済学に批判的な立場をとり，議論を巻き起こした[10]。現実の問題から出発する立場の本研究では，心理学，経済学という領域に限定して処方指針を提示するのでは不十分である。山岸（2013）は，普通の社会心理学[11]は，人間の頭の中にある社会しか扱っておらず，社会依存関係をほとんど考慮していないとする。社会を考慮した社会心理学研究からは，心理的要因とそれに影響を与える社会的要因の関係をみることができ，政策的な知見が得られる可能性がある。それら研究は，処方の種類[12]を心理的方略（個人的解決）と構造的方略（制度的解決）に大別する（杉浦，2003；藤井，2003；大沼，2007など）。

本研究では心理的要因を直接変えようとする精神論やお説教型の教育や政策ではなく，心理的要因を間接的に変えて行動変容を促すような，社会的な制度・しくみに係る処方指針を示す。そのため，選好に関わる社会・経済的要因や心理的要因を構造的に把握できる分析手法（Structural Equation Modeling；共分散構造分析，構造方程式モデリング）により，選択への直接要因やそれらの間接要因との関係性を検証し，社会・経済的要因に影響を受け

---

9 Bowles（2004）は社会的選好について，多くの既往研究で一般的に示される「他者の考慮」とともに，選択を判断する「過程の考慮」をあげる。その理由を，選択の評価にそれがどのように生じたかという過程が影響するためとする。結果を独立に考えるのではなく，そのプロセス（ex. 他者の裏切りの事実やその理由）を含めた結果が評価の程度を変える。また，過程の把握は，他者の意図に影響を及ぼす情報や，社会的に適切な行動を示唆する情報を明らかにできるとする。
10 川越（2013）
11 山岸（2013）は，普通の社会心理学とは心理学の中の社会心理学を指し，社会学の中の社会心理学はほとんど消えつつあるとする。
12 渡部（2004）では心理的方略と構造的方略などの異なる方略の統合化に向けた研究が紹介され，相互背反的な結果と相補的な結果のいずれもが示されている。また，藤井（2003）でも追加的な政策費用負担という二次的ジレンマなど，望ましくない副作用の研究が整理されている。

た選好から選択につながるメカニズムを明らかにする。共分散構造分析は，重回帰分析と異なり，目的変数と説明変数という2変数間の関係性だけでなく，説明変数間の内部構造や目的変数に至るメカニズムも明らかにできるという分析手法としての特徴がある。

1.3 研究テーマとしての環境配慮行動

行動経済学でのアノマリーを発見する研究テーマには，実験室での利得の獲得や配分に関するものが多い。これは実験結果の経済合理性基準に基づく評価が行いやすいことに拠る。これら実験室ゲームの研究は，選択の帰結による個人厚生への影響を測ることはできるが，社会厚生への影響を測定するテーマや研究手法としてはあまり適当ではない[13]。本研究では利得配分の客体として直接の利害関係となる他者だけではなく，知識・情報を提供し，圧力や期待をかけ，意思決定に影響を与えうる第三者としての他者や，平均的他者および世間の存在を意識できる，現実の社会的な問題に係るテーマを設定する。これによりはじめて，他者との相互関係で成立する社会への処方指針を示すことが可能となる。そのため，本研究では実際の環境問題をテーマとし，質問票による社会調査データを用いた共分散構造分析を通じて，個人の環境配慮行動の意思決定プロセスを明らかにする。本研究は理論検証としての内的妥当性の確保とともに，社会調査データの分析による外的妥当性の最大化を目指す研究となる[14]。つまり，ノイズやバイアスのある社会での意思決定プロセスに係る行動経済学研究であり，社会的に有益な示唆が得られる可能性がある。

---

13 「公共財ゲーム」として，フリーライダーの実際，処罰の効果，互恵性，間接互恵性，感情の機能などが検証されている。明示的に環境問題を取り扱っていないものの，それに関わる社会的選好やフリーライダー解消といった観点からは，個人の選択やそれに影響を与えるしくみの機能の分析は実験室ゲームで進んでいる。実験室ゲームでは他者の行動を予測しながらの選択に係る分析もなされる。ただ実験室ゲームでは帰結の分析が中心であり，そこに至るプロセスはブラックボックスとなっている。また，肥田野（2013）は，実験室内では被験者は社会的に望ましい行動（prosocial behavior）を取ることが，Levitt and List（2007）などの多くの研究で指摘されており，実験室の知見をそのまま現実の説明に用いるには注意が必要とする。

14 環境経済学における実験研究は三谷（2011），三谷・伊藤（2013）で整理されている。そこでも外的妥当性（選好を統制する実験室実験が，現実の環境問題解決に役立つのか，実際の政策に使えるのか）が議論され，「実験室からフィールド」という実際の意思決定環境での実験手法を盛り込んだ研究が進みつつあるとする。

そもそも環境問題は市場の失敗として捉えられる外部不経済による問題であり，伝統的経済学でも，非競合性と非排除性という公共財の性質に基づき，フリーライダー問題が説明される[15]。そして，規制などの市場外の対策の必要性にも一定の理解は得られている。もちろん，強制力のある規制よりも市場を用いた方策が好まれる。「環境問題では，優しいnudgeなどまったくお話にならない」(Thaler and Sunstein, 2008, 邦訳p.285)ものでもあり，費用対効果の高いnudgeを活かした，市場的手法をベースとした政府の介入抑制という処方指針を提供する記述理論が提示できれば，それは社会的要請とともに学術的要請にも沿う[16]。

なお，本研究での具体的な対象は，個人の節電行動，森林ボランティア活動，森林環境税制度である。大気汚染や水質汚濁といった直接規制により汚染源をコントロールすることで解決しうる公害型の環境問題ではなく，地球温暖化対策や自然資源・アメニティ保全など，加害者（原因者）でもあり被害者（受益者）でもある個人の意識や行動をどのようなインセンティブにより変容させ，継続させていくかが問われている環境配慮行動を対象とする。これらは，環境問題解決としての成果が直ちに目に見えて実感できる性質のものではない上に，継続性が求められる行動である。したがって，時間経過を踏まえた意思決定プロセスの分析が必要であり，インセンティブの持続性の考察も求められる。これらの分析結果は，中長期的なスパンの中で当該問題を解決していくための基礎資料となりうる。

---

[15] Hardin (1968) のコモンズの悲劇は，心理学や社会学では「社会的ジレンマ」の問題として扱われる。Dowes (1980) に基づいて様々な定義がなされているが，社会的ジレンマは「人々が自分の利益や都合だけを考えて行動すると，社会的に望ましくない状態が生まれてしまうというジレンマ」(山岸，2000, p.11)，環境問題を対象にしたものでは，「一人一人の個人が自分の私益を優先する行動をとった結果，環境汚染のように全体にとっての共益が損なわれてしまうパラドキシカルな事態」(広瀬，1995, p.9) などと示される。

[16] 環境経済学者のKolstad (1999) は，環境問題を取り扱う際には実証的経済学だけでは不十分で，実践的環境経済学者は，市場の失敗に対する介入のあり方という規範的視点を有すべきだとする。

2．研究フレームの特徴

2.1 プロセスモデルの限定

　現実の人々の選好と選択（行動）の記述の厳密さを目指そうとすると，無数の要因が存在し，無数の意志決定モデルが存在することになる。特に心理的要因を含む，心アリ経済学のモデルではそれは避けられない。本研究では現実の問題から出発し，その処方指針を考察する目的から，政策・対策としてコントロールしうる可変的な要因を中心にモデルに組み込む。その際，現実を1つのモデルで記述しようと目論むのではなく，ごちゃごちゃさをなるべく避け，少数の要因の影響度やその強度の差異や変容を1つずつ明らかにしていく[17]。実践的なモデルとしての有用性を高めるには，考えられるもの，見えるもの全てを盛り込むような総花的な記述アプローチではないモデルでの分析結果の蓄積が，まずは必要と考える。そして，実証的事実に基づいてモデルを精緻化し，それを拡張しながら分析を深め，一般化につながるような展開を通じて，現実を理解していくことが望ましい。

2.2 個人の制約状況の違いに基づく分析

　大竹（2014b）は，合理性に含まれる範囲を広げているのが行動経済学であり，大垣・田中（2014）は伝統的経済学でも経済外部性を考えるが，行動経済学での社会的選好はもっと広い意味での外部性に興味の中心があるとする。Gintis（2009）は，合理性の限界は非合理性ではなく社会性だとする。本研究のモデルは合理的な意思決定プロセスを基礎としつつ，利他性や互恵性，公平感，愛着などの社会的選好に関わる要素を付加していく。

　また，Bowles（2004），Gintis（2009）は，現在の状況に依存しない選好関数を持っているという考え方は現実的ではないとする。大垣・田中（2014）は選好の内生性と不安定性を指摘する。個人の選好は社会経済環境や制度，動機

---

[17] 当然，別々のモデルでの分析結果を直接比較することはしない。また，表面上は二項対立する要素の検証に見えうるモデルであっても，単純に要素間の優劣を明らかにするだけにとどまらない。

づけや能力などの様々な制約に影響を受ける。意思決定プロセスには複数のメカニズムがあり，各人の状況依存的な選好の違いや時間経過に伴う選好の変容に基づき，意思決定に影響を与える各要因の強度（ウェイト）が異なる中で，各人はそれぞれその時々に応じた判断を行い，選択（行動）する。これにより，各要因の強度がバイアスとして説明されたり，アノマリーに見える帰結につながる。

本研究では，仮想ではなく現実の環境問題を対象にし，生身の人間における当該事象に係る情報の欠如や情報の不確実性の程度，その事象の認知・評価への動機づけや能力水準の違いなどがある状況の中で，各人はその時点でどのような要因や手がかりにより意思決定を行うかを検証する。さらに伝統的な経済学は長期の事象，行動経済学は短期の事象を分析する／できるという説明がなされることがあるが，本研究では行動経済学に立脚しつつ，時間射程を広げた分析も行う。

そこでは意思決定に係るメカニズムの属性別の違いを明らかにできる分析手法（共分散構造分析の多母集団同時分析）により，個人の制約状況の違いに基づく各要因の強度の差異を明らかにする。また，時間経過に伴う制約状況の変化に係る各要因の強度の変容も，複数時点のデータを用いた比較分析に基づき考察する。これらにより，ある時点において誰にどのような情報をどのような手法・技術で提供するのが望ましいか，という一律でない方策を示すことができる。加えて，短期と長期での異なる処方指針の提示も可能となる。

2.3　限定合理性および二重過程理論と意思決定プロセスの可視化

人間には特定情報の処理に係る動機づけ，時間，能力等に限界があり，限定合理性（Simon, 1957）に基づく意思決定が行われるとされる。そこではTversky and Kahneman（1974），Kahneman et al.（1982），Solvic et al.（2002）らの示すヒューリスティックス[18]が意思決定に影響を与える。

---

[18] ヒューリスティックスは近道的な判断方法と捉えられる。また，ヒューリスティックスでの判断は，認知的・能力的制約を考慮した上での合理的推論と捉える考え方や研究もある。ヒューリスティックスには，利用可能性ヒューリスティック（availability），代表性ヒューリスティック（representative），係留・調整ヒューリスティック（anchoring and adjustment），感情ヒューリスティック（affect）などがあげられている。

人間の情報処理過程に関して，Chaiken (1980)，Chaiken et al. (1989) は，二重過程理論の1つとしてヒューリスティック・システマティック・モデル (Heuristic Systematic Model) を提示し，人間にはシステマティック処理とヒューリスティック処理という2種類の情報処理過程が併存しているとする[19]。システマティック処理は，対象事象に係る情報の内容そのものを吟味・精査し，熟慮のもと判断を行う過程である。一方，ヒューリスティック処理は，対象事象に係る表層的・周辺的な情報に基づいて，コスト節約的に簡便な判断を行う過程である。これら2つの処理過程は，各人の対象事象に対する認知・評価への動機づけや能力の違いなど，個人の制約状況の違いに応じて重みが異なる。対象事象への関心が高く，その情報処理に係る動機づけや能力が高い場合は，システマティック処理の重みが高まり，逆の場合は情報処理に係る負担が低いヒューリスティック処理の重みが高まる。

Slovic et al. (2004) はシステマティック処理とヒューリスティック処理を，分析的システムと経験的システム，Kahneman (2011) はシステムⅡとシステムⅠと命名する。伝統的経済学では，システマティック処理（分析的システム，システムⅡ）を核の考察対象とし，行動経済学ではシステマティック処理だけでなくヒューリスティック処理（経験的システム，システムⅠ）も中心的な分析・考察対象にするといえる。つまり，行動経済学は，より包括的な意思決定モデルを想定し，分析を進めるものとなる。Kahneman (2011) は，意思決定は自動的に働くシステムⅠ，努力を要するシステムⅡの順序で情報処理が行われ，システムⅠが優勢であり，システムⅡでシステムⅠの判断が確認・修正されるとする。そこでは，熟慮する意欲や能力等がある人／ある場合には，システムⅡの判断が力を持つ。個人が置かれている制約状況により情報処理コストの大きさ認知が異なることで意思決定のメカニズムも異なり，帰結としての選択（行動）の合理性の程度も異なる。

ただし，直観的な判断や行動に隠されている「かしこさ」（山岸，2000）と

---

[19] Petty and Cacioppo (1986) の精緻化見込みモデル (Elaboration Likelihood Model) でも，類似概念として，中心ルートによる処理と周辺ルートによる処理の二重過程が示されている。また Smith and DeCoster (2000) では，ヒューリスティック・システマティック・モデルや精緻化見込みモデルを含む様々な分野の二重過程理論モデルの比較検討が行われている。

あるように，システムⅠの判断が必ずしも間違っているわけではない。Kahneman (2011) は，十分に予見可能な規則性を備えた環境であること，長時間にわたる訓練を通じてそうした規則性を学ぶ機会があることの2つの条件が満たされれば，システムⅠでの直感はスキルとして習得でき，選好や選択の合理性は結果的に確保できるとする。反復的な学習や経験がスキルにまで高められ，「かしこい」判断につながる可能性がある。したがって，システムⅠつまりヒューリスティック処理は，学習や経験の裏づけのある「経験則」としてのヒューリスティック処理と，「単純な直感」としてのヒューリスティック処理に分けて議論する必要がある。

本研究では，限定合理性や二重過程理論などに基づく意思決定プロセスを可視化して示す。Kahneman (2011) でのシステムⅠやシステムⅡもある種の比喩表現で，脳の中に存在するわけではない。わかりやすさの面から，心理的要因を含む情報処理プロセスを可視化し，分析を進める。

2.4 社会的な関係としての制度，身近な他者との関わり，他者・組織への信頼の考慮

人間は社会的な存在であり，外に開いている。現実の問題に対する個人の選好は，心理面での内的要因だけを見るのではなく，自分の外側にある社会の外的要因がどのように個人内部に内在化され，意思決定に影響を与えるかのプロセスをモデル化して把握する必要がある。これは個人を取り巻く社会の状況が，個人の選好や選択（行動）の幅を決めうることが想定されるためである。またその意思決定が，社会にどのような影響を与えるかの考察も必要となる。

本研究では，社会的な関係としての制度，身近な他者との関わり，そして他者や組織への信頼が，個人の心理面そして意思決定プロセス全体に与える影響と，それらに基づく選択が社会に与える影響をみる。これにより，社会において効果的な制度・しくみに係る処方指針を示すことができる。

まず制度に関して，North (1990) は，制度とは社会におけるゲームのルールであり，人々の相互作用を形づくる人々によって考案された制約とし，フォーマルな制度（成文法，契約など）とインフォーマルな制度（伝統，慣習，社会的規範など）に区分する[20]。そして社会的規範などのインフォーマルな制度

の重要性を指摘する[21]。他方，Aoki (2001) はゲームの均衡として制度を論じている。制度の定義や機能は一様ではないが，制度が人々の意思決定に影響を与え，さらにその意思に基づく行動が制度をつくりうることから，モデルに制度を組み込んだ意思決定プロセスを検討することは，実際の制度設計と運用の面から有用となる。マクロな制度が，意思決定プロセスを通じてミクロ（個人）の選択にどのような影響を与えるかを検討する[22]。

次に身近な他者との関わりについて，人々は準拠集団における身近な他者の知識・情報や選好，圧力，期待に影響を受け，自らの行動に係る評価・評判形成を気にかけ，彼らの選択の帰結水準も参照して意思決定を行う[23]。その際，身近な他者への信頼[24]の程度も，人々の意思決定に影響を与えると想定され，この要因もモデルに組み込む。人々は信頼できる他者の知識・情報の確からしさを，バイアスも含んだ形で高く評価することから，人々は信頼できる他者からより強い影響を受ける。つまり，信頼をベースにしたコミュニケーションに基づく，身近な他者間での相互作用を分析での考慮に入れる。そして，地域や社会における常識や通念，慣習や規範が，身近な他者との関わりにより個人内

20　North (1990) は「富の極大化でない動機づけが，選択にどの程度影響を及ぼすかに，制度が決定的役割を果たす様式をはっきりと説明する」（邦訳p.34）として制度を論じ始める。また村上 (2007) では，Veblen (1899) の制度の定義「個人や社会の特定の関係や特定の機能に関する広く行きわたった思考習慣」（邦訳p.214）や，Sen (1999) の制度の捉え方「個人的自由の到達する範囲と限界に対する社会的影響力」（邦訳p.iv）などとの比較を通じて，North (1990) の制度を考察している。そして，North (1990) の制度を，新古典派理論の拡張・延長としての制度の市場への内部化というNorth (1990) の当初の目的に沿う形では解釈せず，Veblen (1899) の流れを汲む旧制度学派であり，Kapp (1968, 1976) での市場の位置づけを前提とした制度として，North (1990) の制度を理解している。

21　「異なる社会に同じフォーマルなルールと同じ憲法を課しても，その結果が異なるということから，インフォーマルな制約がそれ自体（そしてフォーマルなルールへの単なる付加物としてではなく）重要であるということに，気がつく」(North, 1990, 邦訳p.48-49)。

22　塩沢 (1997)，植村他 (1998)，西部 (2006) らのミクロ・マクロ・ループ論で中心的に議論されているミクロからマクロの関係は，本研究では詳細な分析は行わない。ただ，個人の節電行動や集団での森林ボランティア活動は，社会全体のエネルギー消費量やCO_2排出総量に影響を与える。

23　Festinger (1954) は「社会的比較」として，人間は自分の意見や行動を評価するように動機付けられており，自分の中に客観的な評価基準がない場合，自分の周囲の人との比較に基づき評価を行うとする。Wood (1996) は，社会的比較を「自己との関連において他者に関する情報を思考するプロセス」(p.520) と定義する。そこでは，「社会的な情報を得る」「自己との関連において社会的な情報を思考する」「社会的比較に反応する」の3つのプロセスが含まれるとする。

24　本研究での信頼は，後述するがBarber (1983) や山岸他 (1995) での能力への期待（信頼）と，意図への期待（信頼）で捉える。

部に内在化・定着し，それが多くの人に広まることになれば，それはインフォーマルな制度に転化し，各人の意識・行動をより一層強く規定する。

また池田（2013）の制度信頼の議論を踏まえると，フォーマルな制度への信頼は，その制度の運用を担う組織への信頼が基礎となる。これは，制度信頼が，フォーマルな制度を支えるルールや規則によるシステム的な安心に加えて，制度の運営者である組織や担当者への対人的な信頼[25]により構成されていることに拠る。以上より，身近な他者さらには組織への信頼は，インフォーマルな制度およびフォーマルな制度の機能水準を一定規定する[26]。

これら制度，身近な他者との関わり，他者や組織への信頼およびこれらの関係性は，前項で示した人間の限定合理性に基づく情報処理プロセスに影響を与える。つまり，これらはシステマティック処理としての対象事象に係る情報の吟味・精査，熟慮を一部省略させ，情報処理および意思決定に係るコスト縮減を可能とする。情報処理に係る内的な動機づけや能力等だけでなく，これらの社会的な関係を前提にしたり活用することも通じて，限定合理性に基づく意思決定が行われる。

前述の2.1～2.3での議論とあわせると，本研究は，準拠集団などで身近な他者と相互依存関係にあり，社会的な関係に影響を受け，限定合理性やヒューリスティックスに基づいて情報処理を行う個人の，環境配慮行動に係る意思決定プロセスを実証的に明らかにすることを目指す研究フレームにより1つずつ分析を進め，現実の環境問題解決に資する処方指針を提示する。本研究での処方指針は，分析により明らかにする個人の制約条件の差異や変容に基づく意思決定プロセスの違いを踏まえた，情報提供に係る手法・技術とその社会実装のし

---

[25] 山岸（1998）は，特定のカテゴリーの人間についての情報に基づいた信頼を，「カテゴリー的信頼」とする。

[26] 坂田（2001），諸富（2003）は，社会の成員間で育まれた互恵性や信頼関係は，時間軸を通じて一種の社会的規範や社会的信頼に変化するとしている。村上（2007）は，Putnam（1993）のsocial capital「人々の協調行動を活発にすることによって，社会の効率性を高めることのできる，信頼，規範，ネットワークといった社会的なしくみの特徴」（邦訳p.206-207．一部，訳変更）は，時間展開によりインフォーマルな制度にまで高められ，そのインフォーマルな制度はsocial capitalを基盤として機能するとしている。social capital論からも，social capitalに含まれる本研究の身近な他者との関わりと身近な他者や組織への信頼は，インフォーマルな制度さらにはフォーマルな制度の機能水準を一定規定するといえる。

くみや制度に関する内容となる。

3．研究の全体構成

　本研究は二部構成となる。第Ⅰ部では個人の節電行動の意思決定プロセス（第1～5章），第Ⅱ部では森林ボランティア活動の意思決定プロセス（第6～7章），および森林環境税制度の必要性判断に係る意思決定プロセス（第8～11章）を明らかにする。先に述べたように，第Ⅰ部と第Ⅱ部の共通性は，地球温暖化対策や自然資源・アメニティ保全など，個人の意識や行動をどのような種類・形態のインセンティブにより変容させ，継続させていくかが問われている環境配慮行動を対象とする点にある。

　地球温暖化に対しては，2020年以降の新たな国際的枠組みでの地球温暖化防止の目標達成に向けて，日本は実効性の高いCO_2削減対策を推進していく必要に迫られる。また，東日本大震災以降の電力供給不安への対応も求められている。他方，原子力発電所の再稼動や2016年4月からの電力小売市場の全面自由化により，電気料金の低下が見込まれており，節電行動の緩みも予想される。今後，家庭部門での電力需要抑制がより一層望まれる状況にある。

　森林に関しては，木材生産活動の停滞や人々の森林への関わりの低下などにより，市場メカニズムだけを通じた森林資源の維持・管理の限界が指摘できる。そのため，森林所有者や林業関係者のみに責を担わせない森林への人々の働きかけを高める方策である，森林ボランティア活動と森林環境税制度に対する住民の関わり向上が望まれる。これらが森林・林業への新たな投資や人材の呼び込み，森林資源の需要拡大の基盤となり，森林の過少利用の解消を通じることで，二酸化炭素の吸収・貯蔵機能などの森林の多面的機能の維持につながる。地球温暖化対策や自然資源・アメニティ保全における，個人の環境配慮行動の実践とその継続の意義は大きい。

　第Ⅰ部と第Ⅱ部の研究対象の違いは，次表に示すように，日常性の違いに起因する環境問題としての人々の関心度（節電：高い，森林：低い），行動の種類（節電：個人行動［他者に見えにくい］，森林ボランティア活動：集団行動［他者に見えやすい］，森林環境税制度：政策評価（必要性判断）［他者への見

えやすさは人／場合による]), 外部要因や対象としての主な制度 (節電：強制力のないフォーマルな制度 [節電目標], 森林ボランティア活動：強制力のないフォーマルな制度, 森林環境税制度：強制力のあるフォーマルな制度), 組織への信頼 (節電：電力会社, 森林：森林行政) があげられる。これらは前述の2.1～2.4での対象事象に対する各人の認知・評価への動機づけや能力の違い, 身近な他者との関わりの違い, 制度の違いの議論に関わる。

また, 第Ⅰ部 (第1～5章) では個人の環境配慮行動, 第Ⅱ部の第6～7章では集団での環境配慮行動, 第8～11章では地域の環境政策の評価の研究であり, 自己から他者そして地域社会という, より広い空間の分析対象に進む構成になっている。

	第1～5章 個人の節電行動	第6～7章 森林ボランティア活動	第8～11章 森林環境税制度の評価
環境問題	地球温暖化対策, 自然資源・アメニティ保全		
人々の関心度	高い	低い	
行動の種類	個人行動 [他者に見えにくい]	集団行動 [他者に見えやすい]	政策評価 (必要性判断) [見えやすさは人／場合による]
主な制度	強制力のない フォーマルな制度 [節電目標]	強制力のない フォーマルな制度	強制力のある フォーマルな制度
分析テーマ	○利己性と社会性の影響と時間経過による変容 [第1, 4章] ○知識・情報, 感情・身体感覚, 経済性の影響と時間経過による変容 [第2, 4章] ○身近な他者との関わりの影響 [第5章] ○社会的規範, 信頼の影響 [第3章]	○分配的公正 (資源の配分結果の公正さ) の影響 [第8章] ○手続き的公正 (資源の配分過程の公正さ) の影響 [第10章] ○フォーマルな制度の影響 [第7章] ○身近な他者との関わりの影響 [第6章] ○身近な他者の評価・関わりとネットワークの影響 [第9章] ○信頼の規定要因 [第11章]	

第Ⅰ部の第1章では「個人費用便益認知と社会費用便益認知」の節電行動の意思決定プロセスへの影響を明らかにし，第2章では「節電目標の理解度と停電への不安・恐怖」，第3章では「社会的規範と電力会社への信頼」，第4章では「節電数値目標の有無と電気代値上がり」，第5章では「身近な他者との関わり」の影響を明らかにする。順に，利己性と社会性の影響と時間経過によるその変容，知識・情報と感情・身体感覚の影響の差異，社会的規範と電力会社への信頼の影響，知識・情報と感情・身体感覚と経済性の影響の変容，身近な他者との関わりの影響について考察する。

　第Ⅱ部の第6章では「地域への愛着と身近な他者とのつながり」の森林ボランティア活動の意思決定プロセスへの影響を明らかにし，第7章ではフォーマルな制度である「森林環境税制度」の影響を明らかにする。

　第8章では「分配的公正」（資源の配分結果の公正さ）の森林環境税制度の必要性判断に係る意思決定プロセスへの影響を明らかにし，第9章では「身近な他者の評価とネットワーク」，第10章では「手続き的公正」（資源の配分過程の公正さ）の影響を明らかにする。ここでは行政の視点や基準に基づく評価ではなく，住民目線からの評価を行う。行政学や政治学等に基づいて体系化され実施される政策評価ではなく，住民の視点からの行動経済学的な評価である。このような評価研究こそが，住民の制度必要性に係る判断結果の予見を可能にする。

　第11章では，第8〜10章の分析で共通的に考慮される，森林行政への「信頼」の規定要因を明らかにする。また「信頼」は第Ⅰ部の第3章「社会的規範と電力会社への信頼」の分析とも関わる。なお，森林環境税の税収は森林ボランティア活動の財源としても用いられており，森林環境税制度の評価は森林ボランティア活動促進にも影響を与える。また森林は二酸化炭素の吸収・貯蔵の機能を有すことから，適切な森林管理は第Ⅰ部での検討に関連する地球温暖化対策にもつながる。

　最後に終章では第Ⅰ部と第Ⅱ部の研究対象の異同を踏まえて，政策インプリケーションを絡めながら，研究結果全体を考察する。

第 I 部

個人の節電行動の意思決定プロセス

ⅰ. 東日本大震災と地球温暖化への対応

(1) 東日本大震災以降の電力需要の状況

　国内の家庭部門の電力需要量（kWh）の増加率は産業部門と比較して高く[1]，地球温暖化防止に係る電力需要量（kWh）抑制に加え，東日本大震災以降の電力供給不安に対する最大電力需要（kW）の抑制が家庭でも求められている。

　2010年度夏季，2011年度夏季，2012年度夏季の関西電力管内（以下，関西）の電力の需要量（kW, kWh）と最高気温から，電力需要関数をそれぞれ推定した。図ⅰ-1は，気温の影響を除いた2011年度夏季，2012年度夏季の節電等による最大電力需要（kW）の抑制率（2010年度夏季比）を推計し，図示したものである。

　図ⅰ-1［上］上部の2次曲線は関西の2010年度夏季の最大電力需要（万kW，縦軸）と大阪市の最高気温（℃，横軸）の関係を示しており，下部の曲線は2011年度夏季のそれらの関係を示している。曲線は下方にシフトしており，このシフト幅が節電等による昼間のピーク時の電力需要抑制量に相当する。また，図ⅰ-1［下］の下部の曲線は2012年度夏季の値である。結果，表ⅰ-1［左］の関西の列に示したように，2011年度夏季の最大電力需要の抑制率は2010年度夏季と比較して－6.5％，2012年度夏季は2010年度夏季と比較して－10.9％となった[2]。

　また，図ⅰ-2は電力需要量（万kWh）の2010年度夏季比の抑制率を示すものであり，表ⅰ-1［右］の関西の列に示したように，2011年度夏季の電力需要量の抑制率は2010年度夏季と比較して－5.0％，2012年度夏季は2010年度夏季と比較して－9.1％となった。なお，東京電力管内（以下，関東）でも，東京都の最高気温を用いて同様の推計を行った結果，表ⅰ-1の関東の列に示したように，関東の最大電力需要抑制率は2011年度夏季で－18.9％，2012年度

---

[1]　日本エネルギー経済研究所計量分析ユニット（2012）
[2]　東京都および大阪市の当該期間の最高気温の最頻度温度帯（85％以上の日数）である29℃～36℃の平均の電力需要抑制率。

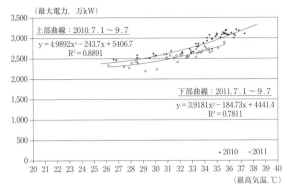
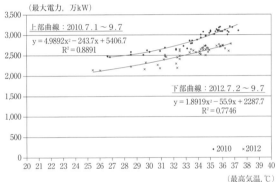

注:休日等除く。土日の関係から各年度の期間は全く同じにはならない。
資料:電力系統利用協議会資料,気象庁資料より作成。

図 i − 1　関西の最大電力需要 (kW) と最高気温の関係 (夏季)

表 i − 1　2010年度夏季比での電力需要の抑制率の比較

【最大電力需要 (kW)】	関東	関西	【電力需要量 (kWh)】	関東	関西
2011年度夏季 (対2010年度夏季) 2011/7/1 − 9/7	−18.9%	−6.5%	2011年度夏季 (対2010年度夏季) 2011/7/1 − 9/7	−15.5%	−5.0%
2012年度夏季 (対2010年度夏季) 2012/7/2 − 9/7	−14.2%	−10.9%	2012年度夏季 (対2010年度夏季) 2012/7/2 − 9/7	−12.8%	−9.1%

注:休日等除く。土日の関係から各年度の期間は全く同じにはならない。
資料:電力系統利用協議会資料,気象庁資料より作成。

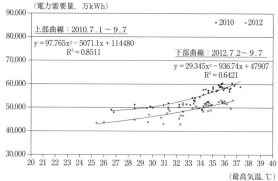

注：休日等除く。土日の関係から各年度の期間は全く同じにはならない。
資料：電力系統利用協議会資料，気象庁資料より作成。

図 i − 2　関西の電力需要量（kWh）と最高気温の関係（夏季）

夏季は−14.2％となった。また，電力需要量の抑制率は2011年度夏季で−15.5％，2012年度夏季は−12.8％となった。

　表 i − 1 より，いずれの抑制率も関東が関西よりも大きい。ただ，2011年度夏季と2012年度夏季の状況を比較した場合，最大電力需要（kW），電力需要量（kWh）いずれも関東は2012年度夏季の抑制率が小さくなり，関西は大きくなるという地域・時期での違いがある。なお，表 i − 1 の結果は家庭部門だけでなく産業部門も含む状況であり，後述する家庭部門での影響要因とは別に，関東と関西での当該期間の2010年度夏季比での景気動向や産業構造の違いによる節電の容易性の違いなども，これら差異の要因として考えられる。

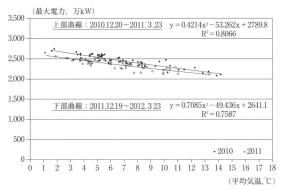

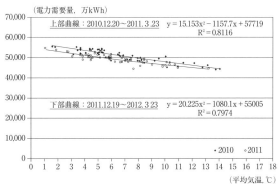

注:休日等除く。土日の関係から各年度の期間は全く同じにはならない。
資料:電力系統利用協議会資料,気象庁資料より作成。

図 i-3　関西の電力需要（kW, kWh）と平均気温の関係（2011年度冬季）

　ここで，資源エネルギー庁（2011a）によると，家庭部門の2011年度夏季の2010年度夏季比の最大電力需要（kW）抑制率は関東で11％，関西で4％となり，関西の抑制率は相対的に小さい[3]。家庭では，次項で示すような電力価格や，節電の数値目標水準などの地域・時期での違いが，これまでに示したような抑制率水準やその経時変化に影響を与えると想定される。第Ⅰ部では，家庭

---

[3] 2012年度夏季の2010年度夏季比の最大電力需要（kW）抑制率は，関西は10％となり，2011年度夏季よりも大きくなっている（電力需給に関する検討会合／エネルギー・環境会議需給検証委員会, 2012）。関東の抑制率は示されていないものの，2012年度夏季の全部門での抑制率は2011年度夏季よりも小さくなっており，家庭部門も同様の傾向であることが推測される。

での節電行動の規定要因と，地域・時期ごとのその強度の違いや時間経過に伴う強度の変容を明らかにする。

なお，図i-3は関西の2011年度冬季の2010年度冬季比での最大電力需要（kW）と，電力需要量（kWh）の抑制状況である。最大電力需要は-4.7％，電力需要量は-4.1％であった[4]。これら冬季での抑制率も関西は関東よりも小さい[5]。

(2) 電力需要の規定要因の1つとしての電力価格

電力需要の規定要因の1つに電力価格があげられる。OECD（2001），環境省（2005），星野（2010, 2011）の既往研究のレビューで整理されているように，部門別（産業，家庭，運輸，全体等），エネルギー別（電力，ガス，ガソリン，エネルギー全体等）に様々なモデル・推計方法で，エネルギー需要の価格弾性値の推定がなされている。エネルギー需要の価格弾性値は，エネルギー価格の変化率に対するエネルギー需要量の変化率を表す。

近年は国全体を対象とした弾性値だけでなく，電力需給構造の違いによる差異提示を目的とした，電力管内別の電力需要の価格弾性値推定が，産業部門を対象にした秋山・細江（2008），長内・齋藤（2011），家庭部門を対象にした谷下（2009），溝端他（2011）で実施されている。そして，長内・齋藤（2011），溝端他（2011）は，地域別に推定された弾性値を用いて，東日本大震災に起因する電力価格上昇に伴う生産活動への影響や，価格メカニズムを用いた需要調整機能（デマンド・レスポンス）の考察につなげている。

ただし，これら4つの研究は産業部門，家庭部門いずれかでの地域別分析であり，同一研究内において，電力価格上昇による産業部門と家庭部門の影響の推計および比較はなされていない。星野（2010, 2011）で示されているように，異なるデータやモデル・推計方法による研究間の比較や，それらの平均による

---

[4] 大阪市の当該期間の平均気温の最頻度温度帯（80.2％の日数）である3℃～8℃の平均の電力需要抑制率。

[5] 2011年度冬季の節電要請期間（2011年12月19日～2012年3月23日で休日等除く）における2010年度冬季との比較に際しては，関東での2011年3月11日以降の電力需要は計画停電等の影響もあり，関西との厳密な比較はできない。ただ，2010年12月20日～2011年3月10日（休日等除く）として期間を関東と関西であわせた場合でも，関西よりも関東の電力需要抑制率が大きい。

表 i－2　家庭部門の電力需要関数

	全国		関東		関西	
定数項	1.895	(1.240)	－0.208	(0.067)	0.047	(0.012)
電力価格（実質）	－0.074	(2.522)*	－0.056	(2.358)*	－0.073	(2.421)*
民間最終消費支出(実質)	0.105	(1.489)	0.119	(1.519)	0.029	(0.733)
冷房度日	0.093	(6.474)**	0.114	(8.191)**	0.160	(6.774)**
暖房度日	0.062	(3.954)**	0.062	(4.457)**	0.101	(4.386)**
前年度電力需要量	0.836	(10.928)**	0.895	(11.015)**	0.902	(16.942)**
小売自由化2005ダミー	－0.035	(1.137)	－0.058	(2.018)	－0.008	(0.218)
リーマンショック2008ダミー	－0.018	(1.095)	－0.005	(0.317)	－0.046	(1.738)
自由度修正済 R^2	0.997		0.997		0.993	
ダービンのh統計量	0.002		－0.102		－0.370	

注：（　）内は t 値。**$p<0.01$，*$p<0.05$。

表 i－3　電力需要の価格弾性値

		全国	関東	関西
産業部門	短期	－0.124	－0.080	－0.146
	長期	－0.273	－0.350	－0.395
家庭部門	短期	－0.074	－0.056	－0.073
	長期	－0.449	－0.540	－0.741

コンセンサス値を求めることの意味は小さい。

　これら状況を踏まえ，地域別（全国9電力管内，東京電力管内，関西電力管内。以下，全国，関東，関西）の産業部門および家庭部門の電力需要関数を推定し，価格弾性値の推計および比較を行った（分析の詳細は補論参照）。家庭部門の結果は表 i－2の「電力価格（実質）」の値であり，全国は－0.074（$p<0.05$），関東は－0.056（$p<0.05$），関西は－0.073（$p<0.05$）といずれも有意となった。つまり，1％の電力価格上昇に対し，関東は0.056％，関西は0.073％の電力需要抑制がなされるという結果であり，表 i－3に示した産業部門に比べて値は小さい。家庭部門では電力価格変化に基づく短期での行動変容は僅かしか起こらない。産業部門とは異なる家庭部門特有の電力需要抑制要因の解明が求められる。

　一方，長期弾性値の推計結果は，全国は－0.449，関東は－0.540，関西は－0.741となった（表 i－3）。長期弾性値は短期弾性値に比べて相対的に高い

値であり，中長期的には節電行動の促進・定着や省電力機器の導入が期待される。

(3) 個人の環境配慮行動の規定要因の既往研究

家庭の電力需要の規定要因は前述した電力価格だけではない。そして，そもそも電力需要の価格弾性値は小さく，図 i－1～3 や表 i－1 に示したような地域や時期での節電率の差異の背景には，様々な要因が存在する。特に東日本大震災に起因する要因の影響も大きいと想定される。

節電や廃棄物抑制などの個人の環境配慮行動（Pro-Environment Behavior）の規定要因を明らかにする研究は，社会心理学分野を中心に，消費者行動研究での計画的行動理論（Ajzen, 1991），規範活性化理論（Schwartz, 1977）等のモデルに基づき実施されている。また，これら理論を改良したモデルによる研究も数多く行われている（広瀬，1995；Perugini and Bagozzi, 2001；Bamberg and Schmidt, 2003；藤井，2003；三阪，2003；前田他，2012など）。そこではコスト・ベネフィットだけではない，多様な要因の影響が検証されている。

これら社会心理学での研究は，環境問題や環境保全への意識の高まりと環境配慮行動の実践が結びつかないことへの問題関心から，態度と行動の不一致における個人の心理的要因を明らかにしようとする。もちろん，環境配慮行動は，個人の内面的な意識だけではなく，法律や契約といったフォーマルな制度などの影響もあるため，これも態度や行動に影響を与える外的要因として取り扱われている。ただ，社会心理学の研究は，個人の環境配慮行動に至る包括的な心理的過程の記述に主眼が置かれるため，仮説的に提示された心理的要因間の関係，外的要因間の強度の比較，個人の行動の効果としての社会への影響など，社会とのつながりを踏まえた分析は少数である。

ii．研究の目的と対象

(1) 研究目的

第Ⅰ部では，個人の家庭での節電意識→節電行動→節電効果プロセスにおい

て，節電行動に係る意識や実際の行動の程度という主観的判断水準の把握・評価にとどまらず，定量的に測定した節電行動の効果（対前年比での節電率）までも対象とした，意思決定および行動効果プロセスに係る研究を行う。これにより，本研究は既往研究での環境配慮行動の意思決定プロセス解明の研究を一歩進めた，現実の環境負荷低減に係る環境配慮行動の効果プロセス解明の研究として位置づく。既往研究での意識と行動のギャップ（思っているけどできない）だけでなく，行動と効果のギャップ（できたつもりでも効果がない）を把握することで，節電行動の実行性に加え，節電効果としての実効性までも含んだ考察が可能となる。これにより初めて，家庭の節電効果を高めるような実際の意思決定および行動効果プロセスを明らかにでき，節電効果拡大に資する知見が得られる。

加えて，この「節電意識→節電行動→節電効果」プロセスに影響を与えるであろう内的要因とともに，外的要因として節電の数値目標，停電への不安・恐怖，電気代値上がり，身近な他者との関わり，そして個人費用便益の認知，社会費用便益の認知，社会的規範，電力会社への信頼，損失回避性などの要因をモデルに組み込んだ意思決定プロセスを明らかにする。どのような社会的な情報の認知・評価が個人内部に内在化され，節電に関する意識や行動にどのような影響を与えるかを分析する。

また，個人の制約状況や時間経過によるこれら要因の影響の違いや変容についても分析，考察する。個人の制約状況の違いには，過年度での節電の取組み水準，居住地域の違いに伴う停電への感情・身体感覚や危機意識の水準，電力需要量，他者の節電状況への関心水準の違いなどがある。各人の限定合理性やヒューリスティックに基づく情報処理の違いが，各人の意識や行動に違いをもたらすと想定される。

なお，第Ⅰ部の家庭での個人の節電行動は，第Ⅱ部の森林ボランティア活動とは異なり，家庭外の他者には見えにくい環境配慮行動である。他方，節電は森林に比べて人々の関心は高く，対象事象に対する認知・評価への動機づけと能力水準は相対的に高い。これら特性も分析結果に影響を与えると考えられる。第Ⅰ部では，社会からの影響および社会への影響を考慮した，個人の節電意識・行動・効果プロセスの分析を行う。

26　第Ⅰ部　個人の節電行動の意思決定プロセス

(2) 研究対象

　ネットリサーチ会社が保有するリサーチ専用パネルを対象に，質問票調査を実施した。調査は2011年度夏季（2011年10月調査実施），2011年度冬季（2012年4月調査実施）から2014年度冬季（2015年3月調査実施）まで，各年度の夏季と冬季1回ずつの計8回の調査を実施した（表ⅰ-4）。第1章では2011年度夏季と2013年度夏季，第2～3章では2011年度夏季，2011年度冬季，2012年度夏季，第4～5章では2013年度夏季，2014年度夏季，2014年度冬季のデータを用いて分析を行う。なお第5章の最後では8回分の調査結果に基づいた考察も行う。

　第1章の分析で用いる2011年度夏季の節電状況を問う1回目の調査は，リサーチ専用パネルの中から，2010年度夏季（7～9月）および2011年度夏季（7～9月）の平日昼間に概ね在宅していた専業主婦のうち，当該期間，電力需要に係る大きな外部環境変化のない家庭（転居なし，住居の増築・改築なし，同居人数変更なし，太陽光発電設置なし）を対象とし，東京電力管内の東京都（以下，東京）と，関西電力管内の大阪府（以下，大阪）の20～50代の400人ずつ計800人に行った。400名の内訳は，平成17年国勢調査での家事従事者の年代比率とした。東京と大阪の選択の理由は，東日本大震災に起因する外的要因として，被災地との物理的な距離の違い，計画停電の有無や節電目標水準などの違いに伴う影響を分析することに拠る。

　また，第2章の分析で用いる2011年度冬季の節電状況を問う2回目の調査は，

表ⅰ-4　質問票調査の実施時期および有効回答数

		調査時期	有効回答数
2011年度	夏季	2011/10/13～2011/10/18	788（東京399，大阪389）
	冬季	2012/ 4/10～2012/ 4/17	794（東京397，大阪397）
2012年度	夏季	2012/10/ 1～2012/10/ 5	796（東京400，大阪396）
	冬季	2013/ 3/14～2013/ 3/18	787（東京393，大阪394）
2013年度	夏季	2013/ 9/17～2013/ 9/25	795（東京396，大阪399）
	冬季	2014/ 3/14～2014/ 3/20	794（東京397，大阪397）
2014年度	夏季	2014/ 9/17～2014/ 9/22	797（東京398，大阪399）
	冬季	2015/ 3/13～2015/ 3/18	794（東京399，大阪395）

2010年度冬季（1～3月）および2011年度冬季（1～3月）の平日昼間に概ね在宅していた専業主婦のうち，前述した条件に該当する対象者に調査を実施した。有効回答数は2011年度夏季（1回目）で788，2011年度冬季（2回目）で794となった。なお1回目と2回目の回答者は同一とは限らない。また，3～8回目の調査も同様の対象・方法で実施した。

　本研究では平日昼間に概ね在宅していた専業主婦を調査対象としている。これは，夏季の14時頃，非在宅世帯では約340Wの電力需要量（冷蔵庫，待機電力，温水洗浄便座など）であるのに対し，在宅世帯では約1200Wとなっており（資源エネルギー庁，2011b），在宅しているがゆえの節電ポテンシャルの大きさから，節電意識→節電行動→節電効果の関係性が現れやすいと想定されるためである[6]。逆に言えば，仕事や外出等で平日昼間に在宅していない非在宅世帯は，家庭での節電機会が限られるため，上記の関係性が正しく測定されない恐れがある[7]。そのため，調査対象を平日昼間に概ね在宅していた専業主婦に絞った。もちろん，地球温暖化防止に係る電力需要量（kWh）抑制と，東日本大震災以降の電力供給不安に対する平日昼間の最大電力需要（kW）抑制の重要性を勘案し，家庭部門の節電効果を左右する専業主婦の行動様式を把握・評価するという目的がある。本研究では，個人一般を研究対象とするのではなく，問題解決に直接つながる研究対象を設定し，分析を行う。

---

[6]　冬季は朝方および夕方にピークを迎えるが，「平日昼間に概ね在宅していた専業主婦」は，冬季におけるこの時間帯も在宅していると想定している。

[7]　政府の節電目標設定に関わる「節電の定着率」の判断で用いられる，仕事や外出等で平日昼間に在宅していない人（非在宅世帯）も対象に含む無作為抽出のアンケートは，休日や早朝・夜間のみ在宅する人の節電意識や節電行動を含む結果となる。そのため平日昼間の電力需要ピーク時の在宅世帯の節電意識や節電行動とは異なる可能性がある。したがって，「節電の定着率」を基にした政府の数値目標水準設定の方法やその水準の妥当性は検証される必要がある。

第1章

個人費用便益認知と
社会費用便益認知の節電行動への影響

1. 費用便益認知の視角

　家庭の節電行動の規定要因を明らかにする研究は，オイルショック後の1970～80年代にかけて数多く実施された。そこでは，社会心理学の観点とともに[1]，経済学の観点から，節電に係る手間や時間などの個人の費用評価（Black et al., 1985; Seligman et al., 1979），電気料金の認知や節約に係る便益評価（Hayes and John, 1977; Heslop et al., 1981; Heberlien and Warriner, 1983）などが規定要因として示された。

　また，近年では地球温暖化と節電の関係に焦点を当てた研究も実施され（Brandon and Lewis, 1999; Noorman and Uiterkamp, 1998; Abrahamse, 2007など），温暖化への危機感や温暖化防止への貢献意図等の社会費用便益評価の節電行動への寄与が検証されている。また，Schultz et al. (2007)，Nolan et al. (2008)，Allcott (2011)，Mizobuchi and Takeuchi (2013) らは社会実験によって，実際の節電効果の有無等を検証している。

　さらに現在，日本では東日本大震災に伴う電力供給不安という目前のリスクへの対応も求められており，家庭の節電に関する様々な社会調査も行われてきた（住環境計画研究所，2011；みずほ情報総研，2011；国家戦略室需給検証委

1　Curtin (1976), Morrison and Gladhart (1976), Becker (1978), Hummel et al. (1978), Stutzman and Green (1982) など。先に示した計画的行動理論（Ajzen, 1991），規範活性化理論（Schwartz, 1977）等のモデルを踏まえた研究も多い。

員会，2012；鈴木他，2012；西尾・大藤，2012)。なかでも，西尾・大藤 (2012) は，2011年夏季の家庭の節電行動の規定要因を，共分散構造分析などを用いて詳細に明らかにしている。

ただし，西尾・大藤 (2012) では，東京電力管内のみを範囲とし，かつ平日昼間に在宅者がいる世帯か非在宅世帯かを問わず全ての世帯を抽出対象としている。また，他の社会調査でも在宅世帯と非在宅世帯別の分析は行われていない。オイルショックや地球温暖化への対応には，電力需要量（kWh）の抑制が求められるため，全ての世帯の意識・行動様式を検証する必要がある。一方，東日本大震災に伴う電力供給不安に直面した日本では，最大電力需要（kW）を抑制する必要性が高く，夏季では平日昼間14時台にそれを記録することが多い。現在日本が直面する電力供給不安への対応に資する研究としては，平日昼間の在宅世帯の節電行動の規定要因を明らかにすることが求められる。

以上を踏まえて，本章では平日昼間に在宅していた専業主婦を対象とし，2011年度夏季の電力供給不安の影響も受けた，家庭の節電行動の規定要因を明らかにする。加えて，東日本大震災が家庭の節電の意識・行動に与えた影響の差異を，地域と節電経験の違いから明らかにする。

地域については，2011年度夏季に数値目標付きの節電要請がなされた東京電力管内と関西電力管内を対象とする。被災地である東北地方との物理的な距離や節電目標の地域間での違いが，分析結果に差異を生じさせるかを2011年度夏季の状況を対象に検証する。節電経験については，前年2010年度夏季の節電経験別（経験群，未経験群）に分析を行う。未経験群の節電意識・行動様式の検証は，いわゆる無関心層・低関心層の節電行動促進に向けた示唆が得られる可能性がある。

本章は，節電行動の規定要因を明らかにする既往研究を踏まえたうえで，東日本大震災の影響を考察できるような個人の節電意識・行動・効果プロセスに係るモデルを設計し，市民（専業主婦）への質問票調査のデータを用いた共分散構造分析により，モデルの妥当性を検証する。そして，このモデルを用いて，東日本大震災が与えた影響の違いとして，地域（東京，大阪）と前年2010年度夏季の節電経験別（経験群，未経験群）の状況の違いが，個人の意思決定および行動効果プロセスに与える影響の差異を明らかにする。加えて，2013年度夏

季のデータを用いた分析を行い，時間経過に伴うそれら影響の変容を考察する。

2．研究の方法

2.1　理論モデルの設定

　本章では，節電意識・行動・効果プロセスの理論モデル（仮説モデル）を，消費者行動研究での計画的行動理論（Ajzen, 1991），規範活性化理論（Schwartz, 1977）などのモデル考察を踏まえた広瀬（1995）のモデル（図1－1）と，広瀬（1995）に環境教育の観点を付加し，小池他（2003）を考慮した三阪（2003）のモデル（図1－2）をベースに，図1－3のように設定する。

　広瀬（1995）は，行動に係る態度である目標意図が形成される段階と，行動意図が形成されて実行する段階を区別し，それぞれの段階ごとに異なる規定要因を設定する環境配慮行動の2段階モデルを提示している。最初の目標意図が形成される段階に関して，三阪（2003）のモデルの図1－2では，図1－1の［目標意図（態度）］が［関心］と［動機］に細分化されている。［関心］はある対象に関心や興味を示している段階で，［動機］はある対象に対して何らかの関わりを持ちたいという目的意識を有している段階である。本研究のモデル（図1－3）では，これら段階に対応するものとして［節電意識］を設定した。これは節電行動への目的意識を有している状況を示すものとなる。

　次の段階である図1－1，図1－2での［行動意図］は，ある対象に対する

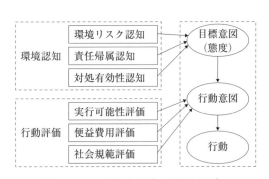

図1－1　広瀬（1995）の理論モデル

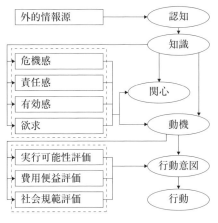

図1-2 三阪（2003）の理論モデル

具体的な行動の意思決定を行う段階である。そして，[行動意図]が形成されれば自動的に[行動]がなされるという「行動意図→行動」という関係が設定されている。行動しようと決定すること＝行動することとみなす，というモデル構造である。図1-3では，これら段階に対応するものとして[節電行動]を設定した。これは節電行動に係る意思決定を行い，意図した行動の実行状況を示すものとなる。さらに，[節電行動]の効果として，[節電率]（対前年比での節電率）を設定する。これより，図1-3では，意識→行動→効果として「節電意識→節電行動→節電率」の関係性を仮定し，行動の必要性に係る意識や実際の行動の程度という主観的判断水準の把握・評価にとどまらず，定量的に測定した行動の効果までも検証対象とする。

次に，広瀬（1995），三阪（2003）らと同様に，[節電意識]に時間先行する要素として，当該問題に対する態度を形成する[環境認知]を設定する。これは環境問題の深刻さへの危機感である[危機意識]，個人の環境問題への責任感である[責任意識]，行動すれば環境問題が解決できるとの有効感である[対処有効性]により測定する。

また，広瀬（1995），野波他（1997），依藤（2003），大友他（2004）らでは，環境配慮行動の実行を規定する[行動評価]を，行動に係る能力や時間などの制約や容易さである[実行可能性]，行動に係るコスト・ベネフィットである

32　第Ⅰ部　個人の節電行動の意思決定プロセス

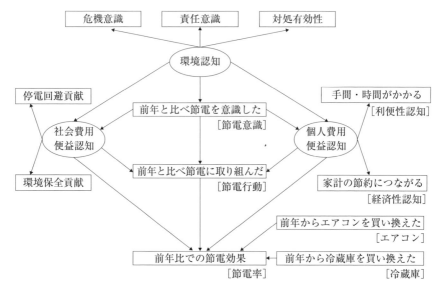

図1-3　本章の理論モデル

［費用便益］，地域社会や家族などの準拠集団の規範や期待である［社会的規範］で測定している。本章では，経済学での問題関心に基づき，［行動評価］での［費用便益］に焦点を当て，個人費用便益認知と社会費用便益認知の比較検証を主題とする。ここで，既往研究では［費用便益］として，個人の費用認知や便益認知の影響がそれぞれ単独で検証されたり，個人費用認知と社会便益認知との比較分析が行われてきた。いわゆる私益と公益の相反に関するコモンズの悲劇や社会的ジレンマをテーマにした分析フレームである。例えば，廃棄物の分別やリサイクルの研究領域（杉浦他，1999；依藤他，2005；Ohnuma et al., 2005）では，廃棄物減少や最終処分場延命という社会便益に対し，ごみ分別の手間が個人費用として設定され，それらが比較検討されている。

　本章では，節電に係る手間・時間と節電による家計の節約を，個人費用便益認知として設定する。なお，大友他（2004）でも，時間的コストと経済的コストの2要素での分析がなされている。ここで，広瀬・北田（1987）での個人費用便益認知の区分を踏まえて，これらを［利便性認知］と［経済性認知］と命名する。これより，節電行動の意思決定は，［利便性認知］（節電は手間や時間

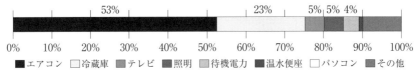

注：全世帯平均。数値は最大需要発生日を想定。
資料：資源エネルギー庁（2011b）

図1－4　夏季の日中（14時頃）の消費電力の内訳

がかかる）と［経済性認知］（節電は家計の節約につながる）で測定される［個人費用便益認知］と，［社会費用便益認知］で定まるモデルと仮定する。なお，［社会費用便益認知］は，他の社会調査を踏まえ，［停電回避貢献］（電力不足による停電の回避に貢献できる）と，［環境保全貢献］（環境保全や資源節約のために良いことである）で測定する。これは最大電力需要（kW）と電力需要量（kWh）の抑制の寄与に対応する。

これより，図1－3の構造として，［環境認知］が［節電意識］，［社会費用便益認知］，［個人費用便益認知］に影響を与える関係を仮定した。そして，［節電意識］が［社会費用便益認知］，［個人費用便益認知］に影響を与える関係とし，さらに「社会費用便益認知→節電行動」，「個人費用便益認知→節電行動」を仮定した。意識を実際の行動に促す要因として，［社会費用便益認知］，［個人費用便益認知］を設定する。

さらに，［エアコン］（前年同時期以降にエアコンを買い換えた），［冷蔵庫］（前年同時期以降に冷蔵庫を買い換えた）から［節電率］へのパスを設定した。図1－4に示すように，家庭内の電力需要で大きなウェイトを占めるエアコンと冷蔵庫の旧年式からの買換えは，それ自体が節電になる。新製品は技術進歩により消費電力が抑えられているとともに[2]，家電エコポイント制度の実施が，より高い省エネ性製品への買換えを促進し，節電に寄与すると想定される。

2.2　分析手法

まず，質問票調査データをもとに，図1－3の構成要素の水準を考察すると

2　トップランナー方式導入により，各機器のエネルギー効率は改善されてきた。

ともに，共分散構造分析（Structural Equation Modeling: SEM）により，理論モデルの妥当性の検証を行う。既往研究で多く用いられている相関分析や重回帰分析では，2変数間の関係性しか明らかにされず，プロセスとしての因果構造までは把握できない。また，重回帰分析の繰り返しによるパス解析ではモデル全体の適合度は測定されず，総体的な因果構造の妥当性の評価はできない。さらに個人の制約状況等の違いで区分される母集団ごとの結果の違いも検証できない。そのため，本研究では共分散構造分析を用いた分析を行う。

次に，地域（東京，大阪）と前年2010年度夏季の節電経験別（経験群，未経験群）に構成要素の水準を比較検討したのち，地域と節電経験の違いが，節電意識・行動・効果プロセスに与える影響の差異を，多母集団同時分析により明らかにする。多母集団同時分析は，複数の母集団における同一の因子構造の検証や因果関係の差異を検証する手法である。つまり，社会的環境や時間，費用，内的な認知や能力などの制約下で，どのような状況にある人（グループ）が，どの要素に相対的に高いウェイトを置いて意思決定するかの傾向を統計的に検証することができる。ここでは，地域および節電経験で区分されるそれぞれの母集団に対して，モデル構造のグループごとの妥当性を検証するとともに，グループ別のパス係数の大きさの違いを検証する。

2.3 モデルの構成要素

2.3.1 節電率

電力会社から家庭に送付されてくる検針票を基に回答を求め，［節電率］を算出した。検針票には，先月分の電力需要量（kWh）と検針対象期間としての電力需要日数に加え，前年同月のそれら情報が記載してある。これより，2010年と2011年の同時期のkWh/日の比較から［節電率］を求めた[3]。

検針は全家庭で同じ日に一斉に行われるわけではないため，例えば検針票から8/1～8/31の1ヵ月間・31日間の電力需要量を把握することはできない。

---

[3] スマートメーターが普及していない状況では，最大電力需要（kW）の継続的な数値把握は困難である。質問票調査の質問から，ピーク時のみを意識した節電行動をとる人は少ないことが確認されたこと，また第Ⅰ部導入部「ⅰ．東日本大震災と地球温暖化への対応」で示した図ⅰ-1～3，表ⅰ-1の関係から，ピーク時だけの節電ではなく，一日を通して節電が行われていると想定している。

第1章　個人費用便益認知と社会費用便益認知の節電行動への影響　35

表1－1　理論モデルの構成要素の記述統計（2011年度夏季，N＝788）

要素	測定方法（節電率，エアコン，冷蔵庫） 設問文（上記以外）	mean	SD
節電率	検針票に基づく，2010年夏季と2011年夏季の同時期のkWh/日の節電率	0.15	(0.15)
節電行動	今夏は昨年に比べて，より一層節電に取り組んだ	4.89	(1.07)
節電意識	今夏は昨年に比べて，より一層節電を意識した	5.03	(1.01)
危機意識	今夏前時点（6月下旬）において，今夏の電力不足は深刻な状況になると考えていた	4.62	(1.14)
責任意識	今夏前時点（6月下旬）において，自宅で節電を行う責任があると考えていた	4.63	(1.05)
対処有効性	今夏前時点（6月下旬）において，自宅での節電は電力不足に対して有効な取組みと考えていた	4.40	(1.07)
経済性認知	節電は家計の節約につながる	5.24	(0.84)
利便性認知	節電は手間や時間がかかる・面倒だ（※逆転項目）	4.02	(1.08)
停電回避貢献	電力不足による停電の回避に貢献できる	4.49	(1.01)
環境保全貢献	環境保全や資源節約のために良いことである	4.90	(0.86)
エアコン	昨年の8月以前から利用していた機器(0)or昨年の9月以降に購入した機器(1)	0.05	(0.21)
冷蔵庫	昨年の8月以前から利用していた機器(0)or昨年の9月以降に購入した機器(1)	0.07	(0.25)

注：［利便性認知］は逆転項目として，「手間や時間はかからない・面倒ではない」としての値に変換。

　ただ，各家庭の毎月の検針日は大よそ毎年同じ時期とされ，検針票に記載のある2010年と2011年のkWhは，ほぼ同じ時期での電力需要量といえるため，これを比較することができる。ただ，2010年と2011年では検針業務のない土日の並びの関係で，検針対象期間の日数が異なる可能性があるため，約1ヵ月間のkWhではなくkWh/日で比較する。
　さらに，8月中の日数が多く含まれる検針票を基に回答してもらい，これを集計することで，2011年8月を中心とした2011年度夏季の前年比での［節電率］を算出した（表1－1）。
　ここで，図1－5に地域（東京，大阪）別の電力需要量（kWh/日）の対前年比の抑制率のヒストグラムを示した。この抑制率の符号を逆にした値を［節電率］とする。抑制率の平均は東京で－17.2％，大阪で－13.7％となった[4]。なお［節電率］は気温の影響を排除していない[5]。ただ，表1－2より，2011年

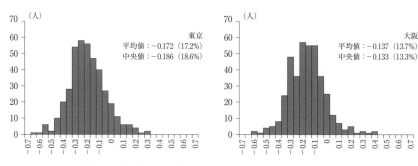

図1-5 地域別の電力需要量（kWh/日）の対前年比の抑制率のヒストグラム

表1-2 2011年夏季と2010年夏季の気温の差（℃）

	東京		大阪	
	日平均	日最高	日平均	日最高
7月	-0.7	-0.7	0.0	-0.3
8月	-2.1	-2.3	-1.6	-1.8
9月	0.0	-0.2	-1.5	-1.5

注：2011年値マイナス2010年値。
資料：気象庁

度夏季の気温は2010年度夏季と比べて東京，大阪ともに概ね低く，図1-3の「節電行動→節電率」の関係は現れやすい状況であったといえる。また，電力需給に関する検討会合／エネルギー・環境会議（2012），アジア太平洋研究所（2012）にあるように，気温の影響を取り除いた東京電力管内と関西電力管内の節電率（全部門，最大電力需要（kW）ベース）は，東京電力管内が関西電力管内より大きくなっており，図1-5の結果はこれらと整合的である。

2.3.2 その他の項目

［エアコン］と［冷蔵庫］は，今年の8月下旬時点で利用していた機器につ

---

4 これは，電気事業連合会「電力需要実績」での電灯の数値と概ね整合的である。
5 東京都，大阪府の冷房度日数や他の気温データをモデルに組み込み気温補正を試みたが，統計的に有意な数値を得られなかった。最大電力需要（kW）においては（最高）気温要因の影響は大きいが，電力需要量（kWh）ではその影響が相対的に薄まり，小さくなることが要因の一つと考えられる。「節電行動→節電率」の関係性の結果解釈には，厳密には気温影響の考慮が必要となる。

いて，「昨年の8月以前から利用していた機器」を0，「昨年の9月以降に購入した機器」を1として測定した。なお，複数台数を同時に利用していた場合は1番よく利用していたもの，さらに同じ頻度で利用していた場合は，規模の大きいものについて回答を求めた[6]。

［節電行動］は「今夏は昨夏に比べて，より一層節電に取り組んだ」について，「非常にそう思う」「そう思う」「ややそう思う」「あまりそう思わない」「そう思わない」「全くそう思わない」の6件法（6～1）で測定した[7]。同様に，表1-1に記した設問文により，［節電意識］，［危機意識］，［責任意識］，［対処有効性］，［経済性認知］，［利便性認知］，［停電回避貢献］，［環境保全貢献］についても，「非常にそう思う」～「全くそう思わない」の6件法で測定した[8]。

なお，［節電行動］の設問の前に，表1-3に示した個別の節電行動の昨夏と今夏のそれぞれの実施状況を，「ほぼ実施（100％）」「概ね実施（75％）」「たまに実施（50％）」「あまり実施せず（25％）」「ほとんど実施せず（0％）」の5件法（5～1）で測定することで，［節電行動］を具体的にイメージさせた[9]。また，「エアコンのフィルターを定期的（2週間に1回程度）に掃除する」，「冷蔵庫庫内の温度設定を「強」から「中」にする」，「冷蔵庫を壁から適切な間隔（5cm以上）をあけて設置」，「テレビは省エネモードに設定し，画面の輝度を下げる」，「すだれなどで窓からの日差しを和らげる」[10]について，実施している／実施していないの設問もあわせて実施した。なお，図1-4に示したように，エアコン，冷蔵庫，テレビ，照明，待機電力の消費電力は，夏の日中（14時頃）の消費電力の90％程度を占め，表1-4に示すようにこれら機器に

---

6 買い換えたエアコンと冷蔵庫について，規模（対応畳数，容量）の変化と省エネ性能の考慮も質問したが分析には用いていない。
7 ［節電率］を前年同期比で測定したため，［節電行動］と［節電意識］も前年と比較した場合の状況を測定した。
8 リッカート方式での6件法による測定であり，既往研究と同様に，間隔尺度と捉えて分析を進める。
9 2013年度冬季以降の全ての調査でも同様の設問を実施している。これらの個別の節電行動も，主に家計を預かる専業主婦とそれ以外の主体では回答が異なる可能性がある。
10 「すだれなどで窓からの日差しを和らげる」は，冬季は「こたつ布団に，上掛けと敷布団をあわせて使う」の設問に変更している。

表1-3 [節電行動] と個別節電行動の相関係数

個別の節電行動項目	相関係数
1 エアコンの温度は28℃を目安に設定する	0.29 **
2 エアコンの不必要なつけっぱなしをしない	0.30 **
3 冷蔵庫にものを詰め込み過ぎないようにする	0.23 **
4 冷蔵庫のとびらの開閉回数は少なく・短くする	0.29 **
5 テレビは必要な時以外は消す	0.32 **
6 日中は照明を消して，夜間も照明をできるだけ減らす	0.39 **
7 電気製品は使わない時は，リモコンの電源ではなく本体の主電源を切る，またはコンセントからプラグを抜く	0.32 **
8 1～7の節電行動の和	0.46 **

注：**p＜0.01，*p＜0.05。

表1-4 各機器に係る節電行動の節電効果

	節電効果		平均消費電力
	削減電力	削減率	
【エアコン】温度は28℃を目安に設定する［設定温度を2℃あげる］	130W	10.9%	695W
【エアコン】不必要なつけっぱなしをしない	(600W)	(50.1%)	
【エアコン】フィルターを定期的（2週間に1回程度）に掃除する	—	—	
【エアコン】"すだれ"などで窓からの日差しを和らげる	120W	10.0%	
【冷蔵庫】ものを詰め込み過ぎないようにする	2W	2.1%	207W
【冷蔵庫】とびらの開閉回数は少なく・短くする			
【冷蔵庫】庫内の温度設定を「強」から「中」にする	22.8W		
【冷蔵庫】壁から適切な間隔（5cm以上）をあけて設置	—	—	
【テレビ】必要な時以外は消す	21.5W	2.2%	65W
【テレビ】省エネモードに設定し，画面の輝度を下げる	4.3W		
【照明】日中は照明を消して，夜間も照明をできるだけ減らす	60W	5.0%	68W
【待機電力】電気製品は使わない時は，リモコンの電源ではなく本体の主電源を切る，またはコンセントからプラグを抜く	25W	2.1%	34W

注：平均消費電力は，全在宅世帯での各機器の平均消費電力（夏季最大電力需要日の14時頃）。[【エアコン】不必要なつけっぱなしをしない]での節電効果は，エアコンを消して扇風機（34W）を2.6台稼働させると想定した場合の状況。
資料：経済産業省（2011）「節電効果の算出根拠（家庭）」より作成。

関わる潜在的な節電効果は大きい。

ここで，表1－3の相関係数は［節電行動］と今夏の7つの個別節電項目の実施状況，および7つの節電項目の実施状況の和の相関をみたものであり，8「1～7の節電行動の和」と［節電行動］の相関が最も高い。これより，［節電行動］は，個別の節電行動の実施状況から判断されているというよりも，総合的な観点からの判断がなされていることが推測される。

3．理論モデルの検証結果

表1－1のデータに基づき，図1－3の理論モデルについて共分散構造分析を行った。モデルでは識別性確保のため，「環境認知→危機意識」，「社会費用便益認知→停電回避貢献」，「個人費用便益認知→利便性認知」のパス係数を1に固定する制約を課し，最尤法により解を求めた。

結果，「環境認知→個人費用便益認知」は有意にならず，また［利便性認知］と［経済性認知］のクロンバック α は0.228で，個別の要素に分けるのが望ましい結果となった[11]。これより，潜在変数である［個人費用便益認知］を削除し，これを［利便性認知］と［経済性認知］に分け，それぞれが［環境認知］および［節電意識］から影響を受け，［節電行動］に影響を与える構造に修正し，再度分析を行った。また，有意とならなかった「社会費用便益認知→節電率」，「個人費用便益認知→節電率」のパスも削除した。

結果，モデルの適合度はGFI＝0.965，AGFI＝0.942，CFI＝0.969，RMSEA＝0.058となり，十分な適合度を示した（図1－6）。一般的にGFI，AGFI，CFIは0.9以上，RMSEAが0.1以下であれば，モデルの適合度が高いとされる[12]。また，パスは「環境認知→利便性認知」，「利便性認知→節電行動」以外有意と

11　各潜在変数の下位尺度の信頼性の検証として，クロンバック α 係数を算出したところ，［環境認知］のクロンバック α は0.884，［社会費用便益認知］の α は0.756と0.700を上回り，内的整合性が確認された。

12　豊田（1992，1998）はGFIが0.90以上で一定の適合度を有すとする。一方，加納・三浦（2002），West et al.（2012）はGFI，CFIの値が0.95前後以上であることが基準になりつつあるとする。RMSEAについては，加納・三浦（2002），山本・小野寺（2002）は0.10以上だとモデルの当てはまりは悪いとし，山本・小野寺（2002）は0.08以下であれば適合度は高いとする。

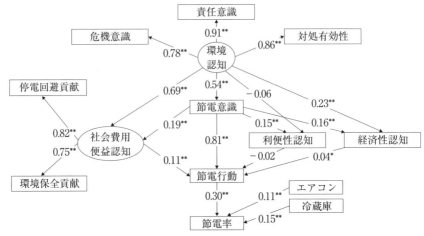

GFI=0.965, AGFI=0.942, CFI=0.969, RMSEA=0.058

注：**p＜0.01，*p＜0.05。係数は全て標準化解。誤差変数，撹乱変数は省略して描画。

図1−6　理論モデルの分析結果（2011年度夏季）

なった（p＜0.05）。

　図1−6より，まず「節電意識→節電行動→節電率」の関係が示され，節電行動の実行性，および節電行動の効果としての実効性が確認された。そして，「環境認知→節電意識」も確認され，仮定どおりに［社会費用便益認知］および［経済性認知］に係る関係性も確認された。また，［エアコン］，［冷蔵庫］も［節電率］に対し有意な関係性を示した。ただし，［利便性認知］は［節電意識］により醸成されるものの，［節電行動］には寄与しない。利便性の認知は，経済性の認知に比べて，相対的に節電行動の意思決定プロセスに与える影響は小さい。

　ここで，［社会費用便益認知］と［経済性認知］の節電行動への寄与度の差を検証すると，「社会費用便益認知→節電行動」と「経済性認知→節電行動」には有意な差があった（z＝2.247，p＜0.05）。そもそも「経済性認知→節電行動」は有意であるがパス係数は小さい。これより，［社会費用便益認知］は［経済性認知］よりも節電行動を促す要因としての寄与度が大きい。また，表1−1にあるように，［経済性認知］は［社会費用便益認知］（停電回避貢献，

環境保全貢献）よりも水準は高いが，節電行動への寄与度は低い。

4．地域・前年節電経験別の分析結果

4.1　地域・前年節電経験別の平均の差の考察

　地域（東京，大阪）と前年2010年度夏季の節電経験（経験群，未経験群）区分のモデル構成要素の記述統計は表1－5となる。なお，節電経験の区分として，「昨夏においても，節電に取り組んでいた」について，「非常にそう思う」～「全くそう思わない」の6件法（6～1）で測定した。そして，4以上を経験群（N＝613），4未満を未経験群（N＝175）に二分した。また，2要因の分散分析結果は表1－6となる。全ての要素において5％水準で交互作用は認められず，主効果の検定結果を示した。

　地域別に比較すると，東京が大阪よりも［節電率］は大きく（p＜0.01），［節電行動］，［節電意識］も有意に大きい。加えて，［経済性認知］と［利便性認知］以外の［危機意識］，［責任意識］，[対処有効性］，［停電回避貢献］，［環

表1－5　地域・節電経験のグループ別の記述統計

	地域別				節電経験別			
	東京 (N＝399)		大阪 (N＝389)		経験群 (N＝613)		未経験群 (N＝175)	
	mean	SD	mean	SD	mean	SD	mean	SD
節電率	0.17	(0.15)	0.14	(0.15)	0.15	(0.15)	0.18	(0.16)
節電行動	5.07	(1.06)	4.72	(1.06)	4.97	(1.03)	4.62	(1.18)
節電意識	5.19	(0.95)	4.86	(1.04)	5.09	(0.97)	4.83	(1.12)
危機意識	5.00	(1.04)	4.22	(1.10)	4.62	(1.14)	4.61	(1.13)
責任意識	4.91	(1.03)	4.34	(0.99)	4.66	(1.04)	4.49	(1.07)
対処有効性	4.61	(1.07)	4.19	(1.02)	4.46	(1.05)	4.19	(1.11)
経済性認知	5.23	(0.86)	5.26	(0.82)	5.32	(0.78)	4.96	(0.96)
利便性認知	4.00	(1.09)	4.03	(1.06)	4.09	(1.06)	3.76	(1.10)
停電回避貢献	4.63	(1.04)	4.35	(0.96)	4.54	(0.99)	4.33	(1.08)
環境保全貢献	4.99	(0.86)	4.80	(0.85)	4.95	(0.83)	4.71	(0.92)
エアコン	0.05	(0.21)	0.04	(0.20)	0.05	(0.21)	0.04	(0.20)
冷蔵庫	0.07	(0.26)	0.06	(0.24)	0.06	(0.24)	0.07	(0.26)

表1－6　平均の差の検定（F値）

	地域別	節電経験別
節電率	9.99 **	3.50
節電行動	24.67 **	18.61 **
節電意識	24.40 **	11.55 **
危機意識	106.55 **	0.73
責任意識	65.73 **	6.77 **
対処有効性	35.24 **	12.54 **
経済性認知	0.02	26.27 **
利便性認知	0.02	12.89 **
停電回避貢献	17.64 **	7.36 **
環境保全貢献	12.49 **	12.21 **
エアコン	0.09	0.18
冷蔵庫	0.20	0.22

注：** $p<0.01$，* $p<0.05$。

表1－7　2011年度夏季の節電目標の概要

	東京電力管内	関西電力管内
目標	▲15％の節電	▲10％以上の節電
期間	7/1～9/22（平日）　9時～20時	7/25～9/22（平日）　9時～20時
設定時期	2011/5/13	2011/7/20
備考	大口需要家には，電気事業法第27条に基づく▲15％の要請（故意の違反は罰金）	関西広域連合は▲10％の節電を呼びかけ（5/26），関西電力は▲15％程度の節電を呼びかけ（6/10）

境保全貢献］，［エアコン］，［冷蔵庫］も東京が大きく，そのうち［エアコン］，［冷蔵庫］以外で有意な差がある（p<0.01）。これは，表1－7に示すような東京と大阪の節電目標の違いも影響していると想定される。なお，［経済性認知］と［利便性認知］は大阪の値が大きいものの有意な差はない。

　前年節電経験別に比較すると，［節電率］，［冷蔵庫］以外は全て経験群が大きく，［節電行動］，［節電意識］，［責任意識］，［対処有効性］，［経済性認知］，［停電回避貢献］，［環境保全貢献］で有意な差がある（p<0.05）。［環境認知］のうち，［危機意識］では有意差はないが，［責任意識］と［対処有効性］に有意差がある。これは現状認識に係る意識面での差はないが，節電経験の違いから，節電行動の必要性と有効性に係る認識の違いが生じていると考えられる。

また，［経済性認知］と［利便性認知］は，経験群が未経験群よりも大きい（p＜0.01）。相対的に，経験群は節電経験に基づく学習効果により個人費用が低く見積もられ，実際の便益の実感経験から個人便益が適切に認知されると考えられる。行動により実感することで学び，それを次の行動につなげるというサイクルが確立される。

なお，有意な差はないが，［節電率］は未経験群が経験群よりも大きい。これは，未経験群は2010年度夏季に節電を行ってない分，節電余地が経験群よりも大きく，初歩的・基本的な節電行動でも節電効果が大きく表れるためと想定される。

4.2 地域・前年節電経験別の多母集団同時分析

まず，地域（東京，大阪）で区分された2つの母集団，および前年節電経験別（経験群，未経験群）で区分された2つの母集団でも，同一の因子構造が成立するかを検証するため，図1－6での配置不変（パスの配置が一致，パス係数は等値でなくてもよい）を仮定して分析を行った。結果，地域区分のモデルの適合度はGFI＝0.955，AGFI＝0.925，CFI＝0.966，RMSEA＝0.043，前年節電経験区分のモデルではGFI＝0.957，AGFI＝0.929，CFI＝0.970，RMSEA＝0.040といずれも十分な値と確認された。

これを踏まえ，グループ間のパス係数の差を検証するため，潜在変数である［環境認知］から［危機意識］，［責任意識］，［対処有効性］へのパス，および［社会費用便益認知］から［停電回避貢献］，［環境保全貢献］へのパス係数に等値制約（パス係数を等値とする）を設定し，2つのグループごとに多母集団同時分析を行った。

結果は表1－8のとおりであり，モデルの適合度は地域区分のモデルでGFI＝0.955，AGFI＝0.927，CFI＝0.966，RMSEA＝0.041，前年節電経験区分のモデルではGFI＝0.957，AGFI＝0.931，CFI＝0.971，RMSEA＝0.039となり十分な値が確保された。したがって，表1－8に基づき，地域別，前年節電経験別にパス係数の差の考察を行う。

表1−8　多母集団同時分析による地域別・節電経験別の分析結果

	地域別		節電経験別	
	東京	大阪	経験群	未経験群
環境認知→節電意識	0.55 **	0.50 **	0.51 **	0.63 **
環境認知→社会費用便益認知	0.73 **	0.64 **	0.67 **	0.80 **
環境認知→経済性認知	0.37 **	0.13 *	0.18 **	0.38 **
環境認知→利便性認知	−0.07	−0.02	−0.09	0.01
節電意識→社会費用便益認知	0.18 **	0.20 **	0.19 **	0.13
節電意識→経済性認知	0.10	0.22 **	0.15 **	0.13
節電意識→利便性認知	0.12	0.18 **	0.11 *	0.22 *
節電意識→節電行動	0.83 **	0.80 **	0.83 **	0.74 **
社会費用便益認知→節電行動	0.09 **	0.12 **	0.09 **	0.21 **
経済性認知→節電行動	0.05 *	0.03	0.03	0.04
利便性認知→節電行動	−0.01	−0.02	−0.03	0.00
節電行動→節電率	0.35 **	0.23 **	0.28 **	0.41 **
エアコン→節電率	0.07	0.16 **	0.14 **	0.02
冷蔵庫→節電率	0.14 **	0.15 **	0.11 **	0.24 **
モデルの適合度	GFI = 0.955, CFI = 0.966,	AGFI = 0.927, RMSEA = 0.041	GFI = 0.957, CFI = 0.971,	AGFI = 0.931, RMSEA = 0.039

注：**p＜0.01，*p＜0.05。係数は全て標準化解。

4.2.1　地域別での分析結果

　理論モデル検証時の全サンプルでの分析では，「環境認知→利便性認知」，「利便性認知→節電行動」以外の全てのパスが有意となったが，表1−8より，東京では［利便性認知］に係るパス（環境認知→利便性認知，節電意識→利便性認知，利便性認知→節電行動）と，「節電意識→経済性認知」，「エアコン→節電率」は有意にならなかった。また，大阪では「環境認知→利便性認知」，「経済性認知→節電行動」，「利便性認知→節電行動」が有意にならなかった。これより，節電意識・行動・効果プロセスにおいて，東京では［利便性認知］は影響を及ぼさないことが示された。表1−5を踏まえると，一定の［利便性認知］は感じているが，節電に係る意識や行動には影響を与えない結果となった。

　ここで，表1−9（左側）より「環境認知→経済性認知」は，東京が大阪より有意に大きい（p＜0.01）。関連して，表1−8より東京の「節電意識→経済

第1章 個人費用便益認知と社会費用便益認知の節電行動への影響　45

表1－9　パス係数の差の検定（z値）

	地域別 東京－大阪	節電経験別 経験群－未経験群
環境認知→節電意識	0.22	－2.29 *
環境認知→社会費用便益認知	1.69	－1.32
環境認知→経済性認知	2.83 **	－2.24 *
環境認知→利便性認知	－0.56	－0.91
節電意識→社会費用便益認知	－0.17	0.90
節電意識→経済性認知	－1.30	0.04
節電意識→利便性認知	－0.50	－0.87
節電意識→節電行動	2.39 *	1.80
社会費用便益認知→節電行動	－0.77	－2.18 *
経済性認知→節電行動	0.38	－0.14
利便性認知→節電行動	0.31	－0.59
節電行動→節電率	1.81	－1.47
エアコン→節電率	－1.43	1.38
冷蔵庫→節電率	－0.21	－1.66

注：**p＜0.01，*p＜0.05。

性認知」は有意ではない。これらより，東京と大阪では，［経済性認知］に係るパス（環境認知→経済性認知，節電意識→経済性認知，経済性認知→節電行動）にも違いがある。つまり，東京と大阪では［経済性認知］を喚起させる経路が異なっており，東京は［環境認知］の段階，大阪は［節電意識］の段階において，経済性の認識がより強くなされる。加えて，パス係数は小さいものの，「経済性認知→節電行動」は東京でのみ有意となっている。

また，表1－9（左側）より，「節電意識→節電行動」は東京が有意に大きく（p＜0.05），大阪よりも意識と行動のギャップが小さい。

4.2.2　前年節電経験別での分析結果

表1－8より，経験群・未経験群いずれも「環境認知→利便性認知」，「経済性認知→節電行動」，「利便性認知→節電行動」は有意にならず，加えて，未経験群では「節電意識→社会費用便益認知」，「節電意識→経済性認知」，「エアコン→節電率」も有意にならなかった。

表1－9（右側）より，「環境認知→節電意識」，「環境認知→経済性認知」，

また「社会費用便益認知→節電行動」は，未経験群が経験群より有意に大きい（$p<0.05$）。このことは，経験群は既に節電経験があり，［節電意識］，［経済性認知］，［節電行動］は相対的に高い水準にあるため（表1－5），［環境認知］，［社会費用便益認知］を認識することで追加的に［節電意識］，［経済性認知］，［節電行動］が高まるという関係は相対的に弱い（弾力性が小さい）。逆に，未経験群は［環境認知］，［社会費用便益認知］を認識することで，相対的に低い［節電意識］，［経済性認知］，［節電行動］が高まるという関係が強い（弾力性が大きい）と解釈できる。

したがって，未経験群では，［環境認知］，［社会費用便益認知］が相対的に強い影響を与える意志決定・行動プロセスとなっている。逆に，経験群は，［環境認知］や［社会費用便益認知］などの他の要素を追加的に意識することなく節電行動がなされる。

5．社会費用便益認知の影響力の考察

本章では，2011年度夏季を対象に，社会費用便益認知および経済性認知，利便性認知を考慮した個人の節電意識・行動・効果プロセスを，質問票調査データを用いた共分散構造分析により明らかにするとともに，多母集団同時分析により，地域別，前年節電経験別の違いを明らかにした。

結果，社会費用便益認知および経済性認知は，節電行動を喚起させ節電効果に寄与すること，環境認知（危機意識，責任意識，対処有効性）は節電意識を高めること，節電意識は利便性認知を高める（不便という意識は低下する）ものの節電行動には寄与しないこと，社会費用便益認知要因は経済性認知要因よりも節電行動を高めるという，節電意識・行動・効果プロセスを明らかにした。

加えて，地域別の違いとして，東京では利便性認知は節電意識や行動には影響を及ぼさないが，経済性認知により節電行動を高めるのは東京のみであること，東京は大阪よりも意識と行動のギャップが小さいこと，東京は大阪よりも節電率が高いことを明らかにした。また，前年節電経験別の違いとして，未経験群は節電経験が少ないため，環境認知により追加的に節電意識，経済性認知が高まる関係が相対的に強いこと，未経験群は相対的に社会費用便益認知を強

く評価することで節電行動を高めることを明らかにした。

東日本大震災に起因する電力供給不安下での，節電による停電回避貢献や環境保全貢献などの社会費用便益認知は，特に前年まで節電を実施していなかった家庭で，節電行動を促す要因として強くなった。そしてこの社会費用便益認知は，家計の節約という経済性認知よりも節電行動を促す要因として強くなった。このことは，特に無関心層・低関心層に対する環境・エネルギー教育による意識醸成や，リスク情報の提供・共有の効果を示唆する。

6．2013年度夏季データでの分析・考察

ここで2013年度夏季のデータを用いて，図1－3の理論モデルの分析を行った。2013年度夏季の記述統計は表1－10となる。表1－1の2011年度夏季のデータと比べると，いずれの要素も水準が低い。

分析の結果，有意でないパスを削除して再分析した結果，図1－6と同様の構造となり，モデルの適合度はGFI＝0.949，AGFI＝0.915，CFI＝0.944，RMSEA＝0.073となり，十分な適合度を示した（図1－7）。ただし，2011年度夏季データでの分析結果（図1－6）では有意であった「節電意識→社会費用便益認知」，「節電意識→利便性認知」，「節電意識→経済性認知」，そして

表1－10　記述統計（2013年度夏季，N＝795）

	mean	SD
節電率	－0.04	(0.16)
節電行動	3.35	(1.18)
節電意識	3.49	(1.17)
危機意識	3.51	(1.08)
責任意識	3.96	(1.05)
対処有効性	3.86	(1.07)
経済性認知	5.04	(0.95)
利便性認知	3.92	(1.03)
停電回避貢献	4.12	(0.99)
環境保全貢献	4.55	(0.92)
エアコン	0.05	(0.22)
冷蔵庫	0.04	(0.21)

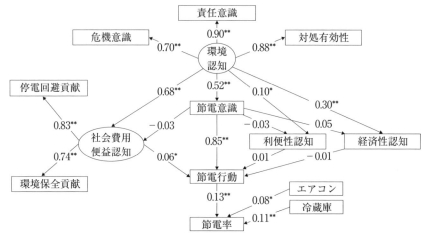

注：**p＜0.01，*p＜0.05。係数は全て標準化解。誤差変数，撹乱変数は省略して描画。

図1－7　理論モデルの分析結果（2013年度夏季）

「経済性認知→節電行動」が非有意になった。

　さらに，［社会費用便益認知］と［経済性認知］の節電行動への寄与度の差を検証すると，「社会費用便益認知→節電行動」と「経済性認知→節電行動」には有意な差があった（$z = 2.209$，$p < 0.05$）。2011年度夏季でも同様に有意差はあったが，2013年度夏季ではそもそも［経済性認知］は追加的な節電行動に寄与しない。これは東京と大阪での多母集団同時分析でも同様の結果となる。［経済性認知］は，時間経過とともに，その水準と節電行動への寄与度が低下した。第Ⅰ部導入部「ⅰ．東日本大震災と地球温暖化への対応」で電力需要の価格弾性値の小ささを示したように，節電が家計の節約につながるとの認知水準は高いが，実際の節電行動へのインセンティブとしては弱いことが明らかになった。加えてその持続性も低い。

　ただし，［経済性認知］の影響力の弱さの要因の1つとして，家計の節約につながるだろうという漠然とした認識だけで，個別の節電行動の正確な節約額までを認識できていない可能性があげられる。これにより，どの行動に取り組むのが合理的かについての情報欠如により実際の節電行動にまで至らない，あ

るいは不完全な情報に基づく節約額の小さな節電行動のみの実施経験による，節約の恩恵の小ささ認知により節電行動を継続しないことなどが想定される。また，電気料金単価（円/kWh）が東京電力管内で2012年9月から平均8.46％，関西電力管内で2013年5月から平均9.75％値上げされ，それ以降，節電行動の節約効果がより見えにくくなった。そのため，特に2013年度夏季には，［経済性認知］が追加的な節電行動に結びつかなくなったことも考えられる。

　ここで，表1−11に個別の節電行動の節約効果を，節約効果の大きさの順番表記とともに示した。また，図1−8は2010年度夏季，2011年度夏季，2013年度夏季の個別の節電行動の平均実施率であり，2011年度夏季の実施率の高い順に並べた。なお，2010年度夏季の数値は，2011年度夏季の調査時に，前年度夏季の取組み状況として把握した。一度設定すれば継続される「冷蔵庫間隔」は2010年度夏季の実施率が最も低く，2013年度夏季が最も高くなっているが，その他は2011年度夏季の実施率が高く，2013年度夏季，2010年度夏季と続く。特に「エアコン必要時」の2013年度夏季の実施率は，2010年度夏季と同水準にまで戻っている。

　節電行動は，合理的な選択としては，便益としての節約効果の大きさだけでなく，節電行動に係る費用（手間・時間）との費用対便益評価に基づき実施が判断されると考えられる。ただし，本章での分析結果からは［利便性認知］（節電は手間や時間がかかる）の節電行動への影響は小さいことが示された。したがって，個別の節電行動に係る費用は等しいと仮定すると，節約効果の大きさを正確に認識していた場合，合理的な行動原理に基づくと，節約額の大きい節電行動から実施率が高くなるはずである[13]。しかし，図1−8はそのような結果を必ずしも示していない。例えば，相対的に節約額の小さい「テレビ必要時」の実施率が高く，節約額の大きい「テレビ省エネモード」の実施率が低い。しかも実際は，「テレビ必要時」は「テレビ省エネモード」よりも費用は大きい。「テレビ省エネモード」は「冷蔵庫温度設定」と同様に，一度設定すればよい節電行動である。

13　各節電行動の費用自体が異なると仮定した場合，節約額の大きい「待機電力」「エアコンすだれ」「エアコンフィルター」であっても，それらの費用の大きさから実施率が低くなることが理解できる。

表1－11　個別節電行動の節約効果

	年間節約金額	（夏季節約金額）
【7．エアコン温度】温度は28℃を目安に設定する(2)	670円	670円
【10．エアコン必要時】不必要なつけっぱなしをしない(4)	410円	410円
【6．エアコンフィルター】フィルターを定期的（2週間に1回程度）に掃除する(8)	700円	175円
【3．エアコンすだれ】"すだれ"などで窓からの日差しを和らげる(1)	1,206円	1,206円
【5．冷蔵庫詰め込み】ものを詰め込み過ぎないようにする(7)	960円	240円
【12．冷蔵庫とびら開閉】とびらの開閉回数は少なく・短くする(12)	230円	58円
【2．冷蔵庫温度】庫内の温度設定を「強」から「中」にする(5)	1,360円	340円
【4．冷蔵庫間隔】壁から適切な間隔（5cm以上）をあけて設置(6)	990円	248円
【11．テレビ必要時】必要な時以外は消す(11)	370円	93円
【8．テレビ省エネモード】省エネモードに設定し，画面の輝度を下げる(9)	600円	150円
【9．照明必要時】日中は照明を消して，夜間も照明をできるだけ減らす(10)	白熱球：430円　蛍光ランプ：100円	白熱球：108円　蛍光ランプ：25円
【1．待機電力】電気製品は使わない時は，リモコンの電源ではなく本体の主電源を切る，またはコンセントからプラグを抜く(3)	2,490円	623円

注：個別節電行動の先頭の数値は，12項目の節電行動内での年間節約金額の大きさの順番。各節電行動のうしろの（　）内の数値は，夏季節約金額の大きさの順番。夏季節約金額は，夏季のみの推計金額である「エアコン温度」「エアコン必要時」「エアコンすだれ」以外の年間節約金額を4で除した値。
資料：省エネルギーセンター（2012）「家庭の省エネ大辞典」，経済産業省（2011）「節電効果の算出根拠（家庭）」より作成。

　ただし一方で，2010年度夏季から2011年度夏季にかけての実施率の変化を見ると，「エアコンすだれ」は実施率自体は低いものの17.9％ポイントの増加となり，最も増加幅が大きい。次いで「冷蔵庫温度」（17.0％ポイント），「エアコン温度」（16.2％ポイント），「テレビ省エネモード」（15.4％ポイント），「エアコンフィルター」（13.0％ポイント），「待機電力」（12.2％ポイント）と，節約額の大きい行動が続く。

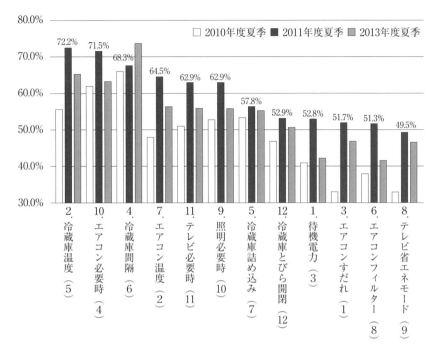

注：［当該機器を保有していない］と［利用していない］の回答者を除く。2010年度夏季の数値は，2011年度夏季の調査時に前年度夏季の取組み状況として把握。各節電行動の先頭の数値は，表1－11に示した12項目の節電行動内での年間節約金額の大きさの順番。また各節電行動のうしろの（　）内の数値は，表1－11に示した夏季節約金額の大きさの順番。

図1－8　個別節電行動の平均実施率（2010年度夏季，2011年度夏季，2013年度夏季）

　これらより，全ての人における情報不足や不完全な情報流通という状況ではなく，知っている人は行動につなげており，知らない人は行動に至らない，またよく知られている情報と知られていない情報があるという，まだらな情報分布が示唆される。これらの情報の非対称性や限定合理性に基づく行動変容の程度の違いは，これまでのような情報提供の方法や内容では限界があることを示している。

　以上より，先に示したように，［経済性認知］の影響力の弱さの要因として，節電行動による便益の認知不足が示唆される。相対的に便益の小さい「テレビ必要時」また「照明必要時」が必要ないわけではないが，儲かる節電として費用対便益の大きい節電行動項目の情報を優先的に示すことで，節電行動に対し

て我慢や大きい費用負担（手間・時間）のイメージを持つ人々の行動変容を促すことが可能となる。節電行動に係る情報の非対称性の解消に向けた，効果的な情報提供手法・技術やその実装のしくみの検討が必要となる。そこでは，有益な情報が見過ごされないように，かつ情報過多にならないように，人間の限定合理性を踏まえた情報提供が求められる。なお，［経済性認知］に関しては，再度，第4，5章で検討する。

　他方，2013年度夏季のデータを用いた分析結果である表1-10および図1-7に係る考察に戻ると，［社会費用便益認知］は，その水準は低下し，節電行動への寄与度も低下したものの有意な影響がある。外的ショックに伴う［停電回避貢献］は，その危機状況の緩和，慣れ，関心低下などを通じ，水準低下につながったものと考えられる。また，［環境保全貢献］も，昨今のCO_2削減の国際的な取組みや社会的関心の停滞により，水準が低下したと考えられる。ただ，時間経過においても，［社会費用便益認知］が節電行動を促進させ続けていることは，節電行動の持続性の観点から，短期と長期ごとの政策設計に対して示唆を与える[14]。［社会費用便益認知］は持続的な節電行動の基盤として醸成を図っていくことが必要となる。

14　本研究では家庭での節電機会が大きい専業主婦を研究対象とした。このことは，職場での節電が求められる会社員等と比較した場合，各要素の水準や要素間の関係性が異なる可能性がある。専業主婦は家計を管理していることが多いため，経済性に関する要因への反応は他属性と比べて特徴的である可能性がある。また専業主婦の間でも，乳幼児や要介護者の有無，年代等の違いにより状況は異なるものと想定される。ただ，無作為抽出による研究対象とするよりも，平日昼間の電力需要ピーク時での家庭部門の対策立案の基礎資料としては適切と考える。

第 2 章

節電目標の理解度と停電への
不安・恐怖の節電行動への影響

1．東日本大震災に起因する外的要因

　第1章では，東日本大震災後の電力供給不安に影響される心理的要因を設定した上で，個人と社会の費用便益認知要因を設定したモデルでの分析を行った。その中で，環境認知（危機意識，責任意識，対処有効性）が節電意識と，個人および社会の費用便益認知を高めることを示した。本章では，社会からの影響として，東日本大震災に起因する外的要因を明示的に設定し，それらがどのように認知面での影響を及ぼして環境認知を高め，節電意識・行動・効果プロセスに影響を与えるかを考察する。具体的な外的要因として，政府等による節電目標設定による節電要請と，震災直後の停電および東京電力管内での2011年3月14日〜28日のうちの計10日間（延べ32回）の計画停電実施という2事象に係る要因を設定する。これにより，節電効果という社会への影響に加えて，節電意識・行動・効果プロセスに影響を与えるであろう社会の具体的事象の要因を盛り込んだ，社会との接点を明示的に考慮したモデルを設計し，分析する。
　本章は，まずこの社会からの影響および社会への影響を考慮した節電行動に係るモデルの妥当性を検証する。加えて，このモデルを用いて，地域（東京，大阪）と時期（2011年度夏季，2011年度冬季；以下夏季，冬季）別の状況の違い[1]が，個人の意思決定および行動効果プロセスに与える影響の差異を明らか

1　夏季と冬季の比較については，本章のモデルでは季節性に関わる要素が少ないため，時間経過による各要素の影響の変容の考察を主な目的としている。

にする。

2. 研究の方法

2.1 理論モデルの設定

　本章では，意識と行動のギャップ解消を目的とした既往研究のモデルを踏まえつつ，節電意識・行動・効果プロセスの理論モデル（仮説モデル）を図2－1のように仮定する。[節電意識]→[節電行動]→[節電率]の各要素に対して，[目標理解]（節電目標の内容を知っていた），[停電不安]（停電への不安・恐怖があった[2]）が影響を与える構造としている。[目標理解]と[停電不安]は，前述した政府等による節電目標設定による節電要請と，震災直後の停電および計画停電実施の2事象の影響に対応させた要因である。これらは前章での環境認知（危機意識，責任意識，対処有効性）に影響を与える具体的な外

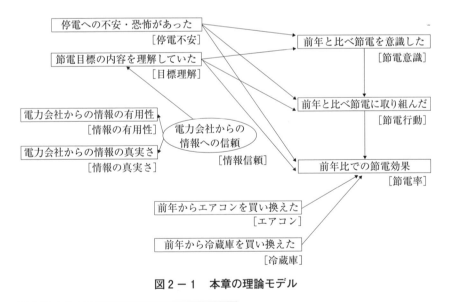

図2－1　本章の理論モデル

2　Damasio（1994, 1999）は，ソマティック・マーカー仮説として，身体感覚に基づく感情が意思決定に及ぼす影響を論じている。

第2章 節電目標の理解度と停電への不安・恐怖の節電行動への影響　55

表2-1　2011年度の節電目標の概要

	2011年度夏季		2011年度冬季	
	東京電力管内	関西電力管内	東京電力管内	関西電力管内
目標	▲15％の節電	▲10％以上の節電	数値目標なしの節電	▲10％以上の節電
期間	7/1－9/22（平日）9時－20時	7/25－9/22（平日）9時－20時	12/1－3/30（平日）9時－21時	12/19－3/23（平日）9時－21時
設定時期	2011/5/13	2011/7/20	2011/11/1	2011/11/1
備考	大口需要家には，電気事業法第27条に基づく▲15％の要請（故意の違反は罰金）	関西広域連合は▲10％の節電を呼びかけ(5/26)，関西電力は▲15％程度の節電を呼びかけ(6/10)	"無理のない範囲での節電"の呼びかけ	政府，関西広域連合，関西電力ともに▲10％以上の節電を呼びかけ

的要因であり，［目標理解］は知識・情報，［停電不安］は身体感覚・感情に係る認知的要素として位置づけられる。

　［目標理解］は，危機意識や当事者意識などの喚起につながる，夏季および冬季前に政府等で設定・公表された節電の数値目標と節電期間等（表2-1）の理解状況であり，これが［節電意識］，［節電行動］，［節電率］にどのような影響を与えるかを考察する。なお，家庭にはこの節電目標の未達成による罰則規定はなく，外部からモニタリングされることもない。したがって，節電目標は社会における強制力のないフォーマルな制度[3]と位置づけられる。他方，計画停電は強制力のあるフォーマルな制度であった[4]。

　［停電不安］については，停電の実際の経験や備えによる不便さや，経験はしていないが他地域の実施状況から想像される不便さなどが，［停電不安］という心理的要因にどのように現れ，これが［節電意識］，［節電行動］，［節電率］にどのような影響を与えるかを考察する。

---

[3] North（1990）は制度をフォーマルな制度（成文法，契約など）とインフォーマルな制度（伝統，慣習，社会的規範など）に区分し，フォーマルな制度は政治的，司法上の結果として一夜のうちに変化しうるが，インフォーマルな制度は計画的な政策にそれほど影響されないとする。そして，インフォーマルな制度がフォーマルな制度を機能させる基礎になるとする。
[4] 計画停電，節電目標，そして後の章で示される電気料金値上がりは，環境政策手段の分類において，栗山・馬奈木（2012）での直接規制，自主的な規制，経済的手法に対応する。また植田（1996），諸富他（2008）での直接的手段，基盤的手段，間接的手段にそれぞれ含まれるものである。なお電気料金値上がりは，政策として意図的に採用され，実施されたわけではない。

また,「情報信頼→目標理解」のパスを設定した。これは,節電目標の内容は電力会社から多く情報発信されるため,［情報の有用性］（電力会社からの情報の有用性），［情報の真実さ］（電力会社からの情報の真実さ）で測定される［情報信頼］（電力会社からの情報への信頼性）が,電力会社の情報へのアクセスの程度,情報への感度や注意力等を定めることで,［目標理解］に影響を与えるものと想定し,設定した。さらに,前章と同様に,［エアコン］（前年同時期以降にエアコンを買い換えた），［冷蔵庫］（前年同時期以降に冷蔵庫を買い換えた）から［節電率］へのパスを設定した。

2.2 分析手法

まず,質問票調査データをもとに,図2−1の構成要素の水準を考察するとともに,共分散構造分析により,理論モデルの妥当性の検証を行う。

次に,地域（東京,大阪）と時期（夏季,冬季）ごとに構成要素の水準を比較検討したのち,地域と時期の状況の違いが,節電意識・行動・効果プロセスに与える影響の差異を,多母集団同時分析により明らかにする。

2.3 モデルの構成要素

夏季の［節電率］の算出方法は前章と同じである。冬季についても同様の方法で算出した。ここで,［節電率］は東京・夏季で17.2％,大阪・夏季で13.7％,東京・冬季で0.4％,大阪・冬季で−2.5％となった。なお,2011年度夏季（8月）の平均最高気温は2010年度夏季（8月）と比較して低く（東京−2.3℃,大阪−1.8℃），2011年度冬季（2月）の平均最低気温は2010年度冬季（2月）と比べて低かった（東京−1.0℃,大阪−1.3℃）。

また,［エアコン］,［冷蔵庫］も同様に,今年の8月（2月）下旬時点で利用していた機器について,「昨年の8月（2月）以前から利用していた機器」を0,「昨年の9月（3月）以降に購入した機器」を1として測定した。［節電行動］,［節電意識］も前章と同様に「非常にそう思う」～「全くそう思わない」の6件法で測定した。

［目標理解］は「政府・電力会社等の節電目標の内容を詳しく知っていた」,［停電不安］は「停電への不安・恐怖があった」,［情報の有用性］は「お住ま

いの地域の電力会社は，安定的な電力需給のために有用な情報を提供している」，［情報の真実さ］は「お住まいの地域の電力会社は，安定的な電力需給のために真実を伝える」について，6件法で測定した[5]。

3．理論モデルの検証結果

理論モデルの構成要素の記述統計は表2-2のとおりである。いずれも夏季の値が冬季よりも大きく，［エアコン］を除いて有意な差もある（表2-3）。また，冬季の［目標理解］と［停電不安］，夏季・冬季の［情報の有用性］と［情報の真実さ］は，中点の3.5を下回っている。

表2-2　理論モデルの構成要素の記述統計

要素	測定方法（節電率，エアコン，冷蔵庫）設問文（上記以外）	2011年度夏季 (N = 788) mean	SD	2011年度冬季 (N = 794) mean	SD
節電率	検針票に基づく，2010年夏季(冬季)と2011年夏季(冬季)の同時期のkWh/日の節電率	0.15	(0.15)	-0.01	(0.18)
節電行動	今夏(今冬)は昨夏(昨冬)に比べて，より一層節電に取り組んだ	4.89	(1.07)	3.96	(1.16)
節電意識	今夏(今冬)は昨夏(昨冬)に比べて，より一層節電を意識した	5.03	(1.01)	4.11	(1.16)
目標理解	政府・電力会社等の節電目標の内容を詳しく知っていた	3.92	(1.10)	3.37	(1.12)
停電不安	停電への不安・恐怖があった	3.82	(1.39)	3.31	(1.27)
情報の有用性	お住まいの地域の電力会社は，安定的な電力需給のために有用な情報を提供している	3.35	(1.11)	3.11	(1.11)
情報の真実さ	お住まいの地域の電力会社は，安定的な電力需給のために真実を伝える	3.15	(1.17)	3.04	(1.16)
エアコン	昨年の8月(2月)以前から利用していた機器(0)or昨年の9月(3月)以降に購入した機器(1)	0.05	(0.21)	0.03	(0.17)
冷蔵庫	昨年の8月(2月)以前から利用していた機器(0)or昨年の9月(3月)以降に購入した機器(1)	0.07	(0.25)	0.04	(0.20)

5　［情報信頼］の下位尺度の信頼性の検証として，クロンバックα係数を算出したところ，2011年度夏季で0.920，2011年度冬季で0.929と0.700を上回り，内的整合性が確認された。

表2-3 夏季と冬季の平均の差の検定

	t 値
節電率	19.57 **
節電行動	16.61 **
節電意識	16.84 **
目標理解	9.96 **
停電不安	7.71 **
情報の有用性	4.26 **
情報の真実さ	2.00 *
エアコン	1.76
冷蔵庫	2.03 *

注：**p＜0.01，*p＜0.05。

　表2-2のデータに基づき，図2-1の理論モデルについて，夏季，冬季それぞれで共分散構造分析を行った。モデルでは識別性確保のため，「情報信頼→情報の有用性」へのパス係数を1に固定する制約を課し，最尤法により解を求めた。結果，夏季，冬季ともに「停電不安→節電行動」，「停電不安→節電率」，「目標理解→節電率」のパスは5％水準で有意とならず，これらを削除することで図2-2のようになった。

　モデルの適合度は，夏季でGFI＝0.986，AGFI＝0.976，CFI＝0.991，RMSEA＝0.034，冬季でGFI＝0.966，AGFI＝0.940，CFI＝0.962，RMSEA＝0.070となり，十分な適合度を示した。これらより，節電意識・行動・効果プロセスは，［目標理解］が［節電意識］および［節電行動］に影響を与え，［節電率］に寄与するプロセスとして実証された。また，［停電不安］は［節電意識］に影響を与えることで間接的に［節電率］に寄与する。さらに［情報信頼］も［目標理解］に影響を与える。

　ここで，「目標理解→節電意識」と「停電不安→節電意識」のパス係数を比較すると，夏季では「目標理解→節電意識」（0.31）が「停電不安→節電意識」（0.21）よりも大きく（$z＝3.35$，$p＜0.01$），冬季でも「目標理解→節電意識」（0.35）が「停電不安→節電意識」（0.24）よりも大きい（$z＝3.40$，$p＜0.01$）。これより，［節電意識］の喚起への寄与度は，夏季と冬季いずれも［目標理解］が［停電不安］よりも相対的に大きいことが示された。「目標理解→節電行動」

第 2 章　節電目標の理解度と停電への不安・恐怖の節電行動への影響　59

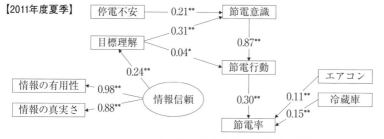

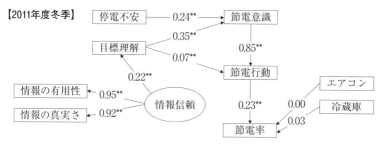

注：**p＜0.01，*p＜0.05。係数は全て標準化解。誤差変数，撹乱変数は省略して描画。

図 2 － 2　理論モデルの分析結果

がパス係数は小さいものの有意である一方，「停電不安→節電行動」は有意ではない結果も踏まえると，［目標理解］は［停電不安］よりも節電意識・行動・効果プロセスに与える影響が大きい要素と考えられる。東日本大震災後のこの時期においては，知識・情報に係る要素である節電目標という強制力のないフォーマルな制度は節電行動促進に効果があり，節電目標設定という政策に有用性があったことが確認された。

また，「エアコン→節電率」，「冷蔵庫→節電率」は夏季のみ有意であった。冬季はエアコン以外の空調機器の利用があることと，外気温が低く冷蔵庫の消費電力が相対的に小さいことなどが要因として考えられる[6]。

6　［節電意識］および［節電行動］から，［エアコン］および［冷蔵庫］へのパスを試行したが，有意にならなかった。エアコン，冷蔵庫は高価であり，耐用年数内における短期での節電を主目的とした買い換えインセンティブは小さいといえる。

4. 地域・時期別の分析結果

4.1 地域・時期別の平均の差の考察

　地域（東京，大阪）と時期（夏季，冬季）別の記述統計は表2－4となる。地域別に比較すると，夏季では東京が大阪よりも［節電率］は大きく，また［節電行動］，［節電意識］，［目標理解］，［停電不安］も大きく，有意な差がある（表2－5）。ただ，［情報の有用性］，［情報の真実さ］は大阪が大きく（p＜0.01），東京電力からの情報に対する信頼性の相対的な低さがみられる。

　冬季では，［情報の有用性］，［情報の真実さ］に加え，［目標理解］でも東京より大阪が大きくなっている。これは，表2－1で示したように冬季は東京では数値目標なしの節電目標であったこと，大阪は夏季に政府，関西広域連合，関西電力それぞれの節電目標設定で混乱したことを踏まえ，冬季は一本化された節電目標が設定されたことが要因としてあげられる。ただ，表2－5よりこれらには有意な差はない。また，［節電行動］，［節電意識］も，東京と大阪で夏季にあった有意差は冬季ではなくなった。一方，［停電不安］は冬季でも東京が大阪よりも有意差を持って大きく（p＜0.01），震災直後の停電や2011年春

表2－4　地域・時期のグループ別の記述統計

	2011年度夏季				2011年度冬季			
	東京 (N=399)		大阪 (N=389)		東京 (N=397)		大阪 (N=397)	
	mean	SD	mean	SD	mean	SD	mean	SD
節電率	0.17	(0.15)	0.14	(0.15)	0.00	(0.18)	－0.03	(0.19)
節電行動	5.07	(1.06)	4.72	(1.06)	3.98	(1.18)	3.93	(1.14)
節電意識	5.19	(0.95)	4.86	(1.04)	4.12	(1.19)	4.10	(1.14)
目標理解	4.05	(1.08)	3.79	(1.12)	3.32	(1.12)	3.41	(1.13)
停電不安	4.33	(1.33)	3.31	(1.26)	3.63	(1.34)	2.98	(1.10)
情報の有用性	3.16	(1.16)	3.55	(1.01)	2.93	(1.15)	3.30	(1.04)
情報の真実さ	2.93	(1.22)	3.38	(1.07)	2.84	(1.20)	3.24	(1.08)
エアコン	0.05	(0.21)	0.04	(0.20)	0.03	(0.16)	0.03	(0.17)
冷蔵庫	0.07	(0.26)	0.06	(0.24)	0.05	(0.21)	0.04	(0.20)

表2-5　地域間の平均の差の検定（t値）

	2011年度夏季 東京－大阪	2011年度冬季 東京－大阪
節電率	3.31 **	2.22 *
節電行動	4.60 **	0.58
節電意識	4.66 **	0.24
目標理解	3.24 **	1.20
停電不安	11.11 **	7.49 **
情報の有用性	5.06 **	4.77 **
情報の真実さ	5.50 **	4.99 **
エアコン	0.26	0.21
冷蔵庫	0.48	0.35

注：**$p<0.01$，*$p<0.05$。

表2-6　時期間の平均の差の検定（t値）

	東京 夏季－冬季	大阪 夏季－冬季
節電率	14.45 **	13.32 **
節電行動	13.59 **	9.96 **
節電意識	14.09 **	9.83 **
目標理解	9.39 **	4.77 **
停電不安	7.36 **	3.83 **
情報の有用性	2.79 **	3.43 **
情報の真実さ	1.12	1.87
エアコン	1.48	1.00
冷蔵庫	1.50	1.36

注：**$p<0.01$，*$p<0.05$。

季の東京電力管内での計画停電の経験や備えの不便さの認識の影響が，東京では冬季でも持続していると想定される。

　次に，時期別に比較すると，東京と大阪いずれも冬季は夏季に比べて全ての要素が低下しており，表2-6より［情報の真実さ］，［エアコン］，［冷蔵庫］以外に有意な差がある（$p<0.01$）。また，表2-2に基づく「3．理論モデルの検証結果」の全体での平均値の考察との違いを示すと，夏季の大阪の［停電不安］は中点3.5を下回り，夏季の大阪の［情報の有用性］と冬季の東京の［停電不安］が中点3.5を上回っている。これは，東京と大阪の震災直後の停電や

計画停電の経験の違い，電力会社への信頼程度の違いを表す結果となっている。

4.2 地域・時期別の多母集団同時分析

　まず，地域（東京，大阪）と時期（夏季，冬季）で区分された4つの母集団でも同一の因子構造が成立するかを検証するため，図2－1での配置不変を仮定して分析を行った。結果，有意でないパスを削除することで図2－2と同様の構造となり，モデルの適合度はGFI＝0.961，AGFI＝0.932，CFI＝0.963，RMSEA＝0.034と十分な値と確認された[7]。

　これを踏まえ，グループ間のパス係数の差を検証するため，「情報信頼→情報の有用性」と「情報信頼→情報の真実さ」のパス係数に等値制約を設定し，4つのグループでの多母集団同時分析を行った。

　結果は表2－7のとおりであり，モデルの適合度はGFI＝0.961，AGFI＝0.934，CFI＝0.964，RMSEA＝0.033となり十分な値が確保された。したがって，表2－7に基づき，地域・時期ごとにパス係数の差の考察を行う。

4.2.1 地域別の分析結果・考察

　「3．理論モデルの検証結果」の全体の分析では，夏季と冬季いずれも「目

表2－7　多母集団同時分析による地域・時期別の分析結果

	2011年度夏季		2011年度冬季	
	東京	大阪	東京	大阪
情報信頼→目標理解	0.16 **	0.39 **	0.16 **	0.27 **
目標理解→節電意識	0.30 **	0.32 **	0.33 **	0.38 **
停電不安→節電意識	0.25 **	0.10 *	0.28 **	0.19 **
節電意識→節電行動	0.88 **	0.86 **	0.84 **	0.86 **
目標理解→節電行動	0.05 *	0.03	0.07 **	0.06 **
節電行動→節電率	0.35 **	0.22 **	0.30 **	0.15 **
エアコン→節電率	0.07	0.16 **	0.04	－0.03
冷蔵庫→節電率	0.14 **	0.15 **	0.06	0.01
モデルの適合度	GFI＝0.961，AGFI＝0.934，CFI＝0.964，RMSEA＝0.033			

注：**$p<0.01$，*$p<0.05$。係数は全て標準化解。

---

[7] また4つの母集団間で「情報信頼→情報の有用性」「情報信頼→情報の真実さ」のパス係数に有意な差はなかった。

標理解→節電意識」が「停電不安→節電意識」より有意に大きい結果が示されたが，地域別での検証を行うと，表2－8のように大阪でしか有意な差はない（p＜0.01）。つまり，停電の経験と停電への備えへの不便さに係る意識の高い東京では，［停電不安］の影響が相対的に大きく，［節電意識］の促進要因としての［目標理解］と［停電不安］の差が大阪に比べて相対的に小さい。ただ，表2－9のように，東京と大阪の「停電不安→節電意識」そのものには有意な差はない。

ここで，表2－9（左側）より，夏季の東京と大阪で「節電意識→節電行動」と「情報信頼→目標理解」に有意な差がある（p＜0.01）。

「節電意識→節電行動」については，東京の値が有意に大きい。ただ，冬季には東京と大阪で有意な差がなくなった（z＝－0.76, n.s.）。これより，夏季時点では［節電意識］と［節電行動］の関係性，またこれらを直接あるいは間接的に促進させる［目標理解］と［停電不安］という外部要因の影響力の違いが地域間で生じていたが，冬季にはその違いが小さくなったといえる。

表2－8　パス係数の差の検定（z値）

	2011年度夏季		2011年度冬季	
	東京	大阪	東京	大阪
「目標理解→節電意識」－「停電不安→節電意識」	1.63	3.63 **	1.56	2.81 **

注：**$p<0.01$，*$p<0.05$。

表2－9　パス係数の差の検定（z値）

	地域別比較		時期別比較	
	夏季	冬季	東京	大阪
	東京－大阪	東京－大阪	夏季－冬季	夏季－冬季
情報信頼→目標理解	－3.92 **	－1.88	－0.07	1.85
目標理解→節電意識	－0.52	－0.52	－1.18	－1.20
停電不安→節電意識	1.91	0.87	－1.22	－1.78
節電意識→節電行動	2.84 **	－0.76	3.95 **	0.32
目標理解→節電行動	0.73	0.36	－0.71	－1.03
節電行動→節電率	1.81	1.80	0.39	0.61
エアコン→節電率	－1.43	1.02	0.04	2.27 *
冷蔵庫→節電率	－0.21	0.80	0.69	1.65

注：**$p<0.01$，*$p<0.05$。

「情報信頼→目標理解」については，夏季のみ東京と大阪に有意な差がある（$p<0.01$）。このパスは，節電目標の内容は電力会社から多く情報発信されるため，電力会社からの情報の信頼性評価が，電力会社への情報アクセスの程度，情報への感度や注意力等を定めることで，［目標理解］に影響を与える効果をみたものである。本結果より，夏季の大阪は東京に比べて，地域の電力会社からの［情報の有用性］と［情報の真実さ］で表される［情報信頼］が，［目標理解］に相対的に大きな影響を与えたこととなる。これは，東京電力の原発事故への対応等やそれに係る情報発信の影響により，東京電力からの情報の信頼性評価により目標理解を進めるという関係は弱く，東京の数値が小さいことが要因として考えられる。

なお，表2－4から，［情報の有用性］，［情報の真実さ］水準は大阪が東京よりも高く，有意な差もある（表2－5）。ただ，［目標理解］水準は東京（4.05）が大阪（3.79）よりも有意な差（$p<0.01$）で大きい。これは，大阪は夏季に政府，関西広域連合，関西電力それぞれの節電目標設定で混乱したことの影響が想定される。加えて，大元の情報源からの［情報信頼］だけでなく，その情報を加工・流通させる新聞やTV，インターネットなどのメディアへの接触度や，電力需給問題への関心度なども［目標理解］への影響として大きいことも要因として考えられる。

ここで，「節電行動→節電率」については，夏季，冬季ともに有意な差はないが東京の値が大きい。前章の表1－2に示したように，夏季の平均最高気温は，前年と比較した場合のマイナス幅は東京が大きく（前年と比べて大阪では東京よりも暑く感じる），また冬季の前年と比べた平均最低気温のマイナス幅は東京が小さかった（前年と比べて大阪では東京よりも寒く感じる）。そのため，冷暖房に係る節電行動に関しては，東京が大阪よりも節電率が高くなりやすい状況にあった。ただ，電力需給に関する検討会合／エネルギー・環境会合（2012），アジア太平洋研究所（2012）にあるように，気温の影響を取り除いた東京電力管内と関西電力管内の節電率（全部門，最大電力需要（kW）ベース）は，夏季，冬季ともに東京電力管内の数値が大きくなっている。したがって，東京では大阪に比べて節電行動と節電効果のギャップが小さく，より実効性の高い節電行動が行われた可能性がある。

4.2.2 時期別の分析結果・考察

表2-7より，「目標理解→節電行動」は，夏季の大阪は有意でなかったが，冬季では有意となった（p＜0.01）。これは，冬季に単一の節電目標が示されたことが，［目標理解］が直接［節電行動］を促進させる要因の1つになったと想定される。

ここで，表2-9（右側）より，東京の夏季と冬季の「節電意識→節電行動」に有意な差がある（p＜0.01）。また，大阪の夏季と冬季の「エアコン→節電率」にも有意な差があり（p＜0.05），冬季はエアコン以外の空調機器の利用があること，大阪の夏季での［エアコン］の［節電率］への寄与度が大きかったことが要因としてあげられる。

さらにここで，［節電行動］とこれに影響を与える要素（［目標理解］，［停電不安］，［節電意識］）の関係性の夏季から冬季における変容を，パス係数と総合効果の比較により考察する。まずパス係数に関して，東京の夏季と冬季の「節電意識→節電行動」については，冬季の値が有意に小さくなった。ここで，表2-7より「目標理解→節電行動」は，有意差はないものの冬季の値が大きく，「停電不安→節電意識」，「目標理解→節電意識」も同様となった。大阪でもこれら3つのパスは，有意差はないが冬季値が大きく，前述したように「目標理解→節電行動」も有意となり，「目標理解→節電行動」，「停電不安→節電意識」の関係性は冬季にかけてより強くなったといえる。

次に，表2-10に［目標理解］，［停電不安］，［節電意識］から［節電行動］に係る総合効果（直接効果と間接効果の和）を示した。直接効果は，それぞれの要素から［節電行動］への直接のパス（標準化係数）で示される。間接効果は，それぞれの要素から［節電行動］へ間接的に繋がるパスを掛け合わせた数値の和である。総合効果を時期別に比較すると，東京と大阪いずれも「目標理解→節電行動」，「停電不安→節電行動」は冬季の値が大きく，「節電意識→節電行動」は冬季の値が小さくなった。

以上のパス係数，および総合効果の夏季と冬季の比較より，停電の経験や他地域での停電の実施状況から想像される不便さからの［停電不安］と，危機意識や当事者意識などの喚起につながる［目標理解］の［節電行動］を促す要因としての影響力は，夏季から冬季において高まったものと解釈できる。つまり，

表2−10 [節電行動]に係る標準化総合効果

	東京		大阪	
	夏季	冬季	夏季	冬季
目標理解→節電行動	0.318	0.348	0.305	0.385
停電不安→節電行動	0.223	0.235	0.088	0.161
節電意識→節電行動	0.878	0.836	0.856	0.855

　時間を経ることで，東日本大震災に起因する外的要因である[停電不安]と[目標理解]が影響を与える節電意識・行動・効果プロセスが確立されてきた。そして，[目標理解]については，数値目標の有無に関わらずそのプロセスが確立された。

　ただし，表2−4，2−6に示したように，東京と大阪いずれも，冬季は夏季に比べて[停電不安]，[目標理解]だけでなく，全ての要素の水準が低下し，[情報の真実さ]，[エアコン]，[冷蔵庫]を除いて有意な差もある（p＜0.01）。これには，夏季を無事に乗り切れたという安心感，ショックからの時間経過による身体・感情要素としての停電への不安・恐怖の薄れ，厳しい数値目標が設定されないことによる切迫感の薄れ，また，そもそも強制力のない数値目標への関心低下などが想定される。

　このことは，東日本大震災に起因する[停電不安]と[目標理解]に影響を受ける節電意識・行動・効果プロセスが個人の中で確立されてきたとしても，時間経過により各要素の水準が低下することで，節電効果が低下してしまう可能性を示唆する。つまり，外部要因に喚起される意識が実際の行動に結びつきやすくなるような節電意識・行動・効果の回路ができ上がったとしても，その意識水準がある程度維持されないと効果は小さくなる。さらにその回路の定着度や持続性も不確かである。

5．知識・情報と身体感覚・感情に係る考察

　本章では，節電目標への理解度と停電への不安・恐怖の影響を考慮した個人の節電意識・行動・効果プロセスを明らかにするとともに，多母集団同時分析により地域・時期別の違いを明らかにした。

結果，節電目標の理解が節電意識および節電行動を喚起させ節電効果に寄与すること，停電への不安・恐怖が節電意識を高めること，停電への不安・恐怖要因よりも節電目標の理解要因が節電意識を高めるという，節電意識・行動・効果プロセスを明らかにした。

　加えて，地域・時期別の違いとして，東京では節電意識に寄与する節電目標の理解要因と停電への不安・恐怖要因の大きさに有意な差はないこと，夏季の「節電意識→節電行動」は東京が大阪よりも有意に大きく，冬季にはその有意差はなくなったこと，その東京の夏季の「節電意識→節電行動」と冬季のそれとは有意差があることを明らかにした。

　これらから，東日本大震災に起因する外部要因に影響を受ける節電意識・行動・効果プロセスの確立は確認されたが，時間経過により各要素の水準が低下することで，節電効果が低下する可能性を指摘した。つまり，節電目標の理解に基づく節電意識の醸成，そして節電行動・効果の向上は期待される一方，時間経過による忘却，慣れ，関心低下等による節電目標の理解などの各要素水準の低下が，節電効果の低下につながる。なお，節電目標の効果に関しては，再度，第４−５章で2013年度夏季，2014年度夏季，2014年度冬季のデータを用いて考察する。

　以上より，一時的でなく中長期において節電意識・行動・効果プロセスを定着・持続させるには，弱まっていく外部要因への反応に基づく「個人」の身体感覚・感情や道徳・倫理のみに依存するのではなく，「社会」の制度・しくみにより対応していくことが求められる。各種情報の提供による意識醸成とともに，規制の施策による強制，経済的インセンティブを喚起させる制度・しくみなどからなるポリシー・ミックス[8]として，個人の取組みを無理なく確実に促進させ，習慣化につながるような，社会レベルでの複合的なメカニズム設計が必要といえる。

8　諸富他（2008）では，ポリシー・ミックスは「複数の環境政策手段を相互に有機的な形で組み合わせることで，複数政策目標を達成しようとする試み」（p.65）と定義されている。

第3章

社会的規範と電力会社への信頼の節電行動への影響

1. 節電目標への協力に係る内的要因

　第2章では，節電目標の理解が節電意識および節電行動を喚起させ，節電効果に寄与することを明らかにした。本章では，その節電目標への個人の協力態度に影響を与える要素を明らかにする。つまり節電目標への協力に係る規定要因を明らかにする。ここでは社会的規範と電力会社への信頼の2つをその要素として仮定し，それぞれが節電目標を意識した節電行動にどのような影響を及ぼすかを検証する。具体的には，「政府という主体が決定した，人々に協力を依頼する節電目標」という捉え方による社会的規範の影響と，「電力会社が実質的に定めた，人々に協力を依頼する節電目標」という捉え方による電力会社への信頼の影響の違いを考察する。前章で示したように，節電目標は社会における強制力のないフォーマルな制度と位置づけられる。節電目標への認識・態度の違いが，節電目標を意識した節電行動のメカニズムにどのような影響を与えるかを分析する。

　まず，社会的規範とは社会の構成員に共有されたルールあるいは基準としての個人への行動期待（Cialdini and Trost, 1998; Staub, 1972）であり，政府が決定する節電目標への態度に影響を与えると想定される[1]。社会的規範が環境意識を高め，環境配慮行動を促進するとの分析結果は，広瀬（1994）が整理す

---

[1] 吉田他（2009）での既往研究のサーベイによると，社会的規範の定義には，外形化された基準と内在化された信念という2つの主張が存在する。

るように，省エネ・節電，節水，廃棄物抑制，リサイクル促進など，海外の実証研究で多分野にわたり数多く存在する。国内でも，杉浦他（1998），依藤（2003, 2011），Ohtomo and Hirose（2007）などで社会的規範の影響が検証されている。

Cialdini et al.（1990）は，社会的規範は命令的規範（injunctive norm）と記述的規範（descriptive norm）に分けて捉えられるとする。命令的規範は多くの人々が望ましいと評価するであろうとの知覚に基づく規範であり，記述的規範は多くの人々が実際に取る行動であろうとの知覚に基づく規範としている。この命令的規範と記述的規範に係る意識が高い個人は，政府が決定した節電目標を意識した節電行動を進める，という関係性を仮定する。

次に，電力会社への信頼についてである。個人の政策受容判断における政策主体への信頼の重要性は，社会資本整備の分野などで実証され（青木・鈴木，2005；中谷内他，2010；大渕，2005），取組主体への信頼が，その取組みへの賛同や協力意向を規定することが明らかにされている。ここで，取組主体への信頼としての電力会社への信頼は，序章で示した池田（2013）の制度信頼（フォーマルな制度を支えるルールや規則によるシステム的な安心と，制度の運営者である組織や担当者への対人的な信頼により構成）における，組織や担当者への対人的な信頼に相当する。ただ，実際には，人々の電力会社への信頼水準は，当該電力会社の電力供給システム自体への安心と，その運営者としての電力会社への信頼の両面から総合的に判断されると考えられる。

節電目標は政府により決定されるが，その決定プロセスは電力会社の情報に依存する。また，節電目標への協力依頼は，電力会社によるテレビCM，新聞広告，ホームページや，リアルタイムの「でんき予報」などで行われる。加えて，当然ながら，電力需要に応じた電力供給を行う責任が電力会社にはある。これら状況から，節電目標達成に係る実質的な協力相手は電力会社であることを各人は認識できる。この場合，各人が協力の必要性や意義を見出すには，協力相手が信頼できることが前提となる。電力会社が正しい情報を公表し，これに基づいて供給責任を果たそうとすると評価できれば，自らの協力行動が報われるだろうと予測できる。したがって，電力会社への信頼水準は，節電目標への態度に影響を与えると想定される。信頼できない相手の情報は信用しないし，

協力しないということである[2]。これらより，節電目標への態度の水準は，節電目標を実質的に設定し，電力供給を担う電力会社への信頼水準にも規定されると仮定する。つまり，節電目標のそもそもの必要性や目標水準の妥当性などの節電目標に対して疑念がある個人，また電力会社による責任転嫁や努力不足などとして，電力会社自体に不信を抱いている個人は，節電目標を意識した節電行動は行わない，との関係性を仮定する。

本章は，節電目標への態度の影響を考慮した節電行動に係るモデルを設計し，その妥当性を検証する。加えて，このモデルを用いて，地域と時期別の状況の違いが，個人の意思決定および行動効果プロセスに与える影響の差異を明らかにする。そこでは，「政府という主体が決定した，人々に協力を依頼する節電目標」という捉え方による社会的規範の影響と，「電力会社が実質的に定めた，人々に協力を依頼する節電目標」という捉え方による電力会社への信頼の影響を考察する。つまり，節電目標の捉え方が異なることでの，節電目標を意識した節電行動のメカニズムの地域・時期別の違いを分析・考察する。

2．研究の方法

2.1 理論モデルの設定

本章での理論モデル（仮説モデル）は，図3－1のように，「節電意識→節電行動→節電率」のプロセスにおいて，節電目標への態度である［目標態度］が［節電意識］に影響を与え，その［目標態度］に［社会的規範］および［信頼］が影響を与える構造を仮定する。なお，［社会的規範］および［信頼］の［節電意識］，［節電行動］，［節電率］それぞれへの影響も検証する。

［目標態度］は［目標理解］（節電目標の内容を知っていた）と［目標意識］（節電目標の達成を意識した）で測定する。［目標理解］は，危機意識や当事者意識などの喚起につながる，夏季および冬季前に政府が決定し，主に電力会社

---

[2] 池田（2013）は，序章で示した制度信頼の議論と絡めて，信頼できない政府からの情報に対して人々は協力しないだろうことも事例にあげながら，「信頼できない他者からの情報に基づいて行動することは現実的ではない」(p.105)とする。

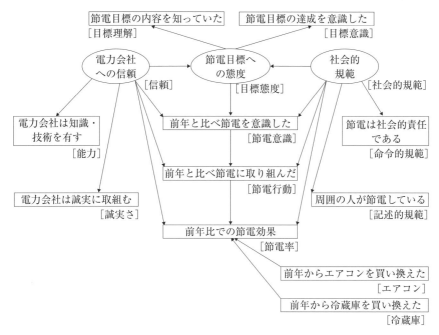

図3-1　本章の理論モデル

が広報を担った節電内容と節電期間等の理解状況であり，［目標意識］はこの目標の達成意欲である。

　ここで，前章の表2-1に示したように，2011年度冬季の東京には数値目標が設定されておらず，2012年度夏季も設定されていない。他方，大阪では2011年度冬季に加えて，2012年度夏季も2010年度夏季比10％の数値目標の節電要請がなされた[3]。［目標意識］をモデルに含むことから，分析対象は数値目標設定のある地域・時期とする必要がある。本章では，まず2011年度夏季の東京と大阪を分析対象とし，次に大阪の3季（2011年度夏季，2011年度冬季，2012年度夏季）での分析を行う。なお，図3-2に示したように，当然のことではあるが，2012年度夏季では，電力の需給状況を予測する情報の把握・認知の頻度は，

---

[3]　万が一に備えた計画停電も準備され，地域割り計画も住民に配布された。なお2012年度冬季は北海道電力管内のみで数値目標のある節電要請がなされ，東京と大阪ともに数値目標なしの節電が要請された。

72 第Ⅰ部 個人の節電行動の意思決定プロセス

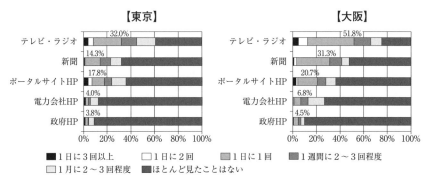

注：「でんき予報」などの電力の需給状況を予測する情報の把握・認知の頻度についてお答えください，としてメディア別に回答を求めた。図中の数値(%)は「1日に3回以上」「1日に2回」「1日に1回」の回答数の和の割合。

図3－2　メディア別の電力需給状況情報の把握・認知の頻度（2012年度夏季）

数値目標のない東京よりも大阪が大きくなっている[4]。

［社会的規範］は，前述したように［命令的規範］（節電は社会的責任である）と，［記述的規範］（周囲の人が節電している）で測定する。

信頼に関して，Luhmann（1973）は，広い意味での信頼を，社会の複雑な問題や危機を避けるために，自分が抱いている他者や社会への様々な期待をあてにすること，と捉えている。また，Barber（1983）や山岸他（1995）は信頼を能力への期待と意図への期待に区別している。さらに，Earle（2010）の実証分析のサーベイ論文でも，信頼は能力と意図に関わる要素に区分，整理されている。本章では，これらを踏まえ，電力会社への信頼の水準は，電力会社の能力と意図への期待の水準で測定する。

その際，意図の測定指標は，中谷内・Cvctkovich（2008），Earle（2010）で整理されているように，公正さ，正直さ，誠実さ，透明性などがあげられるが，本章では，中谷内他（2010）など多くの既往研究で用いられている誠実さを採用する。したがって，［信頼］は電力会社の安定的な電力需給に係る［能力］（電力会社は専門知識・技術を有す）と，［誠実さ］（電力会社は誠実に取組む）で測定する[5]。

---

[4] 節電目標の捉え方と，電力会社HPおよび政府HPへのアクセスを関連させて考えてはいない。各メディアへのアクセス容易性や情報の見やすさなどの影響が大きいと想定されることに拠る。

2.2　分析手法

　まず，質問票調査データをもとに，図3－1の構成要素の水準を考察するとともに，共分散構造分析により，理論モデルの妥当性の検証を行う。

　次に，2011年度夏季の東京と大阪の構成要素の水準を比較検討したのち，地域の状況の違いが，節電意識・行動・効果プロセスに与える影響の差異を，多母集団同時分析により明らかにする。さらに時間経過の違いとして，大阪の2011年度夏季，2011年度冬季，2012年度夏季の3季での多母集団同時分析を行う。

2.3　モデルの構成要素

　［節電率］，［節電行動］，［節電意識］，［エアコン］，［冷蔵庫］は前章と同様の方法で測定した。

　［目標理解］は「政府・電力会社等の節電目標の内容を詳しく知っていた」，［目標意識］は「政府・電力会社等の節電目標の達成を意識した」，［命令的規範］は「節電は社会的責任である」，［記述的規範］は「周囲の人が節電している（と思う）から私も節電する」，［能力］は「お住まいの地域の電力会社は，安定的な電力需給に係る専門知識・技術を持っている」，［誠実さ］は「お住まいの地域の電力会社は，安定的な電力需給のために誠実に取組む」について，「非常にそう思う」～「全くそう思わない」の6件法で測定した。

3．理論モデルの検証結果

　理論モデルの構成要素の記述統計は表3－1のとおりである。本データに基づき，図3－1の理論モデルについて，共分散構造分析を行った。モデルでは識別性確保のため，「信頼→能力」，「社会的規範→命令的規範」，「目標態度→目標理解」へのパス係数を1に固定する制約を課し，最尤法により解を求めた。

　結果，「社会的規範→節電率」，「信頼→節電率」のパスは5％水準で有意と

5　［能力］は，組織や担当者への対人的な信頼だけでなく，池田（2013）の制度信頼での当該電力会社の電力供給システム自体への安心（信頼）にも関わる。

表 3 − 1　理論モデルの構成要素の記述統計

要素	測定方法（節電率，エアコン，冷蔵庫）設問文（上記以外）	2011年度夏季 (N = 788) mean	SD
節電率	検針票に基づく，2010年夏季と2011年夏季の同時期のkWh/日の節電率	0.15	(0.15)
節電行動	今夏は昨夏に比べて，より一層節電に取り組んだ	4.89	(1.07)
節電意識	今夏は昨夏に比べて，より一層節電を意識した	5.03	(1.01)
目標理解	政府・電力会社等の節電目標の内容を詳しく知っていた	3.92	(1.10)
目標意識	政府・電力会社等の節電目標の達成を意識した	3.74	(1.20)
命令的規範	節電は社会的責任である	4.37	(1.06)
記述的規範	周囲の人が節電している（と思う）から私も節電する	3.61	(1.27)
能力	お住まいの地域の電力会社は，安定的な電力需給に係る専門知識・技術を持っている	3.53	(1.04)
誠実さ	お住まいの地域の電力会社は，安定的な電力需給のために誠実に取組む	3.53	(1.11)
エアコン	昨年の8月以前から利用していた機器(0) or 昨年の9月以降に購入した機器(1)	0.05	(0.21)
冷蔵庫	昨年の8月以前から利用していた機器(0) or 昨年の9月以降に購入した機器(1)	0.07	(0.25)

ならず，これらを削除することで図3−3の構造になった。なお，「信頼→節電意識」，「信頼→節電行動」も5％水準で有意ではないが，これら［節電意識］と［節電行動］へのパスが有意となっている［社会的規範］との比較，および［信頼］自体の考察のため，これらパスを残したモデルを採用する。モデルの適合度はGFI = 0.964，AGFI = 0.938，CFI = 0.959，RMSEA = 0.066となり，十分な適合度を示した[6]。

　これらより，まず「目標態度→節電意識→節電行動→節電率」の関係が示された。節電目標への態度が節電意識を喚起し，節電行動および節電効果に寄与

---

[6]　各潜在変数の下位尺度の信頼性の検証として，クロンバックα係数を算出したところ，［目標態度］のクロンバックαは0.804，［信頼］のαは0.858，［社会的規範］のαは0.646となった。［社会的規範］のαが0.700よりも若干小さいが，潜在変数の［社会的規範］を削除して，［命令的規範］と［記述的規範］それぞれが［目標態度］，［節電意識］，［節電行動］，［節電率］に影響を与える構造のモデルで分析を行ったところ，モデルの適合度はGFI = 0.918，AGFI = 0.853，CFI = 0.892，RMSEA = 0.109となり，図3−3よりも適合度が悪化するとともに，AICは439.432となり，図3−3のAIC223.460よりも大きくなった。したがって図3−3の構造を採用した。

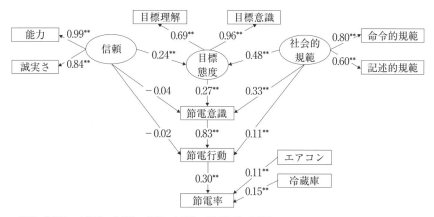

GFI= 0.964, AGFI= 0.938, CFI= 0.959, RMSEA=0.066

注：**p＜0.01，*p＜0.05。係数は全て標準化解。誤差変数，撹乱変数は省略して描画。

図3－3　理論モデルの分析結果

するとの結果より，前章と同様に節電目標の設定・提示の意義が確認された。

加えて，［信頼］および［社会的規範］が［目標態度］に影響を与え，間接的に［節電意識］に寄与することで，［節電率］に貢献するプロセスも実証された。

ここで，「信頼→目標態度」と「社会的規範→目標態度」のパス係数を比較すると，「社会的規範→目標態度」が「信頼→目標態度」よりも有意に大きい（z＝4.347，p＜0.01）。これより，［目標態度］への寄与度は，［社会的規範］が［信頼］よりも相対的に大きいことが示された。加えて，［社会的規範］は［節電意識］と［節電行動］にも有意な影響がある（p＜0.01）。

4．地域別の分析結果

4.1　地域別の平均の差の考察

東京，大阪の記述統計は表3－2となる。東京が大阪よりも［節電率］，［節電行動］，［節電意識］，［目標理解］，［目標意識］，［命令的規範］，［記述的規範］が大きく，有意な差がある（p＜0.01）。ただ，［能力］と［誠実さ］は大

表 3-2　地域別の記述統計と平均の差の検定

	東京 (N=399)		大阪 (N=389)		t 値
	mean	SD	mean	SD	
節電率	0.17	(0.15)	0.14	(0.15)	3.31 **
節電行動	5.07	(1.06)	4.72	(1.06)	4.60 **
節電意識	5.19	(0.95)	4.86	(1.04)	4.66 **
目標理解	4.05	(1.08)	3.79	(1.12)	3.24 **
目標意識	3.92	(1.20)	3.55	(1.16)	4.42 **
命令的規範	4.52	(1.09)	4.21	(1.01)	4.12 **
記述的規範	3.79	(1.32)	3.41	(1.20)	4.27 **
能力	3.49	(1.05)	3.58	(1.04)	1.24
誠実さ	3.39	(1.18)	3.67	(1.02)	3.62 **
エアコン	0.05	(0.21)	0.04	(0.20)	0.26
冷蔵庫	0.07	(0.26)	0.06	(0.24)	0.48

注：**p＜0.01，*p＜0.05。

阪が大きく，そのうち［誠実さ］には有意な差があり（p＜0.01），東京電力への誠実さに係る信頼の相対的な低さがみられる。また，東京の［能力］と［誠実さ］は中点（3.5）を下回っている。

4.2　地域別の多母集団同時分析

まず，東京，大阪の2つの母集団でも同一の因子構造が成立するかを検証するため，図3-1での配置不変を仮定して分析を行った。結果，モデルの適合度はGFI＝0.950，AGFI＝0.914，CFI＝0.950，RMSEA＝0.051と十分な値と確認された[7]。

これを踏まえ，グループ間のパス係数の差を検証するため，潜在変数である［信頼］から［能力］と［誠実さ］へのパス，［社会的規範］から［命令的規範］と［記述的規範］へのパス，および［目標態度］から［目標認知］と［目標意識］へのパス係数に等値制約を設定し，2つのグループでの多母集団同時分析を行った。

結果は表3-3のとおりであり，モデルの適合度はGFI＝0.950，AGFI＝

---

[7]　また，2つの母集団間で「目標態度→目標理解」「目標態度→目標意識」「社会的規範→命令的規範」「社会的規範→記述的規範」「信頼→能力」「信頼→誠実さ」のパス係数に有意な差はなかった。

表3-3　多母集団同時分析による地域別の分析結果とパス係数の差の検定

	東京	大阪	z値
信頼→目標態度	0.19 **	0.35 **	-2.42 *
社会的規範→目標態度	0.47 **	0.45 **	0.96
信頼→節電意識	-0.03	-0.01	-0.14
社会的規範→節電意識	0.25 **	0.39 **	-2.26 *
目標態度→節電意識	0.34 **	0.20 **	1.27
信頼→節電行動	-0.03	0.00	-0.70
社会的規範→節電行動	0.11 **	0.10 *	0.27
節電意識→節電行動	0.85 **	0.82 **	2.75 **
節電行動→節電率	0.35 **	0.23 **	1.81
エアコン→節電率	0.07	0.16 **	-1.43
冷蔵庫→節電率	0.14 **	0.15 **	-0.21
モデルの適合度	GFI = 0.950，AGFI = 0.916，CFI = 0.951，RMSEA = 0.050		

注：**$p<0.01$，*$p<0.05$。係数は全て標準化解。

表3-4　パス係数の差の検定（z値）

	東京	大阪
「社会的規範→目標態度」−「信頼→目標態度」	3.24 **	1.89

注：**$p<0.01$，*$p<0.05$。

0.916，CFI = 0.951，RMSEA = 0.050と十分な値が確保され，配置不変のモデルよりも適合度が向上し，AICが小さくなった[8]。したがって，表3-3に基づき，主に「信頼→目標態度」と「社会的規範→目標態度」に関して，有意差のあるパス係数について考察する。

4.2.1 「信頼→目標態度」の分析結果

表3-3より，「信頼→目標態度」は大阪が東京より大きく，有意な差がある（$p<0.05$）。また，表3-4より，「信頼→目標態度」と「社会的規範→目標態度」の差の検証を行うと，東京では「社会的規範→目標態度」が有意に大きい結果となった（$p<0.05$）。これらより，東京では，節電目標は「政府とい

---

[8] 配置不変のモデルのAICは346.671であり，等値制約のモデルのAICは342.807となる。

表3－5　[社会的規範]の標準化総合効果

	東京	大阪
社会的規範→節電意識	0.409	0.483
社会的規範→節電行動	0.459	0.496

う主体が決定した，人々に協力を依頼する節電目標」という捉え方が相対的に強く，「電力会社が実質的に定めた，人々に協力を依頼する節電目標」として，電力会社への信頼に基づいて節電目標の達成に協力する意欲は低いといえる。東京と大阪では，節電目標の捉え方が異なることで，節電目標を意識した節電行動のメカニズムに違いがある。

4.2.2 「社会的規範→目標態度」の分析結果

　表3－3より「社会的規範→目標態度」は東京が大阪より大きいが，5％水準で有意な差はみられない。また，[社会的規範]の影響に関して，「社会的規範→節電意識」と「社会的規範→節電行動」において，「社会的規範→節電意識」は大阪が東京より大きく，有意な差がある（$p<0.05$）。ここで，表3－5に[社会的規範]から[節電意識]および[節電行動]に係る総合効果（直接効果と間接効果の和）を示した。直接効果は，それぞれの要素から[節電行動]への直接のパス（標準化係数）で示される。間接効果は，それぞれの要素から[節電行動]へ間接的に繋がるパスを掛け合わせた数値の和である。総合効果を比較すると，「社会的規範→節電意識」，「社会的規範→節電行動」いずれも大阪が東京より大きくなった。

　東京では相対的に[信頼]よりも[社会的規範]の影響力は大きいものの，[社会的規範]の[節電意識]および[節電行動]に対する影響力は，東京よりも大阪が大きいという結果が示された。これは東京の[信頼]の影響力が非常に小さいことも意味する。

5．3季データ（大阪）の分析結果

　大阪の2011年度夏季，2011年度冬季，2012年度夏季の3季での多母集団同時

表3-6　記述統計（大阪3季）

	2011年度夏季 (N = 389)		2011年度冬季 (N = 397)		2012年度夏季 (N = 396)	
	mean	SD	mean	SD	mean	SD
節電率	0.14	(0.15)	−0.03	(0.19)	0.02	(0.17)
節電行動	4.72	(1.06)	3.93	(1.14)	4.10	(1.22)
節電意識	4.86	(1.04)	4.10	(1.14)	4.28	(1.20)
目標理解	3.79	(1.12)	3.41	(1.13)	3.78	(1.09)
目標意識	3.55	(1.16)	3.21	(1.15)	3.57	(1.18)
命令的規範	4.21	(1.01)	4.05	(1.06)	4.13	(1.10)
記述的規範	3.41	(1.20)	3.32	(1.20)	3.46	(1.21)
能力	3.58	(1.04)	3.41	(1.01)	3.51	(0.99)
誠実さ	3.67	(1.02)	3.47	(1.04)	3.52	(1.00)
エアコン	0.04	(0.20)	0.03	(0.17)	0.03	(0.16)
冷蔵庫	0.06	(0.24)	0.04	(0.20)	0.05	(0.22)

分析を行った。記述統計は表3-6となる。［目標理解］の2012年度夏季値は2011年度夏季と同水準になっている。また，2012年度夏季の［目標意識］，［記述的規範］は3季で最も高い。［命令的規範］の2012年度夏季値は2011年度夏季より低い[9]。

前節と同様に等値制約を設定し，3つのグループでの多母集団同時分析を行った結果，モデルの適合度はGFI = 0.942，AGFI = 0.904，CFI = 0.942，RMSEA = 0.046となり，十分な適合度を示した（表3-7）。パス係数の変容をみると，「信頼→目標態度」は時間経過に伴って小さくなり，「社会的規範→

---

[9] 2011年度冬季の［能力］，［誠実さ］水準は3季で最も低い。その要因の1つは，定期検査終了後の原発再稼働の議論が考えられる。政府の要請による中部電力の浜岡原子力発電所の稼働停止後（2011年5月9日），定期検査終了後の原発の再稼働に際して，政府は欧州のストレステストを参考にした安全評価の一次評価を求め，その結果を原子力安全・保安院が確認し，さらに原子力安全委員会がその妥当性を確認するというプロセスを導入した。最も早くストレステストの審査が進んだのは関西電力の大飯発電所3号機，4号機であり，2011年10月28日に大飯発電所3号機，同年11月14日に4号機の一次評価報告書が原子力安全・保安院に提出され，2012年2月13日に原子力安全・保安院の評価が終了し，同日，原子力安全委員会に報告がなされた。ただし，一次評価報告書，原子力安全・保安院の評価プロセスやその評価結果，またストレステスト自体や原発再稼働自体への疑問や反対など，原発再稼働を進める電力会社に対してネガティブな世論が形成された。これらが関西電力への［信頼］に影響を与え，2011年度冬季の［能力］と［誠実さ］の低下につながった要因の1つになると想定される。

表3-7　多母集団同時分析の分析結果（大阪3季）

	2011年度夏季 (N=389)	2011年度冬季 (N=397)	2012年度夏季 (N=396)
信頼→目標態度	0.37 **	0.25 **	0.20 **
社会的規範→目標態度	0.45 **	0.47 **	0.64 **
信頼→節電意識	−0.03	−0.02	0.05
社会的規範→節電意識	0.38 **	0.27 **	0.20 *
目標態度→節電意識	0.22 **	0.33 **	0.34 **
信頼→節電行動	0.00	−0.05	−0.06
社会的規範→節電行動	0.10 **	0.07 *	0.14 **
節電意識→節電行動	0.82 **	0.85 **	0.81 **
節電行動→節電率	0.23 **	0.16 **	0.23 **
エアコン→節電率	0.16 **	−0.03	0.05
冷蔵庫→節電率	0.15 **	0.00	0.21 **
モデルの適合度	GFI = 0.942, AGFI = 0.904, CFI = 0.942, RMSEA = 0.046		

注：$**p<0.01$，$*p<0.05$。係数は全て標準化解。

表3-8　パス係数の差の検定（z値）

	2011年度夏季−2012年度夏季
信頼→目標態度	2.36 *
社会的規範→目標態度	−1.35
信頼→節電意識	−1.07
社会的規範→節電意識	1.49
目標態度→節電意識	−1.43
信頼→節電行動	1.48
社会的規範→節電行動	−0.76
節電意識→節電行動	0.03
節電行動→節電率	0.13
エアコン→節電率	1.07
冷蔵庫→節電率	−1.44

注：$**p<0.01$，$*p<0.05$。

目標態度」は時間経過により大きくなった。そして，表3-8のように，「信頼→目標態度」は2011年度夏季と2012年度夏季で有意な差があった（z=2.36，$p<0.05$）。

また，表3-4に示したように，2011年度夏季の大阪では「信頼→目標態度」と「社会的規範→目標態度」には有意な差はなかったが（z=1.89，n.s.），

2012年度夏季では「社会的規範→目標態度」が有意に大きい結果となった（z ＝5.31，p＜0.01）。これは先に示したように，「信頼→目標態度」が有意に低下したことが要因の1つといえる。2012年度夏季の大阪は，時間経過に伴い，前節で示した東京の2011年度夏季と似た状況になった。

6．社会的規範と電力会社への信頼に係る考察

　本章では，節電目標への態度を考慮した個人の節電意識・行動・効果プロセスを明らかにするとともに，多母集団同時分析により地域・時期別の違いを明らかにした。

　結果，節電目標への態度が節電意識を喚起し節電行動および節電効果に寄与すること，社会的規範と電力会社への信頼が目標態度を高めること，電力会社への信頼要因よりも社会的規範要因が目標態度を高めるという，節電意識・行動・効果プロセスを明らかにした。

　また，地域別の違いとして，2011年度夏季の「信頼→目標態度」は大阪が東京よりも有意に大きいこと，［社会的規範］の［節電意識］と［節電行動］に対する影響力は，東京よりも大阪が大きいことを明らかにした。さらに，大阪の3季での比較分析により，大阪の2012年度夏季の「信頼→目標態度」は2011年度夏季よりも小さくなったことを明らかにした。

　本章では，実質的な協力対象である電力会社への信頼が低い状況であっても，社会のルールや基準としての個人への行動期待である社会的規範に基づき，人々は協力行動を取ることが示された。そこでは危機意識や当事者意識などから導かれる社会的責任（命令的規範）や，他者も協力行動を取るであろうとの予測（記述的規範）が影響を与える。

　一方，取組主体への信頼が高いほど目標態度が高まる関係性は確認されたが，その寄与度は低く，時間経過に伴ってその強度は低下していく。さらに信頼の水準自体も低い。電力会社への信頼は報道等に基づく世論の影響を強く受け，一度失った信頼の回復は容易ではない[10]。このような信頼という要素が弱い状

10　Slovic（1993）は，信頼の形成の困難さと信頼の崩壊の容易さを，信頼の非対称性原理と呼ぶ。

況で，社会的規範が節電目標への協力態度を高めたという分析結果が示された。第2章で明らかにした強制力のないフォーマルな制度である節電目標を意識した節電行動には，社会的規範の影響が大きかったといえる。

　ただし，政策受容判断に係る既往研究結果が示すように，平時においては，取組主体への信頼がその取組みへの賛同や協力意識・行動を高めるうえで鍵となる。また，時間経過による社会的規範の節電意識・行動への影響力の低下の可能性もないわけではない。東日本大震災を経験した日本において，電力会社への信頼が回復した状態が文字通りの平時と言える状態になるかは別にして，中長期的な視点で考えると，社会的規範に依存しすぎるのではなく，電力会社の信頼回復も重要になる。なお，信頼に関するものとして，第5章で信頼水準とその意義の考察，第11章で信頼の規定要因の分析と考察を行う。

第4章

節電数値目標の有無と電気代値上がりの節電行動への影響

1. 東日本大震災からの時間経過に伴う外的要因の変化

　本章では，2013年度夏季と2014年度夏季を対象に，東日本大震災に関わる外的要因として，停電への不安・恐怖，節電の数値目標の設定なし[1]，そして電気代の値上がりを設定し，個人の家庭での節電行動の意思決定プロセスを明らかにする。なお，第2章の分析結果との比較のため，理論モデルは第2章のモデルを改良したものを用いる。

　節電の意識・行動に影響を与える東日本大震災に起因する外的要因は，第2章での2011年度と，本章が対象とする2013年度夏季および2014年度夏季では異なる。また後述するが，前章までと同様の方法で測定した［節電率］，［節電行動］，［節電意識］の2014年度夏季の値が，2013年度夏季の値よりも有意に大きくなっている。この状況を先に示した外的要因の違いから検証する。

　停電への不安・恐怖に関しては，震災直後の停電や東京電力管内での計画停電からの時間経過により，停電への不安・恐怖への薄れが想定される。

　節電の数値目標に関しては，第2章で分析したように，2011年度は数値目標が設定されていたが，2013，14年度は設定されていない。なお東京では2011年度冬季以降，大阪では2012年度冬季以降，数値目標は設定されておらず[2]，この経過時間の長さの違いが節電目標への関心・態度の違いを生み，節電行動の

---

[1] 「数値目標を伴わない節電」は要請されている。
[2] 2015年9月末時点。

意思決定プロセスに与える影響の違いにつながると考えられる。

また，原子力発電所の稼働停止等に伴う家庭の電気料金単価（円/kWh）は，東京電力管内で2012年9月から平均8.46％，関西電力管内で2013年5月から平均9.75％値上げされた[3]。第Ⅰ部導入部「ⅰ．東日本大震災と地球温暖化への対応」で短期の電力需要の価格弾性値の小ささを示したが，電気料金上昇は電力需要抑制に寄与はすると想定される。また地域間での値上げ額の違いだけでなく，値上げ時期（追加的支払い累積額）の違いの影響もあると考えられる。

本章は，2013-14年度における東日本大震災に関わる外的要因を考慮した節電行動に係るモデルを設計し，その妥当性を検証する。加えて，このモデルを用いて，地域（東京，大阪）と時期（2013年度夏季，2014年度夏季）別の状況の違いが，個人の意思決定および行動効果プロセスに与える影響の差異を明らかにする。特に，停電への不安・恐怖，節電の数値目標の設定なし，電気代の値上がりに係る時間経過の違いの影響の差異について考察する。この身体感覚・感情，知識・情報，コストの影響力の時間経過に伴う変容の把握が，時間軸を踏まえた望ましいインセンティブ方策の検討につながる。

また最後にこれら分析を踏まえて，電気代の値上がりに関連して，第1章の分析での経済性認知と電気代の値上がりの関係と，損失回避性の検証について，2014年度冬季データを用いた追加分析を行う。

2．研究の方法

2.1 理論モデルの設定

本章では，節電意識・行動・効果プロセスの理論モデル（仮説モデル）を図4-1のように仮定する。「節電意識→節電行動→節電率」の各要素に対して，［停電不安］（停電への不安・恐怖があった），［数値目標なし］，［電気代値上がり］が影響を与える構造としている。

［数値目標なし］は「節電の数値目標がないため，節電意識が薄れた」，［電

---

[3] 経営に関する様々な要因が関わるが，原子力発電への依存度が高かった関西電力が東京電力よりも値上げ率が大きくなった。

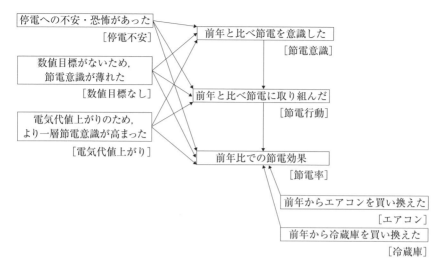

図4－1　本章の理論モデル

気代値上がり］は「電力代値上がりを受けて，より一層節電意識が高まった」で測定する。なお，これら設問の前に，節電の数値目標が今夏はないこと，および電気代値上がり[4]の内容（東電管内：2012年9月から平均8.46％，関電管内：2013年5月から平均9.75％）を示した。これより，数値目標の有無や電気代値上がりの状況を知らなかった場合は，これら要因は節電意識や行動に影響を与えていない結果が表れる。なお，電気代値上がりの時間経過について，2013年度夏季では東京は値上げから1年弱，大阪は3ヶ月程度，2014年度夏季では東京は値上げから2年弱，大阪は1年3ヶ月程度になる。また，数値目標なしの時間経過について，東京では2011年度冬季以降，大阪では2012年度冬季以降数値目標は設定されていない。

4　電源構成変分認可制度に基づき国から認可された電気料金単価の値上げを提示した。実際は，再生可能エネルギーの固定価格買取制度に基づく再生可能エネルギー発電促進賦課金（2012年7月），燃料費調整制度による燃料費調整（による増減），地球温暖化対策のための税（2012年10月）による電気料金の変化がある。

2.2 分析手法

まず,質問票調査データをもとに,図4-1の構成要素の水準を考察するとともに,共分散構造分析により,理論モデルの妥当性の検証を行う。

次に,地域(東京,大阪)と時期(2013年度夏季,2014年度夏季)別に構成要素の水準を比較検討したのち,地域と時期の状況の違いが,節電意識・行動・効果プロセスに与える影響の差異を,多母集団同時分析により明らかにする。

2.3 モデルの構成要素

[節電率],[節電行動],[節電意識],[停電不安],[エアコン],[冷蔵庫]は第2章と同様の方法で測定した(表4-1)。[数値目標なし],[電気代値上がり]も,先に示した設問において,「非常にそう思う」~「全くそう思わない」の6件法で測定した。

表4-1 理論モデルの構成要素の記述統計

要素	測定方法(節電率,エアコン,冷蔵庫)設問文(上記以外)	2013年度夏季 (N=795)		2014年度夏季 (N=797)	
		mean	SD	mean	SD
節電率	検針票に基づく,2012年(2013年)夏季と2013年(2014)年夏季の同時期のkWh/日の節電率	−0.04	(0.16)	0.07	(0.15)
節電行動	今夏は昨夏に比べて,より一層節電に取り組んだ	3.35	(1.18)	3.53	(1.12)
節電意識	今夏は昨夏に比べて,より一層節電を意識した	3.49	(1.17)	3.63	(1.13)
停電不安	停電への不安・恐怖があった	3.08	(1.19)	3.07	(1.24)
数値目標なし	節電の数値目標がないため,節電意識が薄れた	3.18	(1.19)	3.02	(1.14)
電気代値上がり	電力代値上がりを受けて,より一層節電意識が高まった	3.74	(1.07)	3.87	(1.17)
エアコン	昨年の8月以前から利用していた機器(0) or 昨年の9月以降に購入した機器(1)	0.05	(0.22)	0.04	(0.18)
冷蔵庫	昨年の8月以前から利用していた機器(0) or 昨年の9月以降に購入した機器(1)	0.04	(0.21)	0.06	(0.23)

3．理論モデルの検証結果

　理論モデルの構成要素の記述統計は表4−1のとおりである。［停電不安］，［エアコン］を除いて2014年度夏季の値が大きい。なお，［数値目標なし］は2014年度夏季の値が小さいが，「節電の数値目標がないため，節電意識が薄れた」との設問であり，2014年度夏季の節電意識の薄れは2013年度夏季より小さいことになる。

　また，表4−2より，［節電率］，［節電行動］，［節電意識］，［数値目標なし］，［電気代値上がり］で有意な差がある（$p<0.05$）。なお，2013年度夏季の［節電率］の負符号は，2012年度夏季との比較においてkWh／日が増加したことを意味する。

　本データに基づき，図4−1の理論モデルについて，2013年度夏季，2014年度夏季それぞれで共分散構造分析を行い，最尤法により解を求めた。

　結果，2013年度夏季，2014年度夏季ともに［停電不安］から［節電行動］および［節電率］へのパス，［数値目標なし］から［節電行動］および［節電率］へのパス，［電気代値上がり］から［節電率］へのパスは5％水準で有意とならず，これらを削除し，再分析した結果，図4−2の構造となった。モデルの適合度は，2013年度夏季でGFI＝0.973，AGFI＝0.951，CFI＝0.952，RMSEA＝0.066，2014年度夏季でGFI＝0.956，AGFI＝0.921，CFI＝0.928，RMSEA

表4−2　時期間の平均の差の検定

	t値	
節電率	14.99	**
節電行動	3.14	**
節電意識	2.42	*
停電不安	0.17	
数値目標なし	2.79	**
電気代値上がり	2.26	*
エアコン	1.72	
冷蔵庫	1.24	

注：**$p<0.01$，*$p<0.05$。

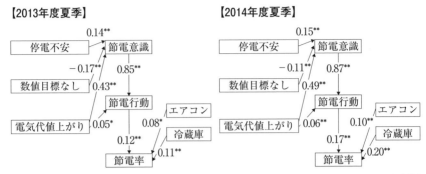

図 4 − 2　理論モデルの分析結果

=0.090となり，十分な適合度を示した。

　図4−2より，まず「節電意識→節電行動→節電率」の関係が示された。そして［停電不安］，［数値目標なし］が［節電意識］に影響を与え，間接的に［節電行動］に寄与することで，［節電率］に関わるプロセスが実証された。つまり，停電への不安・恐怖が節電意識を高めること，節電の数値目標が設定されないことが節電意識を抑えることが示された。

　さらに，［電気代値上がり］は，［節電意識］に加えて［節電行動］にも直接の影響を与え，［節電率］に貢献する関係も確認された。また，［エアコン］，［冷蔵庫］も［節電率］に対し有意な関係性を示した。

　ここで，［節電意識］に影響を与える3要因の寄与度の差を検証すると，2013年度夏季では「停電不安→節電意識」の標準化係数は0.14，「数値目標なし→節電意識」は−0.17，「電気代値上がり→節電意識」は0.43であり，各要因間に有意な差があった（$p<0.01$）。また，2014年度夏季では，「電気代値上がり→節電意識」(0.49)，「停電不安→節電意識」(0.15)，「数値目標なし→節電意識」(−0.11) の順にパス係数の絶対値が大きく，それぞれの間に有意な差があった（$p<0.01$）。

　これより，2013年度夏季と2014年度夏季では，電気代値上がりによる節電意識の高まりが大きく，数値目標がないことに拠る節電意識の薄れと，停電への

不安・恐怖に基づく節電意識の高まりは相対的に小さいといえる。

4．地域・時期別の分析結果

4.1 地域・時期別の平均の差の考察

　地域（東京，大阪）と時期（2013年度夏季，2014年度夏季）別の記述統計は表4－3となる。地域別に比較すると，表4－4より2014年度では大阪が東京よりも［節電率］が有意に大きい（p＜0.01）。

　次に，時期別に比較すると（表4－5），2014年度夏季は2013年度夏季に比べて，東京，大阪ともに［節電率］と［節電行動］が有意に大きい[5]。また東京では［電気代値上がり］が有意に大きくなり（p＜0.05），大阪では［数値目標なし］が有意に小さくなった（p＜0.05）。

表4－3　地域・時期のグループ別の記述統計

	2013年度夏季				2014年度夏季			
	東京 (N=396)		大阪 (N=399)		東京 (N=398)		大阪 (N=399)	
	mean	SD	mean	SD	mean	SD	mean	SD
節電率	−0.03	(0.16)	−0.05	(0.16)	0.05	(0.14)	0.10	(0.15)
節電行動	3.29	(1.18)	3.40	(1.18)	3.47	(1.15)	3.58	(1.09)
節電意識	3.43	(1.15)	3.55	(1.19)	3.56	(1.15)	3.69	(1.11)
停電不安	3.02	(1.25)	3.13	(1.13)	3.13	(1.30)	3.00	(1.18)
数値目標なし	3.18	(1.20)	3.19	(1.17)	3.06	(1.23)	2.99	(1.04)
電気代値上がり	3.68	(1.10)	3.80	(1.05)	3.89	(1.17)	3.85	(1.17)
エアコン	0.06	(0.24)	0.04	(0.20)	0.02	(0.13)	0.05	(0.22)
冷蔵庫	0.05	(0.22)	0.04	(0.18)	0.06	(0.23)	0.06	(0.23)

5　政府による気温の影響を取り除いた試算でも，2014年度夏季は2013年度夏季に比べて，東京電力管内，関西電力管内ともに家庭部門の最大電力需要（kW）の抑制率は大きい。2013年度夏季は対2010年度夏季比で東京電力管内は−14％，関西電力管内は−9％であり，2014年度夏季は対2010年度夏季比で東京電力管内は−18％，関西電力管内は−12％となっている（電力需給検証小委員会，2013，2014）。

表4-4 地域間の平均の差の検定（t値）

	2013年度 東京－大阪	2014年度 東京－大阪
節電率	1.95	4.91 **
節電行動	1.26	1.31
節電意識	1.47	1.61
停電不安	1.24	1.48
数値目標なし	0.07	0.87
電気代値上がり	1.55	0.45
エアコン	1.29	2.70 *
冷蔵庫	1.23	0.01

注：**p＜0.01，*p＜0.05。

表4-5 時期間の平均の差の検定（t値）

	東京 13-14年度	大阪 13-14年度
節電率	7.25 **	14.15 **
節電行動	2.20 *	2.24 *
節電意識	1.67	1.76
停電不安	1.19	1.56
数値目標なし	1.44	2.55 *
電気代値上がり	2.54 *	0.64
エアコン	3.28 **	0.66
冷蔵庫	0.29	1.52

注：**p＜0.01，*p＜0.05。

4.2　地域・時期別の多母集団同時分析

　まず，地域（東京，大阪）と時期（2013年度夏季，2014年度夏季）で区分された4つの母集団でも同一の因子構造が成立するかを検証するため，図4－1での配置不変を仮定して分析を行った。結果，有意でないパスを削除して再分析した結果，図4－2と同様の構造となり，モデルの適合度はGFI＝0.958，AGFI＝0.924，CFI＝0.937，RMSEA＝0.040と十分な値と確認された。結果は表4－6のとおりであり，［停電不安］，［数値目標なし］，［電気代値上がり］の影響に関して考察する。

第4章　節電数値目標の有無と電気代値上がりの節電行動への影響　91

表4-6　多母集団同時分析による地域・時期別の分析結果

	2013年度夏季		2014年度夏季	
	東京	大阪	東京	大阪
停電不安→節電意識	0.16 **	0.13 **	0.10 *	0.21 **
数値目標なし→節電意識	-0.19 **	-0.15 **	-0.13 **	-0.10 *
電気代値上がり→節電意識	0.42 **	0.44 **	0.51 **	0.47 **
電気代値上がり→節電行動	0.06 *	0.04	0.07 **	0.03
節電意識→節電行動	0.82 **	0.87 **	0.84 **	0.89 **
節電行動→節電率	0.08	0.18 **	0.16 **	0.18 **
エアコン→節電率	0.14 **	0.00	0.07	0.11 *
冷蔵庫→節電率	0.10 *	0.12 *	0.26 **	0.15 **
モデルの適合度	GFI = 0.958,	AGFI = 0.924,	CFI = 0.937,	RMSEA = 0.040

注：**p＜0.01，*p＜0.05。係数は全て標準化解。

表4-7　パス係数の差の検定（z値）

	地域別比較		時期別比較	
	13年度	14年度	東京	大阪
	東京-大阪	東京-大阪	13-14年度	13-14年度
停電不安→節電意識	0.19	-1.94	0.95	-1.07
数値目標なし→節電意識	-0.45	-0.21	-1.11	-0.78
電気代値上がり→節電意識	-0.88	1.05	-1.02	-0.88
電気代値上がり→節電行動	0.50	1.75	-0.65	0.33
節電意識→節電行動	-0.58	-1.12	-0.05	-0.43
節電行動→節電率	-1.31	-0.36	-1.00	0.01
エアコン→節電率	1.87	-0.01	0.28	-1.55
冷蔵庫→節電率	-0.54	1.65	-1.95	-0.17

注：**p＜0.01，*p＜0.05。

4.2.1　[停電不安] に係る分析結果

　表4-6より，「停電不安→節電意識」は，2013年度夏季は大阪より東京の値が大きいが，2014年度夏季では東京より大阪の値が大きくなっている。ただ，表4-7より，2013年度夏季，2014年度夏季ともにこれらに有意な差はない。

4.2.2　[数値目標なし] に係る分析結果

　表4-6より，「数値目標なし→節電意識」は地域・時期での比較において，大阪が東京よりも絶対値が小さく，2013年度夏季よりも2014年度夏季の絶対値

表4－8　［電気代値上がり］の標準化総合効果

	東京		大阪	
	13年度	14年度	13年度	14年度
電気代値上がり→節電行動	0.404	0.521	0.418	0.449

が小さい。つまり，大阪では数値目標がないことの節電意識への影響は相対的に小さい，また時間経過により，数値目標がないことは節電意識により一層影響しなくなっているとの結果である。ただ，表4－7より有意な差はない。

4.2.3　［電気代値上がり］に係る分析結果

　表4－6より，「電気代値上がり→節電意識」は両地域とも2014年度夏季の値が大きいが，表4－7より5％水準で有意な差はない。また表4－6より，「電気代値上がり→節電行動」の大阪の値は5％水準で有意ではない。さらに，表4－8に示した「電気代値上がり→節電行動」の総合効果は，両地域とも2014年度夏季の値が大きく，特に東京ではその差は大きく，2014年度夏季には大阪の値を上回っている。

　東京では，2014年度夏季において，電気代の値上がりが大阪よりもより強く節電行動に結びついたといえる。これは，値上げ時期（追加的支払い累積額）の違いの影響が，より表れてきた可能性も考えられる。一方大阪では，表4－3にあるように［電気代の値上がり］としての意識の水準は高いが，節電行動への結びつきは東京よりも小さい。このことは，表4－6での大阪の「電気代値上がり→節電意識」の大きさと，「電気代値上がり→節電行動」の小ささからもわかる。

5．節電数値目標の持続性の考察

　本章では，2013年度夏季および2014年度夏季における東日本大震災に関わる外的要因を考慮した個人の節電意識・行動・効果プロセスを明らかにするとともに，多母集団同時分析により地域・時期別の違いを明らかにした。

　結果，停電への不安・恐怖が節電意識を高めること，節電の数値目標が設定されないことが節電意識を抑えること，電気代の値上がりが節電意識および節

電行動を喚起させ節電効果に寄与すること，節電の数値目標が設定されないことよりも電気代の値上がりが節電意識への寄与が大きいという，節電意識・行動・効果プロセスを明らかにした．

加えて，地域・時期別の違いとして，大阪では電気代の値上がりは節電行動に直接は寄与しないこと，東京では2014年度夏季において，電気代の値上がりが大阪よりもより強く節電行動に結びつくことを明らかにした．

数値目標に関して，モデルは異なるが，第2章の2011年度夏季での「目標理解（節電目標の内容を知っていた）→節電意識」の関係性の強さと，本章の「数値目標なし→節電意識」の2013年度から2014年度にかけての関係性の低下を踏まえると，数値目標自体の影響力の低下が示唆される．ただこのことは，"節電"目標に対する態度が個人内部に既に内在化され，"数値"目標の有無に関わらず，あえて節電目標を意識することがなくなった影響も含まれる．

図らずもポリシー・ミックスとして，2013年度夏季から2014年度夏季において，節電の数値目標なしと電気代値上がりという政府関与を抑制する状況になり，この状況が節電行動を促進させている．費用対効果の側面から，強制力のあるフォーマルな制度としての計画停電と，強制力のないフォーマルな制度としての節電の数値目標設定の政策効果の大きさは検証される必要はあるが，結果として東日本大震災直後から2011年度夏季における数量規制は機能した．ただし，第2章で「時間経過による忘却，慣れ，関心低下等による節電目標の理解などの各要素水準の低下が，節電効果の低下につながる」と指摘したように，停電への不安・恐怖や数値目標の有無が節電意識や行動に与える影響は相対的に小さくなっている．他方，電気代の値上がりという経済的インセンティブが与える影響は相対的に大きくなっている．第3章で明らかにした人々の社会的規範に基づいて機能する強制力のないフォーマルな制度である節電の数値目標については，それを意識させ続けることの追加的な効果は弱まっていく．逆に電気代の値上がりに関しては，費用負担が大きくなるにつれて，節電行動インセンティブは高まる．これらより，即効的で短期的に効果の高い要因およびそれを促進する政策と，持続性も高い要因およびそれを促進する政策という，短期と長期という時間軸を踏まえた政策のあり方が示唆される．個人の意思決定プロセスの変容にあわせて，ポリシー・ミックスも意図的に変容させていくこ

とが,政策の費用対効果そして社会厚生を高める。

6. 個人費用便益認知(電気代値上がり,経済性認知)の検討

ここで,経済的インセンティブに関して,第1章の[経済性認知](節電は家計の節約につながる)と本章の[電気代値上がり]の関係について検討する。第1章では,2011年度夏季と2013年度夏季において,個人費用便益認知である[経済性認知]の節電意識・行動・効果プロセスに与える影響を分析した。結果,2011年度夏季では[経済性認知]は節電行動を喚起させ,節電効果に寄与していたが,2013年度夏季には追加的な節電行動への寄与は見られなくなった。

ただ,本章では[電気代値上がり]という経済面に係る外部要因の影響は大きいことが示された。[電気代値上がり]は,内的な個人費用便益認知に影響を与えると想定される。ここで,本章のモデルに,「節電意識→経済性認知→節電行動」という,第1章と同様のモデル構造で[経済性認知]を加え,さらに「電気代値上がり→経済性認知」のパスを設定した理論モデルを仮定し,2013年度夏季,2014年度夏季それぞれで共分散構造分析を行った。結果,モデルの適合度は,図4-3のように,2013年度夏季でGFI = 0.968,AGFI = 0.942,CFI = 0.941,RMSEA = 0.069,2014年度夏季でGFI = 0.953,AGFI = 0.915,CFI = 0.922,RMSEA = 0.087となった。なお,[経済性認知]の平均値は2011

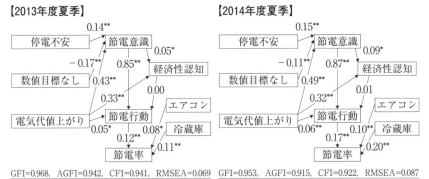

注:**$p<0.01$,*$p<0.05$。係数は全て標準化解。誤差変数は省略して描画。

図4-3 [経済性認知]追加モデルの分析結果

第 4 章　節電数値目標の有無と電気代値上がりの節電行動への影響　95

表 4 − 9　多母集団同時分析による電力需要量別の分析結果

	2013年度夏季		2014年度夏季	
	電力需要小 （N＝473）	電力需要大 （N＝322）	電力需要小 （N＝481）	電力需要大 （N＝316）
停電不安→節電意識	0.15 **	0.14 **	0.15 **	0.15 **
数値目標なし→節電意識	−0.18 **	−0.14 **	−0.10 *	−0.12 *
電気代値上がり→節電意識	0.46 **	0.37 **	0.49 **	0.48 **
電気代値上がり→経済性認知	0.38 **	0.24 **	0.33 **	0.31 **
節電意識→経済性認知	0.06	0.03	0.03	0.16 **
電気代値上がり→節電行動	0.03	0.08 **	0.04	0.08 **
経済性認知→節電行動	0.01	−0.02	0.01	0.00
節電意識→節電行動	0.84 **	0.85 **	0.88 **	0.84 **
節電行動→節電率	0.12 **	0.13 **	0.16 **	0.18 **
エアコン→節電率	0.11 *	0.02	0.13 **	0.08
冷蔵庫→節電率	0.14 *	0.10 *	0.23 **	0.15 **
モデルの適合度	GFI＝0.954，	AGFI＝0.917，	CFI＝0.930，	RMSEA＝0.039

注：**p＜0.01，*p＜0.05。係数は全て標準化解。

年度夏季5.24（SD＝0.84）に対して，2013年度夏季5.04（SD＝0.95），2014年度夏季5.05（SD＝0.95）であった。

　図 4 − 3 より，2013年度夏季，2014年度夏季ともに，［経済性認知］は［電気代値上がり］によって高まるものの，実際の節電行動に寄与しないことが示された。一方，［電気代値上がり］は［節電行動］にも寄与する。これらより，2013年度夏季，2014年度夏季には，［経済性認知］ではなく［電気代値上がり］が，直接，節電行動に寄与することが確認された。

　ここで，［電気代値上がり］の更なる考察のため，電力需要量別の多母集団同時分析を行った。まず，2013年度夏季（N＝796）の電力需要量（kWh/日）の平均値（13.27kWh/日）を算出し，それを基準としてサンプルを電力需要小群（N＝473），電力需要大群（N＝322）の 2 つに区分した[6]。そして2014年度夏季（N＝797）でも同様のグループ設定を行い（電力需要小群N＝481，電力需要大群N＝316），これら 4 つのグループで図 4 − 3 での配置不変を仮定して分析を行った。結果，表 4 − 9 に示すように，モデルの適合度はGFI＝0.954，

6　東京と大阪で電力需要量（kWh/日）の平均値に 5 ％水準での有意差はない。

AGFI＝0.917，CFI＝0.930，RMSEA＝0.039と十分な値となった。

　表4－9より，［電気代値上がり］について考察すると，「電気代値上がり→経済性認知」はいずれも有意であったが（p＜0.01），「電気代値上がり→節電行動」は2013年度夏季，2014年度夏季ともに，電力需要大群のみが有意となった（p＜0.01）。これより，［電気代値上がり］は電力需要量の大小に関わらず［経済性認知］を高めるが，［節電行動］を直接促すのは電力需要量の大きい個人に対してのみとの結果となった。［電気代値上がり］の影響力は，電力需要量の大きさによって差が生じる可能性が示唆される。

7．損失回避性の検討

　本章では，理論モデルでの分析結果（図4－2），およびそれを改良したモデルでの分析結果（図4－3）に基づき，［電気代値上がり］および［経済性認知］の影響力を考察してきた。2013年度夏季，2014年度夏季の［経済性認知］の寄与度の小ささの要因として，第1章でも示したように，時間経過による［経済性認知］の追加的な節電行動への寄与度の低下や，［経済性認知］における正確な便益認知がなされていない可能性があげられる。

　他方，特に［電気代値上がり］に関連して，節電の便益の捉え方の個人間での違いが影響している可能性がある。具体的には，節電することを得と知覚するか，節電しないことを損と知覚するかの違いが，節電行動に影響しているということである。つまり，認知バイアスにつながるフレーミング効果[7]として，「節電すると得をする」と「節電しないと損をする」での影響力の違いである。Wolak（2010, 2011）は，ランダム化比較試験法（RCT）に基づいたダイナミック・プライシングによる家庭の電力消費の社会実験で，節電による便益（リ

---

[7] 吉田（2013）は「CVMにおいては，回答者が評価対象財の説明内容によって，評価対象となっている財やサービスの量・範囲を誤解して回答するフレーミング効果の存在も知られている」（p.131）とする。竹村（2014）はフレーミング効果がみられる実験報告が多くなされる一方，フレーミング効果が抑制される実験結果もあるとする。加えて，多くの人間は熟慮するような認知的精密化を行うことは少ないため，フレーミング効果は日常的に生じていることを予想し，言語表現に影響を受けて合理的な意思決定ができないとの問題点を指摘している。他方，Laibson and Zeckhauser（1998）は，フレーミング効果は，歪みだとしても望ましい結果を達成するために利用できるものとして，フレーミング効果を肯定的に捉えている。

ベートの獲得）よりも，未節電による損失（課金）が，節電行動を促進させるとの結果を示している[8]。プロスペクト理論（Kahneman and Tversky, 1979）での損失回避性（人間は同額の損失を同額の利益よりも大きく評価する）に基づくと，節電によって得をするという知覚よりも，損をしたくないという知覚がより強い節電行動へのインセンティブになる[9]。

　この損失回避性の検証として，［節電すると得］と［節電しないと損］の影響を明らかにするモデルをそれぞれ設計し，2014年度冬季のデータ（表4－10［左側］の全体データ）を用い，共分散構造分析を行った。分析結果は図4－4のとおりである。図4－4のモデル構造は，本章の理論モデルでの分析結果（図4－2）を踏まえて，［電気代値上がり］を，［節電すると得］または［節電しないと損］に差し替えた。質問票では，［節電すると得］（節電すると得をする）と［節電しないと損］（節電しないと損をする）の設問は別ページに配置して他の質問をはさんだ設計とし[10]，「非常にそう思う」～「全くそう思わない」の6件法で測定した。モデルの適合度は，図4－4のように，［節電す

表4－10　2014年度冬季の記述統計と平均の差の検定

| | 全体 (N＝794) | | 電力需要量別 | | | | t 値 |
| | | | 電力需要小 (N＝490) | | 電力需要大 (N＝304) | | |
	mean	SD	mean	SD	mean	SD	
節電率	0.04	(0.16)	0.05	(0.17)	0.02	(0.13)	2.94 **
節電行動	3.54	(1.16)	3.54	(1.16)	3.53	(1.16)	0.07
節電意識	3.60	(1.17)	3.59	(1.18)	3.62	(1.15)	0.27
停電不安	2.98	(1.22)	2.95	(1.25)	3.02	(1.18)	0.78
数値目標なし	3.04	(1.17)	2.98	(1.17)	3.15	(1.16)	2.05 *
節電すると得	4.45	(1.00)	4.50	(0.98)	4.38	(1.01)	1.69
節電しないと損	4.09	(1.11)	4.11	(1.13)	4.05	(1.07)	0.76
エアコン	0.03	(0.16)	0.02	(0.15)	0.04	(0.19)	1.09
冷蔵庫	0.03	(0.17)	0.03	(0.18)	0.03	(0.17)	0.24

注：**$p<0.01$，*$p<0.05$．

---

[8] Wolak（2010）は，Critical Peak Pricing（CPP）のピークカット効果が13.0％，CPP with a Rebate（CPR）のピークカット効果が5.3％と報告している。

[9] Thaler and Sunstein（2008）でも同様の結果が報告されている。

[10] Webでの質問票調査では，回答済みページに戻って回答を修正することはできない設計としている。

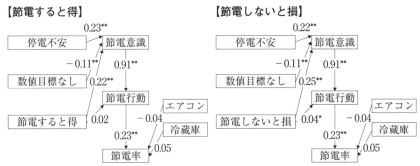

注：**p＜0.01，*p＜0.05。係数は全て標準化解。誤差変数は省略して描画。

図4－4　［節電すると得］モデル，［節電しないと損］モデルの分析結果

ると得］モデルでGFI＝0.967，AGFI＝0.940，CFI＝0.944，RMSEA＝0.077，［節電しないと損］モデルでGFI＝0.964，AGFI＝0.935，CFI＝0.940，RMSEA＝0.080と十分な値になった。

表4－10［左側］の全体データより，［節電すると得］の水準（4.45）は［節電しないと損］の水準（4.09）より高く，有意な差がある（t＝6.82，$p<0.01$）。ただし，図4－4より，［節電すると得］モデルでは，「節電すると得→節電意識」は有意であるが（$p<0.01$），「節電すると得→節電行動」は5％水準で有意でない。他方，［節電しないと損］モデルでは，「節電しないと損→節電意識」および「節電しないと損→節電行動」はともに有意である（$p<0.05$）。

加えて，表4－11に［節電すると得］から［節電行動］，および［節電しないと損］から［節電行動］に係る総合効果（直接効果と間接効果の和）を示した。直接効果は，それぞれの要素から［節電行動］への直接のパス（標準化係数）で示される。間接効果は，それぞれの要素から［節電行動］へ間接的に繋がるパスを掛け合わせた数値の和である。総合効果を比較すると，「節電しないと損→節電行動」が「節電すると得→節電行動」より大きい。

ここで，損失回避性の更なる考察のため，電力需要量別の多母集団同時分析を行った。まず，2014年度冬季（N＝794）の電力需要量（kWh/日）の平均値（13.25kWh/日）を算出し，それを基準としてサンプルを電力需要小群（N＝490），電力需要大群（N＝304）の2つのグループに区分した[11]。表4－10

表4-11 ［節電すると得］, ［節電しないと損］の標準化総合効果

	2014年度冬季 (N = 794)
節電すると得→節電行動	0.218
節電しないと損→節電行動	0.260

［右側］の電力需要量別データより，5％水準で有意差はないものの，電力需要大群よりも電力需要小群が［節電すると得］および［節電しないと損］の水準が高い。また，電力需要小群と電力需要大群ともに，［節電すると得］の水準は，［節電しないと損］の水準より有意に高い（電力需要小群；t = 5.67, p＜0.01，電力需要大群；t = 3.82, p＜0.01）。

このデータを用いて，図4-4での配置不変を仮定して分析を行った。表4-12は［節電すると得］モデルの多母集団同時分析の結果であり，モデルの適合度はGFI = 0.955, AGFI = 0.920, CFI = 0.933, RMSEA = 0.060と十分な値になった。表4-13は［節電しないと損］モデルの結果であり，モデルの適合度はGFI = 0.953, AGFI = 0.916, CFI = 0.930, RMSEA = 0.062と十分な値になった。

表4-12の［節電すると得］モデルでは，図4-4［左側］と同様に，「節電すると得→節電行動」は電力需要小群，電力需要大群ともに5％水準で有意でなく，［節電すると得］の認知は，電力需要量に関わらず節電行動に直接は寄与しない。

他方，表4-13の［節電しないと損］モデルでは，「節電しないと損→節電行動」は電力需要小群のみが有意であり（p＜0.05），電力需要大群は5％水準で有意でない。加えて，表4-14に［節電すると得］から［節電行動］，および［節電しないと損］から［節電行動］に係る総合効果を電力需要量別に示した。これより，「節電しないと損→節電行動」は，電力需要大群よりも電力需要小群が大きくなった。図4-4での結果も踏まえると，［節電しないと損］の認知の影響力は，電力需要量の大きさによって差が生じる可能性が示唆される。具体的には，電力需要量の小さい個人において，節電行動に強く寄与する。

---

11 東京と大阪で電力需要量（kWh/日）の平均値に5％水準での有意差はない。また電力需要量と［節電すると得］および［節電しないと損］の回答に5％水準での相関関係はない（電力需要量と［節電すると得］のr = 0.04，電力需要量と［節電しないと損］のr = 0.00）。

表4-12 [節電すると得] モデルの電力需要量別の分析結果

	電力需要小 (N = 490)	電力需要大 (N = 304)
停電不安→節電意識	0.21 **	0.28 **
数値目標なし→節電意識	-0.09 *	-0.16 **
節電すると得→節電意識	0.27 **	0.14 *
節電すると得→節電行動	0.02	0.01
節電意識→節電行動	0.91 **	0.92 **
節電行動→節電率	0.21 **	0.28 **
エアコン→節電率	-0.04	-0.01
冷蔵庫→節電率	0.05	0.04
モデルの適合度	GFI = 0.955, AGFI = 0.920, CFI = 0.933, RMSEA = 0.060	

注：**$p<0.01$，*$p<0.05$。係数は全て標準化解。

表4-13 [節電しないと損] モデルの電力需要量別の分析結果

	電力需要小 (N = 490)	電力需要大 (N = 304)
停電不安→節電意識	0.19 **	0.26 **
数値目標なし→節電意識	-0.08 *	-0.15 **
節電しないと損→節電意識	0.25 **	0.24 **
節電しないと損→節電行動	0.06 *	0.00
節電意識→節電行動	0.90 **	0.92 **
節電行動→節電率	0.21 **	0.28 **
エアコン→節電率	-0.04	-0.01
冷蔵庫→節電率	0.05	0.04
モデルの適合度	GFI = 0.953, AGFI = 0.916, CFI = 0.930, RMSEA = 0.062	

注：**$p<0.01$，*$p<0.05$。係数は全て標準化解。

以上より，2014年度冬季では，[節電すると得] と捉える個人は多いものの，実際の節電行動に寄与するのは，[節電しないと損] との知覚に拠ることが示された。損失回避性に基づき，節電によって得をするという知覚よりも，損をしたくないという知覚が，節電行動のインセンティブになることが確認された。特にこの認識は，電力需要量の小さい個人において節電行動を促すことが明らかとなった。

補論で示すように，電力需要量と世帯収入には相関があり，電気料金には逆

表4-14 電力需要量別の［節電すると得］，［節電しないと損］の標準化総合効果

	電力需要小 (N = 490)	電力需要大 (N = 304)
節電すると得→節電行動	0.269	0.132
節電しないと損→節電行動	0.279	0.225

進性があるため，電力需要量が小さい（世帯収入が少ない）ほど，家計支出総額に占める電気料金支払い率は大きい。つまり，世帯収入が少ないほど価格情報に敏感であることから（Mullainathan and Shafir, 2013），電力需要量が小さい個人ほど家計管理にシビアで，家計支出抑制のインセンティブが高いため，金銭的な損得認識に対する感応性は大きいと考えられる。これらのことは，表4-13の結果に加えて，表4-10の電力需要量別データでの電力需要小群の［節電すると得］および［節電しないと損］水準の高さ，表4-14での電力需要小群の［節電しないと損］そして［節電すると得］の総合効果の大きさからも確認できる。そのため，金銭的な損得認識，特に［節電しないと損］の知覚は，電力需要量の小さい個人において，より強い節電行動インセンティブになると考えられる。

なお，前節6.では，［電気代値上がり］は，電力需要量の大きい個人に対してのみ［節電行動］を促すとの結果を示した。電力量料金単価（円/kWh）は三段階料金制度に基づいて電力需要量が増えるほど高くなるため[12]，電気料金単価の値上がりという変化に対しては，電力需要量の大きい個人のほうが，節電行動インセンティブがより高くなると考えられる。また，前節6.での［経済性認知］（節電は家計の節約につながる）の影響力の弱さは，フレーミング効果の議論とも関わる可能性がある。

以上のフレーミング効果や損失回避性を踏まえた，節電促進のための情報提供手法・技術の有用性が示唆される。特に電力需要量の違いに基づく工夫の必要性も高い。これらについては第5章で再度考察する。

---

[12] 「三段階料金制度とは，省エネルギー推進などの目的から，昭和49年6月に採用したもので，電気のご使用量に応じて，料金単価に格差を設けた制度のことです。第1段階は，ナショナル・ミニマム（国が保障すべき最低生活水準）の考え方を導入した比較的低い料金，第2段階は標準的なご家庭の1か月のご使用量をふまえた平均的な料金，第3段階はやや割高な料金となっています。」（東京電力HP）

第5章

身近な他者との関わりの節電行動への影響

1. 社会的比較の視角

　序章に示したように，身近な他者との関わりも意思決定プロセスに影響を与える可能性がある。ここで，身近な他者とは学校，職場，地域などの準拠集団，専業主婦の場合であれば地縁活動や趣味活動，市民活動などにおける他者であり，その他者の知識・情報や選好，圧力，期待に影響を受け，自らの行動に係る評価・評判形成を気にしながら，彼らの選択（行動）の帰結水準も参照して意思決定を行う。Festinger (1954) は，「社会的比較」として，人間は自分の意見や行動を評価するように動機付けられており，自分の中に客観的な評価基準がない場合，自分の周囲の人との比較に基づき評価を行うとする[1]。例えば，第4章の節電の数値目標や電気代値上がりへの認知水準が低い場合，各人は身近な他者との比較により自分の行動を評価し，次の行動に係る意思決定を行う[2]。

　Thaler and Sunstein (2008) は，社会的影響力を通じたnudge[3]が最も効果的とし，社会的影響力は「情報」と「仲間からの圧力」に大別されるとする[4]。

---

[1] Wood (1996) は，社会的比較には「社会的な情報を得る」「自己との関連において社会的な情報を思考する」「社会的比較に反応する」の3つのプロセスが含まれるとする。

[2] Wood (1996) は「社会的比較に反応する」プロセスでは，認知的反応（例えば，自己評価，比較を歪める，比較に反駁する），感情的反応（例えば，嫉妬，誇り），行動的反応（例えば，模倣，同調，集団への参加）が行われるとする。

[3] ひじでやさしく押したり軽く突いたりするという単語で，「選択を禁じることも，経済的なインセンティブを大きく変えることもなく，人々の行動を予測可能な形で変える」（Thaler and Sunstein, 2008, 邦訳p.17）

身近な他者との関わりやそこから得られる具体的な情報は，［節電行動］の判断に影響を与える。第4章の節電の数値目標や電気代値上がりが「情報」に区分できるとすると，身近な他者との関わりは「情報」そして「仲間からの圧力」に関連する。またGneezy and List（2013）は，インセンティブとして，価格と記述的規範の組み合わせの重要性を指摘する。価格については第4章で示したとおりである。記述的規範は第3章で示したように，多くの人々が実際に取る行動であろうとの知覚に基づく規範であり，本章の身近な他者との関わりにも関連する。

　本章は，前章の理論モデルをベースに，身近な他者との関わりを加えた節電行動に係るモデルを設定し，2013年度夏季，2014年度夏季を対象にその妥当性を検証する。加えて，このモデルを用いて，地域（東京，大阪）と時期（2013年度夏季，2014年度夏季）別の状況の違いが，個人の意思決定および行動効果プロセスに与える影響の差異を明らかにする。特に，身近な他者との関わりと電気代の値上がりの地域別の影響の差異について考察する。さらに，他者の節電状況への関心の高さと身近な他者との関わりの影響力の関係について，2014年度冬季データを用いて分析を行う。また最後に，2011年度夏季～2014年度冬季の8回分の調査結果を用いて，時間経過に基づいた考察を行う。

2．研究の方法

2.1　理論モデルの設定とモデルの構成要素

　本章では，節電意識・行動・効果プロセスの理論モデル（仮説モデル）を図5－1のように仮定する。前章の理論モデルに，「身近他者関わり→節電意識」，「身近他者関わり→節電行動」として，［身近他者関わり］を加えたものである。［身近他者関わり］は［他者勧め］（家族，友人，知人など周囲の人から節電を勧められた）と，［他者期待］（家族，友人，知人など周囲の人からの節電への

4　吉田・松原（1999）は，Deutsch and Gerard（1955）を踏まえて，「情報的影響」と「規範的影響」に区分する。ただ，日常生活の中でこの2種の社会的影響を区別することは難しく，現実には両方の影響が相互に絡み合って影響を及ぼすと指摘する。

104 第Ⅰ部 個人の節電行動の意思決定プロセス

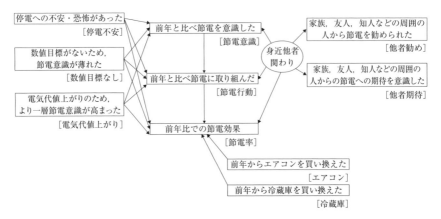

図5－1　本章の理論モデル

期待を意識した）により6件法で測定する[5]。他の要素は前章と同様である。

2.2　分析手法

　まず，質問票調査データをもとに，図5－1の構成要素（[他者勧め]，[他者期待]）の水準を考察するとともに，共分散構造分析により，理論モデルの妥当性の検証を行う。

　次に，地域（東京，大阪）と時期（2013年度夏季，2014年度夏季）別に構成要素の水準を比較検討したのち，地域と時期の状況の違いが，節電意識・行動・効果プロセスに与える影響の差異を，多母集団同時分析により明らかにする。

3．理論モデルの検証結果

　[他者勧め]，[他者期待]の記述統計は表5－1のとおりである。2014年度夏季の値は2013年度夏季よりも小さくなっているが，有意な差はない。なお他の要素の記述統計は第4章の表4－1と同じであり，[節電率]と[節電行動]は2014年度夏季の値が有意に大きい（$p<0.05$）。

---

[5] 専業主婦においては，井戸端会議，子育てや習い事，地域活動などの交流の場で，暑さ寒さや電気代値上がりの話題は自然と出るものと想定される。

表5-1 理論モデルの構成要素の記述統計と平均の差の検定

要素	設問文	2013年度夏季 (N=795)		2014年度夏季 (N=797)		t値
		mean	SD	mean	SD	
他者勧め	家族,友人,知人など周囲の人から節電を勧められた	2.50	(1.22)	2.44	(1.20)	1.08
他者期待	家族,友人,知人など周囲の人からの節電への期待を意識した	2.58	(1.26)	2.51	(1.20)	1.00

注:他の要素は第4章と同じ。

　表4-1および表5-1のデータに基づき,図5-1の理論モデルについて,2013年度夏季と2014年度夏季それぞれで共分散構造分析を行った。モデルでは識別性確保のため,「身近他者関わり→他者勧め」へのパス係数を1に固定する制約を課し,最尤法により解を求めた[6]。有意でないパスを削除して再分析した結果[7],図5-2のように,モデルの適合度は,2013年度夏季でGFI = 0.938, AGFI = 0.897, CFI = 0.922, RMSEA = 0.089,2014年度夏季でGFI = 0.928, AGFI = 0.880, CFI = 0.923, RMSEA = 0.096となり,十分な適合度を示した。

　表5-1より[他者勧め]と[他者期待]の水準は中点の3.5を下回り,相対的に低い。ただし,図5-2より2013年度夏季,2014年度夏季いずれも「身近他者関わり→節電意識」,「身近他者関わり→節電行動」は有意となり($p<0.05$),追加的な節電行動に寄与することが示された。準拠集団における身近な他者の選好や知識・情報に基づく学習が,節電意識や節電行動を促すといえる。

---

[6] [身近他者関わり]の下位尺度の信頼性の検証として,クロンバックα係数を算出したところ,2013年度夏季で0.920,2014年度夏季で0.932と0.700を上回り,内的整合性が確認された。

[7] 前章のモデルと同様に,[停電不安]から[節電行動]および[節電率]へのパス,[数値目標なし]から[節電行動]および[節電率]へのパス,「電気代値上がり→節電率」へのパスは5%水準で有意にならず,「身近他者関わり→節電率」も5%水準で有意にならなかった。

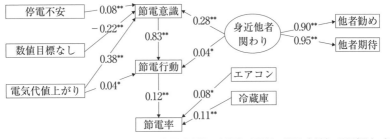

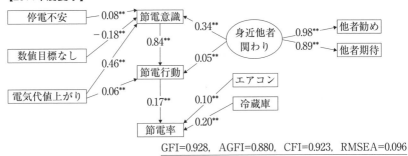

注：**p＜0.01，*p＜0.05。係数は全て標準化解。誤差変数，撹乱変数は省略して描画。

図5－2　理論モデルの分析結果

4．地域・時期別の分析結果

4.1　地域・時期別の平均の差の考察

　地域（東京，大阪）と時期（2013年度夏季，2014年度夏季）別の［他者勧め］，［他者期待］の記述統計は表5－2となる。地域・時期別に比較すると，東京，大阪ともに2014年度夏季の値は2013年度夏季よりも小さい。また大阪は東京より高いが，表5－3，表5－4よりいずれも5％水準で有意な差はない。

表5－2　地域・時期のグループ別の記述統計

	2013年度夏季				2014年度夏季			
	東京 (N=396)		大阪 (N=399)		東京 (N=398)		大阪 (N=399)	
	mean	SD	mean	SD	mean	SD	mean	SD
他者勧め	2.49	(1.21)	2.51	(1.23)	2.37	(1.18)	2.50	(1.22)
他者期待	2.51	(1.23)	2.64	(1.29)	2.49	(1.22)	2.53	(1.17)

表5－3　地域間の平均の差の検定（t値）

	2013年度 東京－大阪	2014年度 東京－大阪
他者勧め	0.16	1.52
他者期待	1.42	0.46

表5－4　時期間の平均の差の検定（t値）

	東京 13－14年度	大阪 13－14年度
他者勧め	1.45	0.09
他者期待	0.20	1.21

4.2　地域・時期別の多母集団同時分析

　まず，地域（東京，大阪）と時期（2013年度夏季，2014年度夏季）で区分された4つの母集団でも同一の因子構造が成立するかを検証するため，図5－1での配置不変を仮定して分析を行った。有意でないパスを削除して再分析した結果，図5－2と同様の構造となり，モデルの適合度はGFI＝0.925，AGFI＝0.874，CFI＝0.922，RMSEA＝0.047と十分な値と確認された。これを踏まえ，グループ間のパス係数の差を検証するため，［身近他者関わり］から［他者勧め］，［他者期待］へのパス係数に等値制約を設定し，4つのグループでの多母集団同時分析を行った。

　結果は表5－5のとおりであり，モデルの適合度はGFI＝0.924，AGFI＝0.876，CFI＝0.922，RMSEA＝0.046と十分な値と確認され，配置不変のモデルよりも適合度が改善し，AICが小さくなった[8]。したがって，表5－5に基

表5-5 多母集団同時分析による地域・時期別の分析結果

	2013年度夏季		2014年度夏季	
	東京	大阪	東京	大阪
停電不安→節電意識	0.10 *	0.07	0.04	0.13 **
数値目標なし→節電意識	−0.24 **	−0.20 **	−0.18 **	−0.16 **
電気代値上がり→節電意識	0.39 **	0.38 **	0.49 **	0.42 **
身近他者関わり→節電意識	0.24 **	0.30 **	0.30 **	0.38 **
電気代値上がり→節電行動	0.06 *	0.02	0.09 **	0.03
身近他者関わり→節電行動	0.00	0.09 **	0.04	0.08 **
節電意識→節電行動	0.82 **	0.84 **	0.83 **	0.86 **
節電行動→節電率	0.08	0.17 **	0.16 **	0.17 **
エアコン→節電率	0.14 **	0.00	0.07	0.11 *
冷蔵庫→節電率	0.10 *	0.12 *	0.26 **	0.15 **
モデルの適合度	GFI = 0.924, AGFI = 0.876, CFI = 0.922, RMSEA = 0.046			

注：**p＜0.01，*p＜0.05。係数は全て標準化解。

づき，主に「身近他者関わり→節電意識」と「身近他者関わり→節電行動」に関して考察する。

4.2.1 「身近他者関わり→節電意識」の分析結果

表5-5より，「身近他者関わり→節電意識」は，2014年度夏季の値は2013年度夏季よりも大きく，大阪が東京より大きいが，表5-6よりいずれにも5％水準で有意な差はない。

4.2.2 「身近他者関わり→節電行動」の分析結果

表5-5より，「身近他者関わり→節電行動」は，東京は2013年度夏季，2014年度夏季いずれも有意ではない。他方，大阪はいずれも有意であり（p＜0.05），表5-6より2013年度夏季は東京と有意な差がある（p＜0.05）。

また，前章で「電気代値上がり→節電行動」は，大阪は2013年度夏季，2014年度夏季いずれも有意ではないことを示したが，ここでも同様の結果が示されている。

---

8 配置不変のモデルのAICは767.298であり，等値制約のモデルのAICは766.503となる。

表5-6 パス係数の差の検定（z値）

	地域別比較		時期別比較	
	13年度	14年度	東京	大阪
	東京-大阪	東京-大阪	13-14年度	13-14年度
停電不安→節電意識	0.42	-1.73	1.19	-0.88
数値目標なし→節電意識	-0.49	-0.01	-0.99	-0.45
電気代値上がり→節電意識	0.14	1.67	-1.24	-0.43
身近他者関わり→節電意識	-1.04	-0.81	-1.20	-0.93
電気代値上がり→節電行動	0.89	1.71	-0.72	-0.22
身近他者関わり→節電行動	-2.27 *	-0.88	-0.96	0.61
節電意識→節電行動	-0.11	-0.50	-0.36	-0.23
節電行動→節電率	-1.29	-0.35	-1.00	0.01
エアコン→節電率	1.87	-0.01	0.28	-1.55
冷蔵庫→節電率	-0.54	1.65	-1.95	-0.17

注：**p＜0.01，*p＜0.05．

表5-7 ［電気代値上がり］，［身近他者関わり］の標準化総合効果

	東京		大阪	
	13年度	14年度	13年度	14年度
電気代値上がり→節電行動	0.380	0.500	0.338	0.399
身近他者関わり→節電行動	0.202	0.291	0.348	0.407

　表5-7に「電気代値上がり→節電行動」，「身近他者関わり→節電行動」の総合効果を示した．これより，いずれも両地域とも2014年度夏季の値が大きくなっていること，相対的に東京は「電気代値上がり→節電行動」が大きく，大阪は「身近他者関わり→節電行動」が大きいことがわかる．

5．身近な他者との関わりの影響力の考察

　本章では，2013年度夏季，2014年度夏季を対象に，身近な他者との関わりを加えた理論モデルを検証するとともに，多母集団同時分析により地域・時期別の違いを明らかにした．
　結果，身近な他者との関わりが節電意識および節電行動を喚起させ，節電効果に寄与することを明らかにした．加えて，地域・時期別の違いとして，相対

的に東京は電気代の値上がり，大阪は身近な他者との関わりがより強く節電行動に結びつくことを明らかにした。そしてそれぞれの影響力は，2013年度夏季よりも2014年度夏季が大きくなっている。［節電率］および［節電行動］の水準も2014年度夏季の値が2013年度夏季よりも有意に大きくなっており，東京では電気代の値上がり，大阪では身近な他者との関わりという地域別に異なる外的要因の影響力の時間経過に伴う増大が示唆される。前章で2013年度夏季から2014年度夏季における，節電の数値目標なしと電気代値上がりという，政府関与を抑制する状況を示したが，身近な他者との関わりの影響も2014年度夏季において強くなっている。

電気代の値上がりは価格に関わる情報のみであるが，身近な他者との関わりでは，価格情報を含む多様な知識・情報に加え，身近な他者の選好や彼らからの圧力や期待，評判などの社会的な情報が意思決定に影響を与えている可能性がある。Goldstein et al. (2008) は，ホテル宿泊者のタオルの再利用促進に係る情報として，他の宿泊客の利用状況に係る情報の提供が，環境保全意識に訴える情報よりも，タオルの再利用率が高くなるという社会実験結果を示した[9]。また，Nolan et al. (2008) は，家庭での節電行動促進に係る情報として，節電方法のみ，環境保全，個人便益，社会的責任，近隣他者の行動のうち，近隣他者の行動に係る情報の提供が最も節電効果が高いという社会実験結果を示した[10]。実際，省エネサービスを提供する米国Opower社では，各家庭の省エネを促進するための各家庭に配布するHome Energy Reportに，近隣の類似世帯の電力消費量との比較情報を掲載し[11]，節電効果をあげている（Allcott and Rogers, 2012）。序章で示したnudge（そっと押す）に沿って，身近な他者と

---

[9] 心理的方略としての説得的コミュニケーション研究が数多くなされてきている。藤井（2003）は心理的方略を事実情報提供法，経験誘発法，コミュニケーション法に区分している。そして，事実情報提供において，事実情報を知らない人々の認知追加，歪んだ形で理解している人々の誤った情報の矯正がなされるとする。

[10] Dawes (1980) は社会的ジレンマ解消に係る協力行動の促進において，協力行動に関する知識，他者も協力するという信頼，協力行動を取ろうとする道徳意識の重要性を指摘する。

[11] 東京電力では「でんき家計簿」，関西電力では「はぴeみる電」という類似サービスがネット上で提供されている。なお，van Dam et al. (2010) は，電力消費量の通知だけでは短期的な節電効果はあるが長期的な効果は小さくなるとしている。Home Energy Reportでも，またスマートメーターでも同様であるが，導入当初は関心を持って各種情報をチェックするが，時間経過によりその行為の頻度が少なくなり，節電行動も低下するとの調査結果もある。

の比較情報の提供により，彼らの節電水準を参照させ，節電行動を促している事例である。

6．他者の節電状況への関心水準別の分析・考察

ここで，身近な他者との関わりの更なる考察のため，どのような属性の他者との比較情報が節電意識や節電行動を高めるかについて，2014年度冬季データを用いて分析を行う。まず，図5－3は，「平均的な世帯（近所の他世帯，友人・知人の世帯）の節電状況が気になる」，「平均的な世帯（近所の他世帯，友人・知人の世帯）の節電状況を知りたい」，「平均的な世帯（近所の他世帯，友人・知人の世帯）よりも節電をしたい」について，「非常にそう思う」〜「全くそう思わない」の6件法で測定した平均値を示している。いずれも「平均的な世帯」の値が最も大きく，一元配置分散分析および多重比較において，いずれにも有意な差があった（$p<0.05$）。近所の他世帯や友人・知人の世帯は，住居規模や家族構成などの違いから，必ずしも比較対象として適切ではないこともあり，世間一般の平均的な世帯としての類似世帯を比較対象とすると考えられる。つまり，身近な他者との関わりの中で，平均的他者の選好や知識・情報の認知が，節電意識を高め，節電行動を促すと想定される。

また，図5－4に東京と大阪別の結果を示した。東京と大阪間にはいずれも5％水準で有意な差はないが，「友人・知人の世帯」はいずれも大阪の値が高い。先に示した東京と比較した場合の大阪の［身近他者関わり］（他者勧め，

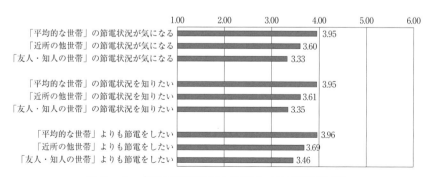

図5－3　他者の節電状況への関心（2014年度冬季）

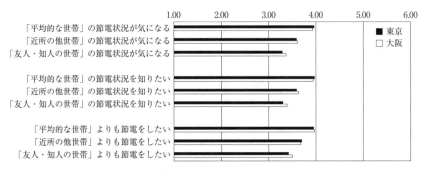

図5-4　地域別の他者の節電状況への関心（2014年度冬季）

他者期待）の水準の高さと，「身近他者関わり→節電行動」の強さは，この結果と関連がある可能性が示唆される。

次に，本章の理論モデルでの分析結果（図5-2）のモデル構造において，2014年度冬季のデータを用い，図5-3の各設問の水準の高低で区分した，グループ別の多母集団同時分析を行う。2014年度冬季のデータ（全体；N=794）は，第4章の表4-10［左側］の全体データに，表5-8［左側］の［他者勧め］，［他者期待］の全体データを追加したものとなる。

表5-8は全体（N=794），および高低グループ別の［身近他者関わり］（他者勧め，他者期待）の記述統計である。対「平均的な世帯」での高低区分は，6件法の設問である「平均的な世帯の節電状況が気になる」，「平均的な世帯の節電状況を知りたい」，「平均的な世帯よりも節電をしたい」の3つの設問の平均値が中点3.5以上の回答者を平均的な世帯に対する高関心群（N=543），3.5未満を低関心群（N=251）に区分した。対「近所の他世帯」，対「友人・知人の世帯」も，同様の方法で高関心群と低関心群に区分した[12]。

表5-8より，［他者勧め］（家族，友人，知人など周囲の人から節電を勧められた），［他者期待］（家族，友人，知人など周囲の人からの節電への期待を意識した）ともに，対「平均的な世帯」，対「近所の他世帯」，対「友人・知人の世帯」のいずれにおいても，低関心群より高関心群の水準が有意に高い（p

---

[12] 対「平均的な世帯」のクロンバックαは0.921，対「近所の他世帯」のクロンバックαは0.941，対「友人・知人の世帯」のクロンバックαは0.945といずれも0.700を上回り，内的整合性が確認された。

第5章 身近な他者との関わりの節電行動への影響

表5－8　グループ別の記述統計と平均の差の検定（t値）

	全体 (N=794)		対「平均的な世帯」				対「近所の他世帯」				対「友人・知人の世帯」			
			低関心群 (N=251)		高関心群 (N=543)		低関心群 (N=360)		高関心群 (N=434)		低関心群 (N=442)		高関心群 (N=352)	
	mean	SD	mean	SD	mean	SD	mean	SD	mean	SD	mean	SD	mean	SD
他者勧め	2.40	(1.24)	2.09	(1.11)	2.55	(1.27)	2.10	(1.05)	2.66	(1.33)	2.17	(1.12)	2.70	(1.32)
					[4.96]**				[6.45]**				[6.17]**	
他者期待	2.49	(1.26)	2.14	(1.12)	2.65	(1.29)	2.16	(1.07)	2.77	(1.34)	2.22	(1.14)	2.83	(1.33)
					[5.38]**				[7.04]**				[6.96]**	

注：[　]内は低関心群と高関心群の平均の差の検定結果におけるt値。**p＜0.01，*p＜0.05。

表5－9　多母集団同時分析による他者への関心水準別の分析結果

	対「平均的な世帯」		対「近所の他世帯」		対「友人・知人の世帯」	
	低関心群 (N=251)	高関心群 (N=543)	低関心群 (N=360)	高関心群 (N=434)	低関心群 (N=442)	高関心群 (N=352)
停電不安→節電意識	0.19**	0.06	0.17**	0.05	0.16**	0.04
数値目標なし→節電意識	-0.19**	-0.13**	-0.18**	-0.12**	-0.16**	-0.14**
電気代値上がり→節電意識	0.45**	0.41**	0.43**	0.44**	0.42**	0.47**
身近他者関わり→節電意識	0.22**	0.31**	0.21**	0.32**	0.23**	0.34**
電気代値上がり→節電行動	0.03	0.06**	0.06*	0.05*	0.05*	0.05*
身近他者関わり→節電行動	0.01	0.07**	0.03	0.06**	0.04	0.06*
節電意識→節電行動	0.91**	0.86**	0.86**	0.87**	0.88**	0.86**
節電行動→節電率	0.25**	0.23**	0.22**	0.25**	0.24**	0.21**
エアコン→節電率	0.01	-0.05	-0.03	-0.05	-0.04	-0.03
冷蔵庫→節電率	0.11	0.03	0.06	0.04	0.06	0.02
モデルの適合度	GFI=0.930, AGFI=0.886, CFI=0.938, RMSEA=0.063		GFI=0.932, AGFI=0.888, CFI=0.940, RMSEA=0.062		GFI=0.928, AGFI=0.882, CFI=0.936, RMSEA=0.064	

注：**p＜0.01，*p＜0.05。係数は全て標準化解。

＜0.01）。

　このデータを用いて，図5－2で［身近他者関わり］から［他者勧め］，［他者期待］へのパス係数に等値制約を設定し，対「平均的な世帯」，対「近所の他世帯」，対「友人・知人の世帯」それぞれの低関心群と高関心群のグループでの多母集団同時分析を行った。結果は表5－9のとおりであり，3つのモデルの適合度はいずれも十分な値と確認された。

　表5－9より，「身近他者関わり→節電意識」は，3つのモデルともに低関心群と高関心群はいずれも有意であったが（p＜0.01），「身近他者関わり→節

表5−10　他者への関心水準別の「身近他者関わり→節電行動」に係る標準化総合効果

	低関心群	高関心群
対「平均的な世帯」	0.212	0.332
対「近所の他世帯」	0.213	0.343
対「友人・知人の世帯」	0.247	0.352

電行動」は3つのモデルともに高関心群のみが有意となった（$p<0.05$）。加えて，表5−10に［身近他者関わり］から［節電行動］に係る総合効果を，3つのモデルそれぞれの関心群別に示した。結果，3つのモデルともに低関心群よりも高関心群が大きくなった。

表5−8での高関心群の［他者勧め］と［他者期待］の水準の高さも踏まえると，［身近他者関わり］の影響力は，他者（平均的な世帯，近所の他世帯，友人・知人の世帯）の節電状況に関心を持っている人ほど大きい。また，表5−9より，「停電不安→節電意識」は，3つのモデルともに低関心群のみが有意となった（$p<0.05$）。2014年度冬季では節電の数値目標は設定されず，電力会社の電力需要予測や電力会社間の電力融通などに基づき，停電の可能性は低くなっている。低関心群は，これら状況についての認識が低く，漠然とした不安に基づいて節電意識を高めているといえる。他方，高関心群は，身近な他者への能動的なコミュニケーションを通じて，彼らの選好や知識・情報を学習し，現状を正しく認識した上で，節電に取り組むものと想定される。

ここで，先に示したHome Energy Reportでは，「あなたの世帯は，近隣の省エネ世帯と比較してX％多く電力を使用しており，年間Y円の追加的な出費となっている」として，平均的な世帯だけでなく身近な省エネ世帯の比較情報を提供するとともに，前章で示した損失回避性を他者との比較により示すというnudge（そっと押す）方策も実践している。これより，平均的な電力消費量を超えている世帯には平均的な世帯の情報を，そして平均的な電力消費量よりも少ない世帯には身近な省エネ世帯の情報を提供する方策が考えられる。いずれにせよ，「他者の見える化」[13]により，身近な他者や平均的他者の行動水準との継続的な比較が可能なしくみ整備が有用となる。

13　もちろん個人情報保護は前提であり，集計データや匿名データなどの提供が考えられる。

今後日本では，原子力発電所の再稼動や，電力小売市場の全面自由化により電気料金単価（円/kWh）の低下が予想されている[14]。他者と比較しての［節電しないと損］の情報提供は，電気料金が下落した場合でも，ある程度のインセンティブの機能を果たすと考えられる。電気料金が下落した場合の［節電すると得］はインセンティブ機能を相対的に弱めると想定されることからも，損失回避性としての［節電しないと損］のメッセージの有用性は高いといえる。

なお，小松・西尾（2013）が指摘するように，人間の意思決定プロセスには文化的な差異があると考えられるため，成功事例と比較した際の損失額情報提供などの米国Opower社の取組みが，日本でも同様の効果を上げるかは不確かである[15]。特に，東日本大震災後の日本では米国の状況とは異なる可能性がある。本章で検証したように，東京と大阪でも身近な他者との関わりの状況や影響力は異なる。また他者の節電状況への関心程度によっても影響力は異なる。ただ，第4章と本章で分析・考察したように，損失回避性と身近な他者との関わりに基づく情報提供の手法・技術が，節電行動を促す可能性は示唆される。

誰にどのような情報を提供するかに関しては，人間の限定合理性を踏まえて，情報過多にならないように，より効果的な情報としてカスタマイズした上で提供することが望ましい。第1章で示したように，節電に積極的でない無関心層・低関心層には社会便益に係る情報に効果があり，第2章と第3章の分析結果からは，節電目標への態度を高めるには社会的規範の醸成が求められること，第4章で検証したように電力需要量の大きい層には電気代値上がりによる費用負担の増加額情報が，そして電力需要量の小さい層には損失回避に係る表現での情報提供が相対的に大きな影響を与える可能性がある。また先に示したように，身近な他者との関わりの状況や影響力の地域差，他者の節電状況への関心程度による影響力の違いも想定される。これらの違いを踏まえた方策が必要である。次節にて効率的・効果的な情報提供の手法・技術とその実装のしくみを検討する。

---

14 他方で，再生可能エネルギー導入割合の高まりと買取価格の水準によっては，電気料金単価（円/kWh）が上昇する可能性もある。

15 米国Opower社は世界各国での調査に基づいてサービスを行っているが，「日本」での外的妥当性の検証も必要となり，その結果に基づいたサービス提供が必要となる。

7. 意思決定要因の水準の推移

　Nolan et al.（2008）では，前述したように，社会実験での実際の電力消費削減量は，近隣他者の行動に係る情報の提供時が最も大きくなった。ただ，節電行動の動機を問うリッカート式の各要因の水準に係る質問では，近隣他者の行動は，環境保全，社会的責任，個人便益よりも低かった。Nolan et al.（2008）は，この乖離の結果を，人々は自らの行動の動機を正しく認識していない，と解釈している。さらに，Levitt and Dubne（2014）はこの実験結果に対して，人間が本音と建前それぞれのインセンティブを持っているためとし，本当に効果のあるインセンティブを明らかにする必要性を指摘している。

　またこの結果の乖離は，提供情報の種類ごとの個人内部への内在化速度が異なることも理由として考えられる。例えば，環境保全や社会的責任に係る意識は，体験型の環境教育などを通じて中長期的なスパンで醸成を図らないと，個人内に浸透せず定着しにくい。そのため，スポット的に提供される場合のこれら情報への反応としては，一般的な規範的意識を発揮させられ，その重要性を意識レベルで表面的に高く評価するだけとなり，行動変容にはつながりにくい結果となる。浸透・定着が難しく，即時的には行動につながりにくい種類の情報と，即効性の高い情報の区別が必要となる。また提供情報の種類ごとの持続性の違いへの理解も必要となる。これら提供情報の効果の違いには，対象事象に対する関心や認知への動機づけや能力水準の個人間での違いも影響する。

　本研究では，人々の意思決定要因の水準（平均値）と，意思決定への寄与度（パス係数）をモデルで可視化し分析することで，Nolan et al.（2008）などで問題とされている意識と行動のギャップを明らかにした[16]。例えば，［経済性認知］は水準は高いが行動への寄与度は低い，［節電しないと損］は水準は低いが行動への寄与度は高い，［身近な他者との関わり］は水準は低いが行動への寄与度は高いことなどが示された。意思決定プロセスモデルでの各要因間のパス係数の大きさを母集団間で比較することで，一律でない効果的な情報提供

16　ランダム化比較試験法（RCT）によるフィールド実験は，結果に至るプロセスがブラックボックスであることが課題とされている。

の内容や手法・技術が見出せる[17]。

　加えて，時間経過に伴う各要因の水準と意思決定への寄与度の変容を考慮する必要がある。節電意識・行動・効果の回路（パス）ができ上がったとしても，慣れ，忘却，関心低下などにより，外的要因にも影響を受ける意識水準（平均値）がある程度維持されないと節電効果は小さくなる。他方，意識水準がある程度維持されたとしても，節電疲れや節電効果逓減の認知などにより，節電意識・行動・効果の回路の持続性が低下すると効果は小さくなる。このことを，例えば，第1章では2011年度夏季と2013年度夏季の状況の違いに基づく，個人費用便益に係るパス係数の変容（回路の持続性低下），また第3章では，電力会社への信頼が目標態度を高める強度が時間経過によって弱まっていくことなどを確認した。先に示したLevitt and Dubne（2014）が指摘する「効果のあるインセンティブ」は，時間経過により変容もしていくのである。

　ここで，各要因の水準の時間経過に伴う推移は，図5-5，図5-6のとおりである。図5-5は第1章のモデルの構成要素であり，図5-6は第2章以降のモデルの要素である。なお，8季を通じて得られるデータのみを掲示しているため，節電目標や電気料金値上がりなどのデータは示していない。以下，各要因の水準のみの推移に着目した考察を行う。

　［節電意識］と［節電行動］は前年度と比較して測定している[18]。これにより，この2要素には低下傾向がみられたが，第4章，5章の研究意図に示した

---

[17] 昨今多く実施されている小売電力自由化後の電力会社変更意向調査での，家庭の変更意向水準の高さは，「意向（意識）」と「変更（行動）」のギャップを示す結果になると想定される。つまり，電力会社変更に係る取引費用が人々に明確に認識されておらず，変更「行動」を行う割合は短期的には小さくなると考えられる。人間の限定合理性を踏まえると，電力大手各社が既に展開している生活パターンに即した電力プランの選択も進んでいない状況で，新規参入する多くの小売電気事業者ごとの電力プランを比較検討し，変更（非変更）を判断する個人は少ないと考える。多くの事業者が多くの電力プランを提示するという情報過多状況になればなるほど，さらにセット割りなどで電力自体の価格がわかりにくい状況になればなるほど，短期的には現状維持のバイアスが働く可能性が高い。その後，身近な他者や平均的の世帯の動向の認知に基づいて，「得をしたい」よりも，多くの人の変更（非変更）判断結果を踏まえた他者よりも「損をしたくない」ことが強いインセンティブとなり，変更（非変更）の判断がなされると考えられる。そこでは，ガス会社や石油元売り大手が本業のエネルギー供給に係る「信頼」に基づいて，より多くの顧客を獲得していくと考えられる。その結果として，差別化や競争力を得られない多くの新規参入事業者は撤退していくと想定される。なお，電力料金の価格比較サイトなどのしくみ整備は，人間の限定合理性を補完することで，能動的に変更（非変更）の判断を行おうとする家庭の割合を増やすと考えられる。

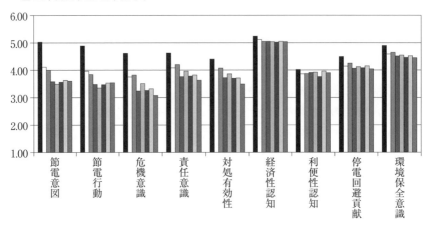

図5-5 モデルの構成要素水準の推移(1)

ように，2013年度夏季を底に上昇に転じる傾向が見られる。それは図5-5からも確認できる。

図5-5，図5-6の［節電意識］と［節電行動］以外の要因は当該時点での水準であり，時間軸での比較が可能である。傾向から大きく4つのグループに分けることができる。1つ目は，2013年度冬季あたりから上昇が見られ，2014年度冬季の水準が2011年度夏季と同じかそれを上回る水準になっているグループで，電力会社への信頼に係る要因（情報の有用性，情報の真実さ，能力，誠実さ）である。これは電力会社の各種取組みの評価と，テレビCMや新聞広告などでの節電への協力依頼の情報提供などによるコミュニケーションの影響が考えられる。

2つ目は，2011年度夏季が最も高く低下を示していたが，［節電意識］と［節電行動］や1つ目のグループと同じように2013年度夏季から上昇がみられたものの，2014年度は若干低下したグループで，第3章のモデルの社会的規範としての［記述的規範］，［命令的規範］，第5章のモデルの［他者勧め］，［他者期待］である。

---

18 「今夏（今冬）は昨夏（昨冬）に比べて，より一層節電を意識した（より一層節電に取り組んだ）」という設問表現。

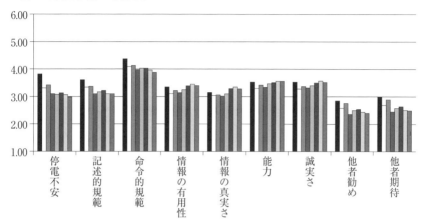

図5−6 モデルの構成要素水準の推移(2)

　3つ目は，2011年度夏季が最も高く，低下傾向にあるグループで，第1章のモデルの環境認知としての［危機意識］，［責任意識］，［対処有効性］，社会費用便益認知としての［停電回避貢献］，［環境保全意識］，第2，4，5章のモデルの［停電不安］である。4つ目は，時間経過による大きな変化は見られないグループで，2011年度夏季が最も高いもののほぼ横ばいの［利便性認知］と，それを高い水準で維持している［経済性認知］である[19]。

　今後の日本ならではの持続性の高い新たな節電支援サービスには，押し付けがましくないnudge（そっと押す）を踏まえると，［命令的規範］と［記述的規範］および［他者勧め］と［他者期待］の上昇期待，そして［経済性認知］の水準の高さを踏まえた情報提供の内容や手法・技術が考えられる。具体的には，これまでに示した節電行動の便益の正確な認知，損失回避性，身近な他者との関わりの重要性を踏まえると，節電行動の正確な便益額を，損失回避を促

---

[19] Nolan et al. (2008)の社会実験での環境保全，個人便益，社会的責任，近隣他者の行動は，本研究での［環境保全意識］，［経済性認知］，［命令的規範］，［記述的規範］にあたる。これら4要因の節電意識・行動・効果への影響の差異は，4要因の水準（平均値）と，4要因のみを設定した意思決定プロセスモデルでの意思決定への寄与度（パス係数）を検証する必要がある。さらに，2011年度夏季〜2014年度冬季のデータを用いた分析により，パス係数の時間経過による変容も把握することが求められる。

すような表現で，自らの世帯に類似する世帯と比較するような形態をベースとした，情報提供手法・技術とその実装のしくみが考えられる。それは，「インセンティブ情報」×「他者との関わり・ネットワーク」の相乗効果を狙うものとなる。

具体的には，スマートメーターやHEMS (Home Energy Management System) 情報の活用による常に目に触れるようなリアルタイムでの節電額の見える化[20]，再エネ発電賦課金と地球温暖化対策税の負担額の認知向上[21]，ピークロード・プライシング（ダイナミック・プライシング）での適切な設定金額水準[22]，節電効果に応じたクオカード，ミールカード，商品券などの報酬ではなく未節電による損失増大のしくみ[23]，「節電すると得」よりも「節電しないと損」というフレーミング効果を踏まえた情報の表現方法，電力需要量に応じた損失額情報の表現方法，マンション・自治会単位での損失回避のインセンティブのある協力のしくみ，身近な類似世帯やマンション・自治会単位の節電

---

[20] 岩田 (2014) は，Attarri et al. (2010) によって米国では主観的な節約金額は真の節約金額よりも小さいことが示されており，米国ではスマートメーター普及により省エネ行動が促進される可能性が高いが，日本の家計では省エネ行動による節約金額を過大に評価している事例もあることから，日本ではスマートメーター普及により省エネ行動が阻害される可能性も指摘している。そして，Attarri et al. (2010) のような研究蓄積が日本でも必要であるとする。なお，スマートメーターを日常的に確認しつづける動機として，節約意識や損失回避意識は機能する。

[21] 再生可能エネルギーの固定価格買取制度に基づく再生可能エネルギー発電促進賦課金（2012年7月），地球温暖化対策のための税（2012年10月）による電気料金値上がりへの認知度は低く，積極的な情報の周知が求められる。特に再エネ発電賦課金は，予想以上の太陽光発電導入により，金額上昇のスピードが早い。そのため，負担増加総額および見込み額を適切に認知させることは，価格効果だけでなく，アナウンスメント効果も高まることが期待される。また知らないうちに負担させられている状況は，関連する事象への関心の高まりを阻害し，行動を抑制することにつながる。

[22] 経済産業省「次世代エネルギー・社会システム実証地域」で選定された4地域（横浜市，豊田市，けいはんな学研都市，北九州市）では，ダイナミック・プライシングの社会実験の効果が検証されてきている。また，米国では数多くのスマートグリッド，スマートコミュニティでのデマンド・レスポンスの社会実証とその結果検証がなされている。Ito et al. (2015) では，けいはんな学研都市を対象とした実験結果が示されている。なお，ダイナミック・プライシングに基づく料金プランも，多くの新規参入事業者が提示する多様な電力料金プランの中の1プランと捉えられてしまうと，それへの変更は進まない可能性が高い。

[23] 公募で選ばれた家庭を対象にした，節電実績に応じた報酬型（商品券，景品など）の節電キャンペーンや節電所が，いくつかの自治体施策として実施されている。キャンペーン参加者はそもそも節電への関心の高い個人や，節電余地が大きいと認識している個人と想定されることから，報酬インセンティブに基づく節電率結果にはサンプルバイアスの影響がある。このため，自治体全域への報酬型施策の拡大は，財政負担につながるだけでなく，節電キャンペーン結果から得られた節電量およびCO_2削減量やその持続の不確実性は高いと考える。

状況との比較に係るフィードバック情報の提供[24]などであり，またこれらの組み合わせが有用と考えられる。その上で，個人の制約状況の違い（節電への関心・節電経験，地理的あるいは文化的な違いのある居住地域，個別節電行動に係る知識・情報，電力会社への信頼など）により情報内容のカスタマイズが必要となる。各人にとって節電効果が大きい有益な情報を優先的に提供し，フィードバックによりその効果を各人が実感できるような工夫が求められる。

　これらの情報提供に係る工夫・しかけは，環境政策手段としての経済的手法，情報的手法，そして場合によっては規制的手法を補完し，そのパフォーマンスを向上させる機能を有すもので，単独で導入されるような新たな政策手段という位置づけにはない。つまり，コストがかかる新たな制度との組み合わせだけでなく，既存の電力需給に係る情報的手法に対しても付加できる，低コストの情報提供の手法・技術とその実装のしくみとなる。これらのしくみづくりは，社会厚生の改善に貢献すると考えられる。

　なお，第1章や図5－5でみたように，社会費用便益認知としての［環境保全意識］，［停電回避貢献］の水準は低下傾向にあるが，2013年度夏季においても［節電行動］への寄与（パス係数の大きさ）は確認されており，節電行動の持続性において，これら要素への着目が必要ないわけではない。さらに第3章でみたように社会的規範（命令的規範，記述的規範）の影響も大きく，図5－6にあるように，それらの水準の上昇も期待される。これらの長い時間を経て醸成される社会的な意識の基盤の上に，ポリシー・ミックスや情報提供に係るしくみにより，いかに節電意識の積み上げを図っていくかが課題となる。

　また，今後は電力会社への信頼に係る要因（情報の有用性，情報の真実さ，能力，誠実さ）の水準の上昇傾向を利用することも有用と考える。米国Opower社は世界各国で複数の電力会社と提携して節電・省エネサービスを提供しており，節電・省エネサービスには電力会社が当然関わる。顧客の維持・拡大や節電・省エネサービスがビジネスとして成功するには，顧客から電力会社への信頼が不可欠である。そしてその信頼をベースにした効果的なコミュニケーションも求められる。電力会社への信頼向上が電力の効率的で安定的な供

---

[24] 米国Opower社のHome Energy Reportでは，省エネを達成している家庭にはスマイルマークやランク上昇情報を供与することで，省エネ意識や行動水準が低下しないような工夫をしている。

給，新たな節電・省エネサービスの普及，さらには節電効果も左右する。

電力小売市場の全面自由化，スマートメーターやHEMS，住宅用蓄電池の普及により，今後は各人が能動的に電力を選択したり，電力消費量をこれまでに比べて容易にコントロールできるようになる。また今後は，2020年そしてそれ以降の地球温暖化防止の目標達成に向けて，家庭部門でも電力需要量（kWh）の抑制がより求められる。もちろん電力の安定需給や2030年の電源構成に関わるものとして，最大電力需要（kW）の抑制も引き続き必要となる。特に電力小売市場の全面自由化に際しては，多様な業種からの参入や提携が進むものと想定される。市場価格で取引されることになる小売電力の販売競争は，他事業者の財・サービスとのセット割やポイント付与などによる電気料金単価（円/kWh）だけを訴求力として顧客を獲得していくのではなく[25]，前述したような節電支援サービスに基づく電力需要量（kWh）の抑制を含めて，「電気料金単価（円/kWh）×電力需要量（kWh）」としての需要者負担総額を抑える，そして温室効果ガス排出総量を抑えるという戦略で進んでいくことが望まれる。「安い電力を大量に消費させる」というビジネスモデル・販売戦略は避けられるべきであり[26]，環境配慮の観点が盛り込まれ，「ある程度安い電力をなるべく少量消費させる顧客を数多く獲得する」戦略を有す事業者が増えることが望まれる。当然，これに対応するものとして，電気料金単価だけに着目するのではなく，節電意識・行動水準を高めて電力需要量を抑制する，という節約意識・行動様式を有す消費者が増える必要がある[27]。

以上のことにより，日本ならではの新たな節電・省エネサービスと，節電・省エネという価値観とライフスタイルの普及により，持続可能でスマートな節電・省エネ先進国としての道筋を世界に示すことが可能となる。

---

[25] 電気料金単価（円/kWh）低下の根拠には，発電コストの低い石炭火力発電所新設もその背景にある。CO_2排出原単位の大きい石炭火力の比率が高まれば，電力需要量（kWh）を抑制したとしてもCO_2排出量は増加する可能性もある。適正な電気料金単価水準と，電力需要量（kWh）つまりCO_2排出量の抑制の両立を図る必要がある。

[26] 過度な価格競争は事業者を消耗させるだけでなく，何らかの問題を発生させる可能性を高める。これは他の財・サービス市場での経験から容易に想像される。そして特定企業の信頼低下だけでなく，業界全体の信頼や制度そのものの信頼の低下につながる事態も引き起こす。

[27] 加えて，自宅での太陽光パネルや蓄電池の設置など，再生可能エネルギー普及に係る意識・行動の向上も望まれる。

補論

電力需要関数の推定

補論として，第Ⅰ部導入部「ⅰ．東日本大震災と地球温暖化への対応」で示した電力需要の価格弾性値推定に係る分析結果を示す。具体的には，地域別（全国9電力管内，東京電力管内，関西電力管内。以下，全国，関東，関西）に，産業部門，家庭部門両方の電力需要関数を，同じモデル構造と推計方法により推定し，価格弾性値の推計および比較を行った結果である。

加えて，第4章で示した電気料金の逆進性について，「5．逆進性に係る課題」でその分析内容を示す。

1．モデルおよびデータ

既往研究を踏まえ，電力需要量（Q）を目的変数とし，電力価格（P）を説明変数に含む電力需要関数について，(1)式のようにi地域（全国，関東，関西）のj部門（産業部門，家庭部門）ごとに6本の対数型の関数を推定する。

$$\ln(Q_{i,j,t}) = \alpha_{i,j} + \beta_{i,j}\ln(P_{i,j,t}) + \gamma_{i,j}\ln(Y_{i,j,t}) + \delta_{i,j}\ln(Q_{i,j,t-1}) + \varepsilon_{i,j}\ln(X_{i,j,t}) \quad (1)$$

Qは電力需要量，Pは電力価格，Yは経済活動要因（GRP［産業部門］，民間最終消費支出［家庭部門］），Xはその他要因（冷房度日，暖房度日，小売自由化ダミー，リーマンショックダミー，電力契約口数［産業部門のみ］），tは時間である。分析期間は1983～2008年度とした。

冷房度日および暖房度日[1]は，気温状況に基づく冷暖房機器の利用度合いを

考慮した要素である。小売自由化ダミーは，電力小売の部分自由化が2000年3月に契約電力2000kW以上の需要家，2005年4月に大規模なマンションも含まれる50kW以上の需要家が対象となったことを踏まえ，産業部門で2000年度以降，家庭部門で2005年度以降について定数項ダミーを設定する。リーマンショックダミーは両部門とも2008年度に定数項ダミーを設定する。また，需要家数である電力契約口数を産業部門に設定する[2]。本モデルの特定化により，短期の価格弾性値は$\beta_{i,j}$，長期の価格弾性値は$\beta_{i,j}/(1-\delta_{i,j})$で算出される。

データに関して，電力需要量（Q），電力価格（P），電力契約口数は電気事業連合会「電力統計情報」，経済活動要因（Y）は内閣府「国民経済計算」と「県民経済計算」，冷房度日および暖房度日は日本エネルギー経済研究所「エネルギー・経済統計要覧」を用いた。また，電力価格（P）と経済活動要因（Y）は，日本銀行「物価指数年報」，総務省「消費者物価指数」，内閣府「県民経済計算」で実質化した。これらデータの詳細はAppendix（132頁）に示した。なお，本補論での産業部門の電力需要量は，販売電力合計から電灯用途の電力需要を減じたものであり，エネルギー需要部門の一般的な区分としての産業・民生業務・民生家庭・運輸部門では，産業と民生業務をあわせた部門に相当する。

2．分析結果（産業部門）

(1)式のように，時系列データを用い，ラグ付き目的変数を説明変数に含むモデルを推定する。したがって，説明変数と誤差項の相関の検定（ハウスマン・テストによる外生性の検定），系列相関の検定（ダービンのh統計量[3]）を通じてモデルを特定化する。まず，最小二乗法（OLS）と，1期ラグのGRPを操作変数とする操作変数法（IV；Instrumental Variables）それぞれで推定を行

---

[1] 冷房度日：24℃を超える日の平均気温と基準温度の22℃との差の合計値。暖房度日：14℃を下回る日の平均気温と基準温度の14℃との差の合計値。
[2] 家庭部門では，多重共線性の検証として，電力契約口数に係るVIFが10を超えたため，電力契約口数は説明変数には採用しなかった。産業部門と比較すると，家庭部門の電力使用量／口に相対的に大きな差はないため，Q_{t-1}との相関が高くなるためと考えられる。
[3] 本モデルではラグ付き目的変数を説明変数に含むため，系列相関の検定にはダービン・ワトソン・テスト（DW）は使えない。したがって，標準正規分布に従うとされるダービンのh統計量で系列相関の検定を行った。

表 a − 1　分析結果（産業部門）

	全国			関東			関西		
定数項	2.405	(3.001)	**	0.745	(0.494)		−0.052	(0.077)	
電力価格（実質）	−0.124	(3.311)	**	−0.080	(2.444)	*	−0.146	(3.482)	**
GDP・GRP（実質）	0.441	(6.100)	**	0.210	(3.129)	**	0.359	(3.943)	**
電力契約口数	0.053	(2.536)	*	0.007	(0.307)		0.138	(3.243)	**
冷房度日	0.065	(4.511)	**	0.073	(5.007)	**	0.103	(5.681)	**
暖房度日	0.069	(3.417)	**	0.037	(1.602)		0.090	(4.076)	**
前年度電力需要量	0.546	(7.991)	**	0.772	(13.351)	**	0.629	(6.886)	**
小売自由化2000ダミー	−0.054	(1.806)		−0.063	(2.057)		0.022	(0.767)	
リーマンショック2008ダミー	−0.024	(1.610)		−0.032	(1.971)		−0.033	(1.778)	
自由度修正済 R^2	0.996			0.996			0.994		
ダービンのh統計量	0.483			0.061			−1.111		

注：（ ）内は t 値。**$p<0.01$，*$p<0.05$。

い，ハウスマン・テストを行った結果，OLSが望ましいと判断した。次に，表 a − 1 下段に示したように，ダービンのh統計量により系列相関があるとは言えないことを確認し，OLSモデルを採用した。

　表 a − 1 はOLSによる推計結果である。符号は関西の小売り自由化ダミーを除いて理論整合的となり，決定係数R^2も高い値を得た。短期の価格弾性値は，全国は−0.124（$p<0.01$），関東は−0.080（$p<0.05$），関西は−0.146（$p<0.01$）といずれも有意となった。これより，関西の短期弾性値は関東，全国よりも大きいことが示された。また，長期弾性値を算出すると，全国は−0.273，関東は−0.350，関西は−0.395となり，関西は関東，全国よりも大きくなった。

　秋山・細江（2008）では，電力管区の違いにより短期弾性値は−0.100〜−0.300，長期弾性値は−0.126〜−0.552の範囲が示されている。また，長内・齋藤（2011）では推計方法の違いにより，短期弾性値は−0.12〜−0.25となっている[4]。モデル・推計方法，データ等の違いにより単純な比較はできないが，本分析結果はこれら既往研究と近い値となった。

4　長内・齋藤（2011）の推定式から長期弾性値を算出すると，−0.30〜−0.78となる。

3．分析結果（家庭部門）

　産業部門と同様の手順でモデル選択を実施し，OLSが望ましいという結果が示された。OLSによる推計結果は表a－2のとおりである。符号は全て理論整合性が確保され，決定係数R^2も高い値を得た。短期の価格弾性値は，全国は－0.074（$p<0.05$），関東は－0.056（$p<0.05$），関西は－0.073（$p<0.05$）といずれも有意となった。関西の短期弾性値は関東よりも大きく，全国と同水準となった。また，長期弾性値を算出すると，全国は－0.449，関東は－0.540，関西は－0.741となり，関西は関東，全国よりも大きくなった。

　谷下（2009）では，電力管区の違いにより，短期弾性値は－0.51～－0.92，長期弾性値は－1.02～－2.69の範囲が示されている。そして全国の短期弾性値は，データの違いにより－0.38，－0.43，長期弾性値は－1.23，－1.59となっている。また溝端他（2011）では，電力管区の違いにより，短期弾性値は－0.28～－0.96，長期弾性値は－0.95～－2.30が示されている。そして全国の短期弾性値は－0.47，長期弾性値は－1.48となっている。長期弾性値が1以上か1未満かという観点において，本分析結果はこれら既往研究の結果とは異なる。要因として，谷下（2009），溝端他（2011）では，電力需要量データとして総務省「家計調査年報」を用いていること[5]，電力需要量が1人当たりや世帯当た

表a－2　分析結果（家庭部門）

	全国		関東		関西	
定数項	1.895	(1.240)	－0.208	(0.067)	0.047	(0.012)
電力価格（実質）	－0.074	(2.522)*	－0.056	(2.358)*	－0.073	(2.421)*
民間最終消費支出(実質)	0.105	(1.489)	0.119	(1.519)	0.029	(0.733)
冷房度日	0.093	(6.474)**	0.114	(8.191)**	0.160	(6.774)**
暖房度日	0.062	(3.954)**	0.062	(4.457)**	0.101	(4.386)**
前年度電力需要量	0.836	(10.928)**	0.895	(11.015)**	0.902	(16.942)**
小売自由化2005ダミー	－0.035	(1.137)	－0.058	(2.018)	－0.008	(0.218)
リーマンショック2008ダミー	－0.018	(1.095)	－0.005	(0.317)	－0.046	(1.738)
自由度修正済R^2	0.997		0.997		0.993	
ダービンのh統計量	0.002		－0.102		－0.370	

注：（　）内はt値。**$p<0.01$，*$p<0.05$。

りに加工されていること，モデルの要素が異なること[6]などがあげられる。

　ここで他の既往研究をみると，永田（1995）での長期弾性値は，需要部門の違いにより−0.181〜−0.509，戒能（2002）では−0.121となっている。また，家庭部門での電力を含む全エネルギーについて，天野（2005）での短期弾性値は−0.252，長期弾性値は−0.389，星野（2011）での長期弾性値は−0.328となっている。加えて，産業部門，家庭部門を含む総電力需要について，内閣府（2001, 2003a, 2007a）での長期弾性値はそれぞれ−0.441，−0.468，−0.373となり，沈（2003）での短期弾性値は分析時期の違いにより−0.073，−0.111，長期弾性値は−0.168，−0.257となっている。また，OECD（2001），環境省（2005）のサーベイによると，国外のほとんどの研究でも家庭部門の電力需要の長期弾性値は1を下回っている。

　本分析結果は，多くの既往研究と同様に，長期弾性値が1を下回る結果が得られた。もちろん，星野（2011）が示すように，モデル・推計方法，データの異なる分析結果を単純に比較することはできない。

4．産業部門と家庭部門の価格弾性値の比較

　前節までの分析結果を整理すると表a−3のとおりとなる。電力は企業活動や日常生活における必需財であり，産業部門と家庭部門いずれも短期の価格弾性値は小さい。

　特に家庭部門の短期弾性値は小さく，電力価格変化に基づいた行動変容はほとんどなされない結果が示されている。部門間の差の要因を考察すると，産業部門では規模の大きい事業所を中心に常時の電力需要量測定が行われ，電力需要量ならびにコストの「見える化」により，電力契約メニューを踏まえた省電

5　「47都道府県の県庁所在地」という都市部の2人以上世帯の電力使用量（額）を用いている。
6　谷下（2009）では，目的変数を電力需要量／世帯とし，説明変数を電力価格，前年度電力需要量，平均世帯人数，消費支出，灯油価格，ガソリン価格，冷房度日，人口密度としている。溝端他（2011）では，目的変数を実質電力需要額／人とし，説明変数を実質電力価格，前年度実質電力需要額／人，実質消費支出額／人，冷房度日，暖房度日としている。また，谷下（2009）は固定効果モデルを採用し，溝端他（2011）は電力管区のモデル別に，Hausman検定結果により，固定効果モデル，変量効果モデルのいずれかを選択している。

128　第Ⅰ部　個人の節電行動の意思決定プロセス

表a−3　価格弾性値の比較

		全国	関東	関西
産業部門	短期	−0.124	−0.080	−0.146
	長期	−0.273	−0.350	−0.395
家庭部門	短期	−0.074	−0.056	−0.073
	長期	−0.449	−0.540	−0.741

力行動が選択される可能性が一定ある[7]。一方，家庭部門ではスマートメーターが普及していないため，リアルタイムでの正確なコスト認知は困難であり，コスト意識は希薄にならざるを得ず，電力価格変化に基づく省電力行動が選択されにくいためと考えられる。

　ただ，長期弾性値は短期弾性値に比べて相対的に高い値であり，中長期的には省電力行動・省電力機器導入は期待される。ここで，家庭部門の長期弾性値は産業部門に比べて相対的に大きい。これは，耐用年数等に基づく電力需要設備・機器の更新において，家庭部門では高い省電力性能が省コストになるとの喧伝が，電力コストの一時的な「見える化」につながることで電力価格が意識され，省電力機器導入を促進するためと考えられる。一方，企業では省エネ性能以外の要素も考慮された設備選択がなされるため，家庭部門よりも長期弾性値は相対的に小さくなると考えられる。また，産業部門では電力を含むエネルギー効率は既に高いレベルに達しており，価格メカニズムによる削減余地が小さいことも要因の1つとして考えられる。以上より，部門間の弾性値の違いの要因は，短期においてはコスト認知・意識の違いに基づくソフト対策での対応程度の違いと，長期においてはハード対策としての省電力設備・機器への更新意識・効果の大きさの違いといえる。

5．逆進性に係る課題

　電力価格上昇は電力需要抑制につながるが，電力は必需財であるため電力価格上昇は逆進性の問題を生じさせる。

---

[7]　需給調整契約（電力需給が逼迫する場合に使用電力量を抑制することを条件に電力価格の割引を行う契約）などの経済的インセンティブを内包する需要管理も存在する。

表a−4に世帯収入別（年間収入五分位階級），表a−5に世帯主の年齢階級別（六年代）の電力価格上昇による負担増加額および負担増加率の試算結果を示した。関東[8]を対象に，電力価格上昇項目として，①2012年9月からの電気料金単価8.46％値上がり（1.97円/kWh）[9]，②2012年10月からの地球温暖化対策のための税（制度施行後3年半後の税率289円/t-CO_2），③2012年7月からの固定価格買取制度に基づく再生可能エネルギー賦課金（2015年4月までの0.75円/kWh，および2015年5月以降の1.58円/kWh）を設定し[10]，推計を行った。

推計手順として，②について，まず環境省（2010）での関東のCO_2排出係数（t-CO_2/kWh）[11]と，税率289円/t-CO_2を掛け合わせて課税原単位（円/kWh）を算出した。そして①〜③をあわせた電力価格上昇による加算原単位（円/kWh）と，総務省「平成22年家計調査年報」[12]での関東地方の世帯収入別および世帯主年齢階級別の平均電力価格（円/kWh）により，各属性の電力価格上昇率を算出した。

次に，先に推計した関東の家庭の長期弾性値を電力価格上昇率に乗じて，電力価格上昇に伴う各属性の電力需要減少率を算出した。これを総務省「平成22年家計調査年報」での各属性の電力需要量（kWh/月）に乗じ，電力価格上昇後の電力需要量（kWh/月）を算出した上で，属性別の電力価格上昇による加算原単位（円/kWh）を掛け合わせ，負担増加額（円/月）を推計した。さらに，各属性の平均消費支出総額（円/月）から，負担増加率（％）を算出した。

8　関西電力管内では家庭部門において2013年5月以来2度目の電気料金値上げが2015年に予定されている（2015年6月1日より平均8.36％の値上げが実施された。なお9月30日までは軽減期間として平均4.62％の値上げとなった）。ただ本試算時点においては値上がり額が不確定なため，ここでは東京電力管内のみの試算とする。

9　「電気料金値上げの認可について」（平成24年7月25日）東京電力HP

10　3ヶ月分の平均燃料価格を毎月反映するしくみである燃料費調整制度に基づく価格変化は，変動が大きいため推計対象外とした。

11　実排出係数と調整後排出係数のうち，京都メカニズムクレジット等を反映させた調整後排出係数を利用した。なお，2010年度，2011年度以降のCO_2排出係数は原発停止の影響により大きく変わっている。

12　家計調査年報での2人以上の世帯データを利用。なお，政府資料では標準家庭として300kWh/月の数値を用いた分析が多くなされるが，ここで用いる関東の平均値は，平成22年家計調査年報に基づき437kWh/月とした。

表a−4　電力価格上昇による影響の試算結果（世帯収入階級別）

	①電力料金単価8.46％値上げ（加算単価1.97円/kWh） ②地球温暖化対策税（加算単価0.076円/kWh）			
	③−1　再エネ発電賦課金 (〜2015年4月) (加算単価0.75円/kWh)		③−2　再エネ発電賦課金 (2015年5月〜) (加算単価1.58円/kWh)	
	負担増加額	負担増加率	負担増加額	負担増加率
I	940　円/月	0.46％	1192　円/月	0.59％
II	1038　円/月	0.42％	1316　円/月	0.53％
III	1114　円/月	0.39％	1413　円/月	0.49％
IV	1194　円/月	0.36％	1514　円/月	0.46％
V	1397　円/月	0.32％	1773　円/月	0.40％

注：地球温暖化対策税は電気のみを対象として試算（ガソリン・軽油，都市ガス・LPG，灯油等は試算の対象外）。
　　年間収入階級区分はI（〜342万円），II（342〜456万円），III（456〜601万円），IV（601〜833万円），V（833万円〜）。
　　負担増加率＝電気料金支払増加額（円/月）/消費支出総額（円/月）。

表a−5　電力価格上昇による影響の試算結果（世帯主の年齢階級別）

	①電力料金単価8.46％値上げ（加算単価1.97円/kWh） ②地球温暖化対策税（加算単価0.076円/kWh）			
	③−1　再エネ発電賦課金 (〜2015年4月) (加算単価0.75円/kWh)		③−2　再エネ発電賦課金 (2015年5月〜) (加算単価1.58円/kWh)	
	負担増加額	負担増加率	負担増加額	負担増加率
29歳以下	737　円/月	0.31％	934　円/月	0.39％
30歳代	992　円/月	0.35％	1258　円/月	0.45％
40歳代	1184　円/月	0.36％	1501　円/月	0.45％
50歳代	1240　円/月	0.35％	1573　円/月	0.44％
60歳代	1168　円/月	0.39％	1482　円/月	0.50％
70歳以上	1096　円/月	0.44％	1391　円/月	0.56％

注：地球温暖化対策税は電気のみを対象として試算（ガソリン・軽油，都市ガス・LPG，灯油等は試算の対象外）。
　　負担増加率＝電気料金支払増加額（円/月）/消費支出総額（円/月）。

表a-4, 表a-5より, 電力需要量（電気料金支払額）の多い第Ⅴ階級, 50歳代で負担増加額が大きくなる。ただし, 負担増加率（電気料金支払増加額／消費支出総額）は, 電気料金支払額, 消費支出総額のバランスにより, 第Ⅰ階級, 70歳以上で最も大きくなる。つまり, 家庭部門での電力価格上昇は, 低収入世帯や高齢者世帯で負担増加率が大きくなるという逆進性を生じさせる。また, 長期弾性値は属性に関わらず一定として推計しているが, 第4章で示したように電力需要量の大きい家庭ほど, 弾性値は大きくなる可能性がある。このことは, 逆進性をさらに拡大させる可能性がある。

固定価格買取制度では産業部門内で多電力需要部門への緩和措置が取られているが, 複数制度間の調整という観点からも, 家庭部門内でも電力需要量（＝世帯収入）に即した, 傾斜的な負担設定や緩和措置などの検討が必要となる[13]。価格インセンティブに基づく効率的な需要抑制方策とともに, 逆進性緩和の方策もあわせて求められる。

13　「原価主義の原則」「公正報酬の原則」「需要家に対する公平の原則」が電気料金決定の3原則とされており, 電気事業法第19条でも,「料金が能率的な経営の下における適正な原価に適正な利潤を加えたものであること」「特定の者に対して不当な差別的取扱いをするものでないこと」等が規制需要家の料金の認可基準として規定されている。したがって, 現行法では家庭部門での電気料金の差別化は困難であり, 他政策分野での対応が現実的となる。なお, 他の電力会社と同様に, 東電管内では, 電力量料金は3段階料金が適用されているが, ここでは3段階全ての単価が平均8.46％上昇すると仮定して試算している。

Appendix
産業部門データ

変数	資料
電力需要量（a − b）	
電灯電力需要使用電力量［販売電力合計］(a)	電気事業連合会「電力統計情報」
電灯電力需要使用電力量［電灯計］(b)	同上
電力価格（実質）	
収支総括表［電力料］	同上
国内企業物価指数［電力］	日本銀行「物価指数年報」
GDP・GRP（実質）	
国内総生産	内閣府「国民経済計算」
県内総生産	内閣府「県民経済計算」
GDP・GRPデフレータ	同上
電力契約口数	
電灯電力契約口数［電力計］	電気事業連合会「電力統計情報」
都市別冷房度日	
（最高気温が24℃を超える日の平均気温と基準温度の22℃との差を各年度で積算した値）	日本エネルギー経済研究所「エネルギー・経済統計要覧」
都市別暖房度日	
（最低気温が14℃を下回る日の平均気温と基準温度の14℃との差を積算した値）	同上
小売自由化ダミー	
（2000年以降の小売自由化期間に定数項ダミーを設定）	—
リーマンショック2008ダミー	
（リーマンショックによる景気停滞として2008年に定数項ダミーを設定）	—

家庭部門データ

変数	資料
電力需要量（a − c）	
電灯電力需要使用電力量［販売電力合計］(a)	電気事業連合会「電力統計情報」
電灯電力需要使用電力量［電力計］(c)	同上
電力価格（実質）	
収支総括表［電力料］	同上
消費者物価指数［電力］	総務省「消費者物価指数」
民間最終消費支出（実質）	
民間最終消費支出	内閣府「県民経済計算」
民間最終消費支出デフレータ	同上
都市別冷房度日	
（最高気温が24℃を超える日の平均気温と基準温度の22℃との差を各年度で積算した値）	日本エネルギー経済研究所「エネルギー・経済統計要覧」
都市別暖房度日	
（最低気温が14℃を下回る日の平均気温と基準温度の14℃との差を積算した値）	同上
小売自由化2005ダミー	
（2005年以降の小売自由化期間（50kWに基準引き下げ）に定数項ダミーを設定）	—
リーマンショック2008ダミー	
（リーマンショックによる景気停滞として2008年に定数項ダミーを設定）	—

第Ⅱ部

森林ボランティア活動と森林環境税制度評価の意思決定プロセス

ⅰ. 森林への人間の働きかけ低下に係る対応

(1) 森林の多面的機能と人々の森林との関わり

　UNU-IHDP and UNEP（2012）は，自然資本，人的資本，人工資本により測定される，経済の生産的基盤としての「包括的富指標」（Inclusive Wealth Index, IWI）の各国比較（20ケ国）を行っている[1]。自然資本は農地・牧草地，森林資源，水産資源，化石燃料（石油，天然ガス，石炭），鉱物資源で測定されており，1990～2008年において包括的富指標とその下位尺度である自然資本のいずれもが成長した国は日本，フランス，ケニアの3ケ国のみとなっている。さらに，日本は1人当たり自然資本の平均年間成長率がプラスとなった唯一の国である[2]。

　日本の自然資本の成長の内訳は，森林資源がプラス，農地・牧草地と化石燃料がマイナス，水産資源と鉱物資源が横ばいという結果であり，森林資源は国内総生産（GDP）や人間開発指数（HDI）では測定しきれない，国の「包括的富」（Inclusive Wealth）の向上に大きく寄与している。日本の国土の約3分の2を占める森林は，国の豊かさそして人々の生活の豊かさを支える基盤として重要な資源といえる。表ⅱ-1に示すように，森林は木材の供給のほか，水源涵養，山地災害の防止，保健・レクリエーションの場の提供，二酸化炭素の吸収・貯蔵などの機能に加え，自然観，感性，思考，思想の形成や炭や肥料となる落ち葉などの生活資材の供給等で人々の生活を支えている。

　森林はこのような多面的な公益的機能を持つ存在であり，これら機能を持続的に発揮させるためには，「人間の働きかけによって健全な森林を積極的に造成し，育成する「森林整備」が必要となる[3]」（林野庁，2014，p.10）。ただ，

---

[1] 村上（2007）では，資本（私的資本，社会的共通資本［社会資本，自然資本］），社会的能力，制度の関係性に基づいて，持続可能性を考察している。
[2] この結果には日本の人口増加率の低さも影響している。
[3] さらに「特に，人工林や里山林のように，人間の働きかけによって形成された森林は，引き続き人間が手入れを行うことによって，健全な森林として維持しながら利用することができる」（林野庁，2014，p.10-11）

表 ii－1　森林の多面的機能の概要

森林の機能	概　　要
木材の供給	木材は伐っても植えれば再生する「再生可能な資源」であり，加工のための消費エネルギーが他の素材に比べて少なく済む。環境への負荷が少なく，再生産可能な資源である木材の積極的な利用は，環境と調和した社会の構築につながる。
水源涵養	森林は雨水の多くを土壌の孔や樹根の腐れ跡の様々な隙間から土壌中に浸透させ，最終的には地下水流を形成し，徐々に河川に流出することで，洪水を調節したり渇水を緩和する。またこの過程で水質の浄化も行う。
山地災害の防止	森林は落ち葉や林内の植生によって土壌が覆われ，水を浸透させる能力も高いため，雨水による土壌の浸食や流出を防止する。また，樹木は根を地中に張り巡らし，土砂や岩石をしっかりつかんでいるため，斜面の土砂の崩れを防ぐ。
生活環境の保全	森林は周辺の気候の変化を和らげ，適当な湿度を保つとともに，大気中の汚染物質を吸収して大気を浄化する。車道沿いや住宅地周辺の林地は騒音を軽減したり，プライバシーの保護に役立つ。さらに生活空間にある緑は，精神的な安らぎを与える。
保健・レクリエーションの場の提供	森林は景観を楽しむ，森林レクリエーションを楽しむ，自然を観察し教育に役立てる，健康増進に役立てるなど，人々の心身と生活を快適で潤いのあるものにする。
二酸化炭素の吸収・貯蔵	樹木は太陽エネルギーによって光合成を行い，大気中の二酸化炭素を吸収しながら樹木の幹や枝を形成し，有機物の形で長く樹木内に蓄積する。また，伐採された樹木を木材として利用し続ける限り，炭素は固定される。
生物多様性の保全	森林は約200種類の鳥類，2万種の昆虫類をはじめとする多種多様な野生生物が生息する場である。ある地域内に生存する生物の豊富さだけでなく，遺伝子の多様性から生態系の多様性までを含む「生物多様性」について，森林の有している生物多様性が重要となっている。
日本人の精神・文化の育成	遠い祖先が長い間森の中で暮らしてきた日本人は，原体験として森林と接した経験を持つ。森林は日本人の自然観を形成してきただけでなく，感性，思考，思想など，日本人の「こころ」のあらゆる面に多大な影響を及ぼしている。

資料：各種資料より作成。

森林・林業を取り巻く社会経済状況の変化や，日常生活での森林からの様々な恩恵に対する認識低下あるいは認識不足により，森林の過少利用に現れるように，森林への人々の働きかけが弱くなっている。

具体的な状況として，まず森林・林業活動の停滞があげられる。これは森林は主に木材生産活動を通じて適切に維持管理されてきたが，木材価格の長期低迷や経営コスト上昇などによる事業採算性の悪化や林業従事者の高齢化等に拠る。その結果，森林に手が入らなくなり，放置林の増加，伐採跡地の未植林地の増加などが見られ，森林の機能低下につながる。

次に消費者としての森林への関わりの低下があげられる。古来より，木材や炭，肥料となる落ち葉など，生活に密着した資材の日常的な利用を通して，人々は森林と共生してきた。しかし，生活様式への都市化の浸透などにより森林資源が活用されなくなるとともに，過疎化の進行や住民の高齢化が農山村の活力の低下につながり，身近な森林や里山に手が入らなくなってきた。

これら要因による森林への人間の働きかけの低下は，表ⅱ-1に示した機能が十分に発揮されなくなり，森林から便益を受けている住民一人ひとりの日常生活が妨げられることにもつながる。具体的には，森林の荒廃により水の安定的な供給が妨げられたり，降雨による土砂災害が多発するなどの日常生活への直接的なダメージ，癒しやアメニティ，文化などの精神面へのマイナスの影響が生じる。地球温暖化防止に関しては，森林資源の適正な管理と利用が森林の二酸化炭素の吸収・貯蔵機能の維持につながり，また木質バイオマスエネルギーとして適切に活用されることで，火力発電のウェイトを下げることにも寄与する。加えて，セルロースナノファイバー（CNF）[4]など，新たなマテリアル利用としての森林資源の活用拡大は，プラスチックなどの化石燃料由来製品の代替にもつながりうる。日本の国土の約3分の2を占める森林は，人々の生活の豊かさ，地球環境や地域環境，さらには地域活性化や新産業創造を支える有望な資源といえる。

---

[4] 京都大学生存圏研究所　生物機能材料分野HPによると，「全ての植物細胞壁の骨格成分で，植物繊維をナノサイズまで細かくほぐすことで得られる」ものであり，木材や稲わらなどが原料となる。補強用繊維として，軽くて強い（鋼鉄の5分の1の軽さで5倍以上の強さ），熱による変形が小さい（ガラスの50分の1程度）などの特徴があり，自動車用部材，機械部品，フィルム・シート，包装・容器などでの利用が期待されている。

これまでの木材生産活動に伴う森林管理の進め方は，その活動の停滞により森林管理も行われなくなることを示しており，このことは公共性を持つ森林という財・サービスを市場だけで管理することの限界を示している。また，エネルギー革命以降，森林の物理的な恵みが，主に価格や利便性の観点から評価されることで用いられなくなってきたことからも，市場だけでの対応の限界がいえる。森林の過少利用を解消するには，供給面だけでなく需要面においても森林への人々の関心を高め，最終的には森林資源の需要拡大につながるような方策が求められる。森林の適正な管理を通じた，森林資源の供給と需要の拡大に基づく適正な利用促進が，森林の多面的機能維持につながると考える。

　以上を踏まえて，本研究では，森林の多面的機能維持に係る一手段であり，森林への人々の働きかけを高める方策である森林ボランティア活動と森林環境税制度という，2つのフォーマルな制度への住民の関わりについて検討を進める。

(2) 住民参加による森林づくりとしての森林ボランティア活動

　特別な能力が必要とされ，住民が入りにくい奥山などの森林に関しては，これまでどおりの木材生産活動や新たな用途・製品開発により，森林所有者，林業関係者，行政が中心的な役割を担い，森林の多面的機能発揮を確保することとなる。そこでは間伐や混合林化，インフラ整備などのハード事業が中心となる。ただし，前項に示したような状況を踏まえると，市場のみに頼らない，つまり森林所有者や林業関係者のみに責を担わせるのではない，新たな枠組みでの取組みが求められる。

　1つの方向性として，住民参加による森林づくりがあげられる。森林との物理的な関わりの低下により希薄化してきた人と森林の関係を再生させることで，まずは住民一人ひとりの森林への関心や注意力を高めることが可能となる。内閣府「森林と生活に関する世論調査」(1999，2003b，2007b，2011)[5]によると，図ⅱ-1にあるように，森林に親しみを感じている人は多い。住民に自発的な森林モニタリングの役割を持たせ，森林の荒廃の歯止めや公的な施策・事業へ

5　抽出された調査対象者（母集団：全国20歳以上の者，標本数：3000人，抽出方法：層化2段無作為抽出法）への調査員による個別面接聴取法による調査。

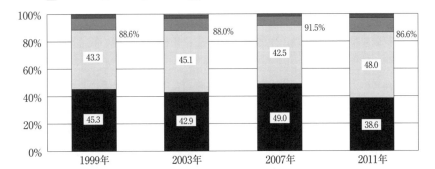

注：「あなたは森林に親しみを感じますか」への回答割合（選択肢式）。図中の合計値は［非常に親しみを感じる］と［ある程度親しみを感じる］の和。
資料：内閣府（1999，2003b，2007b，2011）より作成。

図ⅱ-1　森林への親しみ

の関わりを高めてもらうことが期待される。

　これには，イベントなどの参加といった単発的な関わりではなくより恒常的な関わりを，またさらに受動的な関わりではなく，より能動的な関わりを通じた森林づくりが求められる。その一例として森林ボランティア活動があげられる。森林ボランティア活動は，単に森林管理作業に留まらず，他の住民への普及啓発や地域産材利用，政策提言などの多様な住民活動につながっている（山本，2007）。実際，図ⅱ-2に示すように，住民の森林ボランティア活動への参加意欲は高まってきている。加えて，林野庁（2004, 2007, 2010, 2013）による森林ボランティア団体への調査[6]によると，図ⅱ-3，図ⅱ-4にあるように，森林ボランティア活動の参加人数や活動日数の増加などが見られ，活動自体も活発化してきている。

　小澤（2004）が環境教育の観点から「節約型から連携型へ」と示すように，節電・省エネなどの個人での環境配慮行動だけではなく，集団での環境配慮行動も求められる状況にある。実際，図ⅱ-5に示したように，森林ボランティ

---

[6] 森林づくり活動を実施しているボランティア団体等の名称，所在地等について都道府県に調査を依頼し，報告のあった団体等に対し，林野庁から調査票を送付・回収する調査。

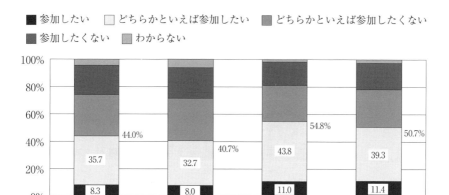

注:「あなたは,次代に森林を残すため,下草刈や間伐などの森林づくりのボランティア活動に参加したいと思いますか」への回答割合(選択肢式)。図中の合計値は[参加したい]と[どちらかといえば参加したい]の和。
資料:内閣府(1999, 2003b, 2007b, 2011)より作成。

図ii－2　森林ボランティア活動への参加意欲

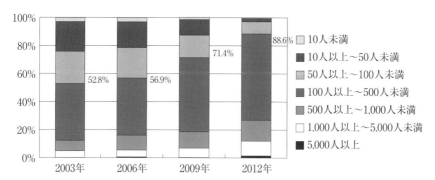

注:「森林づくり活動への年間延べ参加人数は,おおよそ何人くらいですか」への回答割合(選択肢式)。図中の数値は100人以上の回答割合。
資料:林野庁(2004, 2007, 2010, 2013)より作成。

図ii－3　森林ボランティア活動の年間延べ参加人数

ア活動の参加形態は,個人での活動からボランティア団体での活動の比率が大きくなってきている。一方,いまだ職場や地方公共団体などによる単発でのイベント参加の比率も大きい。森林ボランティア活動は,ボランティア参加者や農山村地域住民との交流を通じた,集団での体験型環境教育および環境配慮行

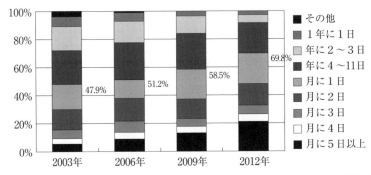

注:「森林づくり活動の年間活動日数は，おおよそ何日くらいですか」への回答割合（選択肢式）。図中の数値は月に1日以上の回答割合。
資料：林野庁（2004，2007，2010，2013）より作成。

図ii－4　森林ボランティア活動の年間活動日数

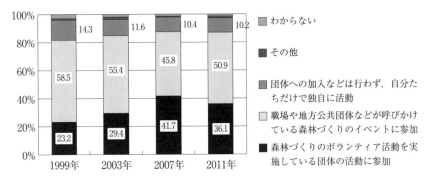

注：図ii－2の質問での［参加したい］あるいは［どちらかといえば参加したい］の回答者への，「それでは，どのような形で森林づくりのボランティア活動を行いたいと思いますか」への回答割合（選択肢式）。
資料：内閣府（1999，2003b，2007b，2011）より作成。

図ii－5　森林ボランティア活動の参加形態

動としても位置づけることができる。森林ボランティア活動は目的としての森林の多面的機能の維持・向上を目指すとともに，その過程においては，他者との交流，地域づくり，体験型の環境教育，森林資源の需要拡大，森林政策への関心向上などにもつながる。加えて，森林ボランティア活動への参加自体が，保健や癒し，思考や思想の形成などの森林の多様な機能の享受になる。森林ボランティア活動参加は，外部経済として，市場を通さずに個人便益を高められ

る。本研究ではこれらの効果が期待される森林ボランティア活動の促進要因を明らかにする。

(3) 住民参加による森林づくりを支える森林環境税制度

　森林環境税制度は森林づくりを財政面から支える制度であり，その導入時には他の財源手段との比較検討がなされる（表ⅱ－2）。さらに，租税手段の活用が望ましいとされた場合，より詳細な手段の検討がなされる（表ⅱ－3）。これら検討の結果，日本各地の森林環境税制度は，県民税の超過課税方式により徴収されるしくみが主流となっている。環境税は，経済的インセンティブを埋め込んだ政策手段としての環境税と，財源調達手段としての環境税に分けられるが（諸富，2000），森林環境税は財源調達手段としての環境税と位置付けられる[7]。

　森林環境税は，その税収を用いた人工林対策としての間伐や混交林化等のハード事業の実施に加え，環境教育や森林ボランティア育成・活動支援，森づくり活動や体験の場提供等のソフト事業の実施により，住民および地域社会にその成果を還元する制度である。税収の60〜99％はハード事業に用いられているが（Bespyatko・井村，2008），森林ボランティア活動が活発になっている要因の1つとして，森林環境税の貢献はあると考えられる。

　日本の地方自治体による森林環境税制度は，2003年の高知県を皮切りに，現在では30を超える自治体で導入されている。この背景には，村上（2002）にあるように，森林の管理水準の低下により荒廃が進む森林への対応，森林への社会ニーズの多様化に伴う行政需要の拡大という森林管理からの要請，ポリシー・ミックスに基づく多様な主体の連携・協働の必要性の高まり，地方分権一括法成立による課税自主権の強化，地方財政の悪化などの社会経済状況の変化があげられる。

　現在の森林環境税は，執行費用等の観点から，応益性に基づく水道課税方式ではなく，住民税の超過課税方式による制度設計がなされている。その中で，Bespyatko・井村（2008）は，制度設計段階で，受益者である住民と，森林の

---

[7] 第Ⅰ部補論で示した地球温暖化対策のための税（2012年10月〜）も，財源調達手段の環境税と位置づけられる。

表ⅱ－2　各財源手段の概要

手段	法的位置づけ等	負担の性格等
使用料	・行政財産の使用又は公の施設の利用につき使用料を徴収することができる（地方自治法225条）。 ・公立学校授業料，公営住宅家賃，保健所診療料など。	排他原則が完全に働く公共サービスの対価たる性格を有する負担。
手数料	・地方公共団体の事務で特定の者のためにするものにつき，手数料を徴収することができる（地方自治法227条）。 ・印鑑証明，車庫証明関係手数料など。	
分担金 （負担金）	・数人又は普通地方公共団体の一部に対し利益のある事件に関し，その必要な費用に充てるため，当該事件により特に利益を受ける者から，その受益の限度において，分担金を徴収することができる（地方自治法224条）。 ・いわゆる受益者負担金の一種といえ，下水道受益者分担金などがある。	受益者の範囲が特定の集団に限定されており，その集団に属する個々の者ごとに受益，またはもたらしている外部不経済の程度が，かなり明確に評価しうる場合。
寄付金 （協力金）	・任意の寄付によるもの。 ・条例や自治体の指導要綱に基づく建設協力金，開発協力基金など。	任意の負担。
課徴金	・地方自治法に記述はないが，条例により設定可能との解釈もある。 ・主に原因者負担原則による。	主に原因者負担原則による罰則的な負担。
租税	・国及び地方公共団体が，公共サービスを提供するための資金を得る目的で，特別の給付に対する反対給付なしに法律の定めに基づいて国民から徴収するもの（総務省）。	受益者の範囲がかなり広範囲にわたり，しかも受益の程度が個別的に評価しがたいため，その受益の限度を所得，財産，消費等の外形的基準により近似的に評価して，これに応じて負担を求めることが適当であると認められる場合。
基金	・特定の目的のために財産を維持し，資金を積み立て，又は定額の資金を運用するための基金を設けることができる（地方自治法241条）。 ・災害救助基金，土地開発基金など。	―

資料：地方自治法，総務省資料，政府税制調査会資料などより作成。

表 ii-3 租税手段の概要

手段	内　容　等
法定外税	
法定外普通税	・地方税法で規定されている税目のほかに，個別の事情に応じて独自の税目を設けることができる。
法定外目的税	・法定外普通税との違いは，税収使途が特定化されていること。 ・その使途は条例において規定する必要がある。
超過課税	・地方税法で標準税率が定められている税目について，財政上その他の必要がある場合に，その税率を超える税率を定めることができる。 ・ある税目で標準税率を下回る税率を定め，他の税目で超過課税を行うことは違法と解釈されている。 ・超過課税の検討対象となりやすい県民税には，法人県民税（均等割，法人税割）があり，個人県民税（均等割，所得割）での超過課税は相対的に少ない。
不均一課税	・特定の場合において，一定の範囲内で一般の税率と異なる税率で課税すること。 ・特定の場合とは「公益その他の事由」であり，産業政策的，社会政策的な目的や特定の受益者に対して負担の均衡を考慮することなどが考えられる。 ・条例での制定が必要となる。
課税免除	・公益その他の事由の存在が必要となる。 ・特定の場合において，一定の範囲内で課税しない。
減免	・天災その他特別の事情が必要となる。

資料：地方自治法，総務省資料などより作成。

　公益的機能のサービス供給者である森林所有者・経営者の直接交渉がなされないまま費用負担と便益享受のしくみが構築されたため，両者が協力するための相互理解や体制が弱いとしている。一律の費用負担と程度の異なる便益享受という制度の理解促進を図る狙いもあり，両者の交流に基づく住民参加の森づくりとして，住民意識醸成，環境教育，森林ボランティア育成・活動支援等のソフト事業が行われている側面もある。

　多くの自治体が森林環境税を5年程度の時限的な制度としており，高知県は制度延長の必要性を問う住民アンケート結果等に基づき，第2期（2008～2012年度）での延長を決定した。制度延長の判断時に限らず，税負担者である住民へのアカウンタビリティとして制度の評価が必要となる。これには行政の視点や基準に基づく評価ではなく，住民目線からの評価が求められる。行政学や政

治学等に基づいて体系化され実施される政策評価ではなく，住民の視点からの行動経済学的な評価である。このような評価研究こそが，実際の住民の制度延長の判断結果の予見を可能にする。したがって，本研究では住民による森林環境税制度評価に係る意思決定プロセスを明らかにし，評価に係る規定要因を明らかにする。行政と住民の評価の基準や要因にギャップがあるならば，行政はそれを理解することで，効率的・効果的に政策受容度を向上させるような情報提供に係る手法・技術とその実装のしくみの検討，実施につなげられる。その方策は偏向的でポピュリズム的なものであってはならないが，正しい方向での効率的な努力につながることが期待される。

　税負担者から制度への支持を得るには，行政は税収を用いた政策の効果向上に加え，住民が納得できるような適切な政策決定プロセスを経る必要がある。これは社会資本整備などの政策受容に係る研究（Lind and Tyler, 1988; van den Boss et al., 1998）で議論されてきた，資源の配分結果の公正さである「分配的公正」と，資源の配分過程の公正さである「手続き的公正」の区分に対応する。表ⅱ-1に示した政策の効果向上としての森林の多面的機能の維持・向上と，表ⅱ-2，表ⅱ-3に示した他の財源手段との比較検討を含む適切な政策決定プロセスの両面からの住民目線による制度評価が求められる。

ⅱ．研究の目的と対象

(1) 研究目的

　第Ⅱ部では，まず前節(2)で示した集団での環境配慮行動としての森林ボランティア活動の参加に係る意思決定プロセスを明らかにする。そこでは地域への愛着や身近な他者とのつながりと，フォーマルな制度としての森林環境税制度の影響を検証する。森林ボランティア活動は他者に見えやすい環境配慮行動である。活動団体としての学校，職場，地域などの準拠集団における身近な他者の知識・情報や選好，圧力，期待に影響を受け，自らの評価・評判形成を気にかける程度は，第Ⅰ部の家庭での個人の節電行動よりも大きいと想定される。仮に，他者に見えにくい個人での環境配慮行動と，他者の眼に触れやすい集団

での環境配慮行動の規定要因が異なるとすれば，環境問題解決に資する処方指針の検討において有益な示唆が得られる。

次に，前節(3)で示した森林ボランティア活動などの住民参加による森林づくりを財政面から支える森林環境税制度について，その必要性判断に係る住民の意思決定プロセスを明らかにする。この分析結果は，住民への情報提供や制度理解の促進への対応において，行政関係者に一定の知見を提供する。ここでは，分配的公正と手続き的公正に加え，身近な他者の評価，森林行政への信頼の影響，その信頼の規定要因を検証する。先に示したように行政の視点や基準に基づく評価では，分配的公正としての政策成果が重視される。またこれは，伝統的な経済学での中心的な政策評価方法である，費用対効果（便益）評価に関わる。本研究では住民目線からの評価として，分配的公正以外の要因や基準も検証する。そこでは，住民の限定合理性やヒューリスティックに基づいた判断がなされると想定される。

また，個人の制約状況の違いによるこれら要因の影響の違いについても分析，考察する。個人の制約状況の違いには，森林への関心度や森林ボランティア活動の参加状況，地域への愛着や身近な他者との交流水準，制度の認知水準がある。各人の限定合理性やヒューリスティックに基づく情報処理の違いが，各人の評価プロセスに違いをもたらす。

環境問題としての人々の関心度に関して，森林は第Ⅰ部で検討した節電と比較すると相対的に関心は低い。これは序章で示した対象事象に対する各人の認知・評価への動機づけや，能力水準の相対的な低さに表れる。関心の低い対象事象において，人々はどのような要因を判断材料や手がかりとして，森林ボランティア参加の是非を決定したり，森林環境税制度を評価するのかを明らかにする。これらに基づき，森林への人々の働きかけを高める方策である森林ボランティア活動と森林環境税制度に対する，住民の関わり向上に向けたしくみや制度を検討する。住民の森林への関心や関わり向上が，森林・林業への新たな投資や人材の呼び込み，森林資源の需要拡大の基盤となる。

(2) 研究対象

　2009年3月，ネットリサーチ会社が保有するリサーチ専用パネルを対象に，質問票調査を実施した。対象は，2005～2006年の同時期において，森林環境税が導入された6県（福島県，静岡県，滋賀県，山口県，愛媛県，熊本県）それぞれ25歳～79歳の250名の計1500名とした。250名の内訳は，2005年の国勢調査結果をもとに，各県の性別・年代比率を基にサンプル数を設定した。回答者の属性は，男性722名・女性778名，20代130名・30代281名・40代265名・50代以上824名となった。

　サンプルの選定プロセスであるが，2009年3月時点での森林環境税の影響を分析するため，税導入後ある程度の期間が経過し，その経過時間が同じ長さになるように，2005～2006年の同時期に森林環境税が導入された地域をまずは候補とした。そして，第7章で県別の森林環境税の効果の違いを検証するため，表ii-4のように税額，税収使途が異なるこの6県を選定とした。さらに，第10章で森林環境税の検討プロセスの検証を行うために，2005～2006年の導入前時点での20歳以上を対象とすることから，2009年時点での25歳以上をサンプルとして設定した。

表ii-4　各県の森林環境税の創設年度，税額，主な税収使途

県	創設年度	税額（年額・個人）	県民意識醸成，情報提供・教育，体験，住民参加の組織作り	グリーンツーリズム等森の多面的利用推進事業	上下流連携森林整備促進・交流学習促進事業	ボランティア育成・活動支援，活動の場の提供
福島県	2006	1,000円	○	—	○	○
静岡県	2006	400円	—	—	—	—
滋賀県	2006	800円	○	—	—	○
山口県	2005	500円	○	—	—	—
愛媛県	2005	500円	○	—	—	○
熊本県	2005	500円	○	—	○	○

資料：Bespyatko・井村（2008）より作成。

第6章

地域への愛着と身近な他者とのつながりの森林ボランティア活動への影響

1. 集団での環境配慮行動の規定要因

　集団での環境配慮行動の規定要因を明らかにする研究は，第1章からの再掲となるが，広瀬（1995）のモデル（図6-1）や三阪（2003）のモデル（図6-2），さらにこれを改良したモデルに基づき行われている。

　広瀬（1993）は，ボランティアグループが行うリサイクル活動への協力要因を，個人の態度ではなく，個人がつながる社会的ネットワークを通じた対人的働きかけが大きいとした。さらに，安藤・広瀬（1999），青柳（2001），安藤他（2005）らも，個人と集団での環境配慮行動の規定要因の違いに言及している。

　野波他（2002a）は，環境配慮行動を個人と集団での行動に区分し，広瀬（1995）などの社会心理学的な合理的意思決定過程だけでなく，環境社会学の

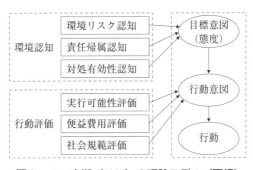

図6-1　広瀬（1995）の理論モデル（再掲）

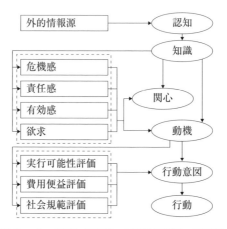

図6－2　三阪（2003）の理論モデル（再掲）

観点から，地域（資源）への愛着を基盤とした情動的意思決定過程との2側面から，集団での環境配慮行動としての環境ボランティアへの参加要因を分析している（図6－3）。

同様に，加藤他（2004）は，広瀬（1995）の合理的要因を考慮しつつも，特定の「環境問題」それ自体の解決だけでなく，自己の地域を守りたいという「地域環境」の保全に係る意識・態度が，環境団体への参加などの環境配慮行動を促すとして，地域への帰属意識や愛着などの情緒的要因をモデルに組み込んだ分析を行っている。

この地域への愛着は，地域づくり活動への協力の規定要因になると指摘されている（Brown et al., 2003）。また，地域防災分野においても，地域の自治体活動へのコミットや近所の人との付き合いなど，防災に限らない一般的なコミュニティに対する意識が，地域防災活動の行動意図に影響を与えることが実証されている（元吉他，2008）。

ただし，野波他（2002a, 2002b），加藤他（2004），元吉他（2008）などでは，Ajzen and Fishbein（1977）や広瀬（1995）などの合理的要因に加えて，地域への愛着や他者とのつながりが環境ボランティアや地域防災活動への参加要因の1つであることを実証しているが，これらの間の関係性は概念モデルでは考慮されておらず，別の意思決定の要因やプロセスとして扱われている。例

第6章　地域への愛着と身近な他者とのつながりの森林ボランティア活動への影響　149

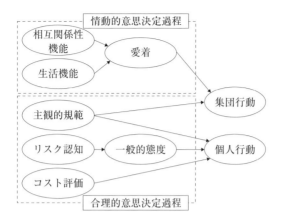

図6－3　野波他（2002a）の理論モデル

えば，野波他（2002a）は，図6－3の［一般的態度］はリスク顕在化を契機に形成され，［愛着］はリスク顕在化以前から形成されているという発生経緯の違いがあるとして，2つの異なる意思決定過程からなるモデルで分析を行っている。

　ここで，図6－3の［一般的態度］は，図6－1の広瀬（1995）の［目標意図（態度）］に対応する。そして，この［目標意図（態度）］に影響を与える地域の環境問題に係る［環境認知］は，環境問題の深刻さへの危機感である［環境リスク認知］，個人の環境問題への責任感である［責任帰属認知］，行動すれば環境問題が解決できるという有効感である［対処有効性認知］から形成されている。これらは，地域への愛着があってこそ生じる心理的要因であるといえる。［愛着］が全くなければ，地域の環境問題をリスクや自らの責任として認識・評価できず，［環境認知］を通じることでの［一般的態度］は形成されない。したがって，野波他（2002a）の図6－3においても，「愛着→一般的態度」の関係性が想起され，これを検証する必要がある。実際，考察されていないが，野波他（2002a）の分析結果では［愛着］と［一般的態度］の相関は高い。また，加藤他（2004）も，分析の結果，合理的要因と情緒的要因の相互関係の高さを示している。つまり，野波他（2002a，2002b），加藤他（2004）で示されている合理的要因と情緒的要因は，別の意思決定の要因やプロセスでは

なく，合理的要因の背景あるいは影響を与える要素としても情緒的要因が位置し，集団での環境配慮行動の規定要因として機能すると想定される。

　本章では，住民参加の森林ボランティア活動による森林資源管理の推進において，社会心理学を中心とした研究蓄積に基づく合理的要因とともに，地域への愛着や身近な他者とのつながりなどの情緒的要因として表現されている要因が貢献するか，さらにこの情緒的要因が合理的要因に影響を与えるかを明らかにできるモデルを設計し，その妥当性を検証する。これにより，地域資源管理の推進における地域への愛着や身近な他者とのつながりの重要性の指摘のみに留まらず，人間の合理的判断に基づく環境配慮行動の意思決定プロセスに影響を与えるという視点からのこれらの重要性を示すことができる。そして，これらの醸成を目的とする地域政策推進の根拠として，より一層の妥当性を付与できる。

2．研究の方法

2.1　理論モデルの設定

　前述した広瀬（1995）と野波他（2002a）のモデル（図6-1，図6-3），そして，三阪（2003）のモデル（図6-2）の3つのモデルを改良し，本章での理論モデル（仮説モデル）を図6-4のように設定する。

　三阪（2003）のモデル（図6-2）では，図6-1の［目標意図（態度）］が［関心］と［動機］に細分化されている。本章のモデルである図6-4では，図6-2と同様に，まず［関心］をある対象に関心や興味を示している段階とした。次に，図6-2の動機にあたる段階を［態度］と命名し，ある対象に対して何らかの関わりを持ちたいという目的意識を有している段階とした。

　次に，図6-1，図6-2での［行動意図］は，ある対象に対する具体的な行動の意思決定を行う段階である。そして，［行動意図］が形成されれば自動的に［行動］がなされるという「行動意図→行動」という関係が設定されている。行動を決定すること＝行動を実施したこと，というモデル構造である。図6-4では，これら段階に対応するものとして［集団行動］を設定した。これ

第6章　地域への愛着と身近な他者とのつながりの森林ボランティア活動への影響　151

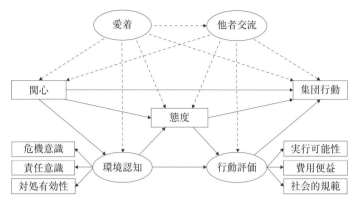

図6－4　本章の理論モデル

は森林ボランティア活動参加に係る意思決定を行い，意図した行動の実行状況を示すものとなる。

　この［態度］と［集団行動］には，図6－1，図6－2を踏まえると，［環境認知］と［行動評価］それぞれが影響を与える。また図6－2より，［態度］自体も［行動評価］に影響を与える。さらに，［関心］があることで［環境認知］が生じることから，図6－2での認知・知識と環境認知の関係も踏まえて，「関心→環境認知」のパスも設定する。なお，広瀬（1995）と同様に，［環境認知］は前節で示した3つの環境認知（環境リスク認知，責任帰属認知，対処有効性認知）から形成され，［行動評価］は環境配慮行動の制約や容易さである［実行可能性］，環境配慮行動に係る負担感である［費用便益］，準拠集団の規範や期待である［社会的規範］から形成される。

　また，地域への愛着やコミュニティ活動として，［愛着］と［他者交流］を設定し，［関心］，［態度］，［集団行動］に影響を与えると想定とした。図6－2の外的情報源，認知，知識にあるように，［関心］の醸成段階にも地域に係る知識・情報が影響を与えると考えられる。なお，［愛着］は，Hidalgo and Hernandez（2001）を踏まえて，人と地域（資源）との絆や情緒的なつながりとし，［他者交流］は地域社会の一員としての身近な住民との具体的な交流とした。そして，地域への愛着という意識が，近所づきあいやコミュニティ活動という具体的な行動につながると想定して，「愛着→他者交流」のパスを設定

した。さらに，前節で示したように，森林管理に限らない一般的な地域への愛着が，［態度］を喚起する［環境認知］を生じさせると想定し，「愛着→環境認知」のパスを設定した。また，コミュニティ活動への積極性である他者交流が，［集団行動］を促す［行動評価］に影響を与えると想定し，「他者交流→行動評価」のパスを設定した。

　これより，図6－4は，社会心理学の観点からの合理的要因（［環境認知］，［行動評価］），および環境社会学の観点からの情緒的要因（［愛着］，［他者交流］）が，「関心喚起→態度形成→集団での環境配慮行動」という意思決定プロセスに影響を与える理論モデルとなっている。加えて，情緒的要因が合理的要因に与える影響を考察できるモデルでもある。

2.2　分析手法

　質問票調査で把握した図6－4の理論モデルの構成要素の関係性を，共分散構造分析により明らかにする。

　三阪・小池（2006）は図6－2，野波他（2002a, 2002b）は図6－3のモデルの構成要素の関係性について，重回帰分析の繰り返しによるパス解析により分析を行っている。ただし，この手法ではモデル全体の適合度は測定されず，総体的な因果構造の妥当性の評価はできない。また，元吉他（2008）の相関分析や重回帰分析では，2変数間の関係性しか明らかにされず，因果構造までは把握できない。したがって，図6－4の多変数からなる構造を明らかにするために，本章では加藤他（2004）と同様に共分散構造分析を用いる。

2.3　モデルの構成要素

　図6－4の理論モデルの構成要素を質問票調査項目に設定し，他既往研究での回答様式を踏まえ，「非常にそう思う」～「全くそう思わない」の6件法（6～1）で測定した（表6－1）。［関心］，［態度］，［集団行動］では，それぞれ「地域の森林の保全や有効活用への関心があるか」，「ボランティア活動等への参加により地域の森林を保全したいか」，「ボランティア活動等による地域の森林保全活動によく参加するか」を6件法で測定した。結果，図6－5のように，環境省（2008）などで指摘されているような［関心］，［態度］，［集団行

第6章 地域への愛着と身近な他者とのつながりの森林ボランティア活動への影響 153

表6−1 モデルの構成要素の記述統計（N＝1500）

要素		設問文	mean	SD
関心		地域の森林の保全や有効活用に関心がある	3.25	(1.34)
態度		ボランティア活動等への参加により地域の森林を保全したい	3.04	(1.25)
集団行動		ボランティア活動等による地域の森林保全活動によく参加する	2.03	(1.12)
環境認知	危機意識	地域の森林は深刻な状況にある	3.64	(1.31)
	責任意識	地域の森林荒廃に対しては，自分にも責任がある	3.21	(1.23)
	対処有効性	ボランティア活動等による地域の森林保全活動は，地域の森林保全に有効である	3.74	(1.25)
行動評価	実行可能性	ボランティア活動等による地域の森林保全活動に参加できるだけの知識や技能がある	2.24	(1.18)
	費用便益※	ボランティア活動等による地域の森林保全活動への参加は，手間や時間がかかり面倒である	3.49	(1.22)
	社会的規範	ボランティア活動等による地域の森林保全活動への参加を，近所や学校，職場の人から期待されている	2.29	(1.17)
愛着	誇り	今住んでいる地域の自然や景色に誇りを持っている	4.03	(1.13)
	定住意向	今住んでいる地域に愛着があり，定住意向が強い	4.04	(1.31)
他者交流	近所交流	近所との付き合いは多い	3.37	(1.27)
	イベント	今住んでいる地域のお祭りやイベントによく参加する	3.13	(1.34)
	地縁活動	地縁活動（自治会，町内会，婦人会，老人会，青年団，子ども会など）によく参加する	2.95	(1.38)

注：［費用便益］は逆転項目として，「手間や時間はかからない・面倒ではない」としての値に変換。

動］の乖離が示された。加えて，森林や森林ボランティア活動が関心の低いテーマであることが確認された。

また，［環境認知］，［行動評価］，［愛着］，［他者交流］については，それぞれが多面的な要素から構成されており，以下に示すような下位の概念を設定して測定した。

2.3.1 環境認知

図6−4のモデルのとおり，［危機意識］，［責任意識］，［対処有効性］について，それぞれ「地域の森林は深刻な状況にある」，「地域の森林荒廃に対しては，自分にも責任がある」，「ボランティア活動等による地域の森林保全活動は，地域の森林保全に有効である」を6件法で測定した。ここで下位尺度の信頼性

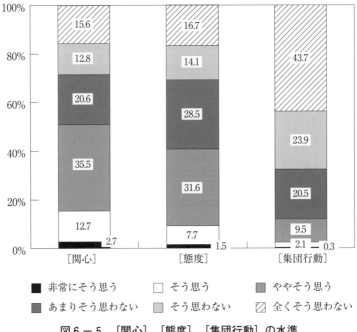

図6-5 [関心], [態度], [集団行動] の水準

の検証として，クロンバックα係数を算出したところ0.812と0.700を上回り，内的整合性が確認された。

2.3.2 行動評価

図6-4のモデルのとおり，[実行可能性]，[費用便益]，[社会的規範] について，それぞれ「ボランティア活動等による地域の森林保全活動に参加できるだけの知識や技能がある」，「ボランティア活動等による地域の森林保全活動への参加は，手間や時間がかかり面倒である」，「ボランティア活動等による地域の森林保全活動への参加を，近所や学校，職場の人から期待されている」を6件法で測定した。なお，[費用便益] は逆転項目である。クロンバックα係数は0.548と0.700を大きく下回った。この扱いは後述する。

2.3.3 愛着

Brown et al.（2003），Hidalgo and Hernandez（2001）らの地域への愛着の形成要素として示されている物質環境と社会環境の提示を踏まえ，物質環境としての地域の自然や景色などへの［誇り］と，地域の慣習や行政サービスなどの様々な社会環境に影響を受ける［定住意向］を設定した。そして，それぞれ「今住んでいる地域の自然や景色に誇りを持っている」，「今住んでいる地域に愛着があり，定住意向が強い」を6件法で測定した[1]。

2.3.4 他者交流

地域社会での交流として，近所づきあいや地域でのコミュニティ活動への参加状況などについて，［近所交流］，［イベント］，［地縁活動］を設定した。そして，それぞれ「近所との付き合いは多い」，「今住んでいる地域のお祭りやイベントによく参加する」，「地縁活動（自治会，町内会，婦人会，老人会，青年団，子ども会など）によく参加する」を6件法で測定した[2]。

3．分析結果

3.1 理論モデルの検証

表6－1のデータに基づき，図6－4の理論モデルを共分散構造分析により分析した。結果，［費用便益］のパス係数が小さく，モデルの適合度が低くなった。前述したクロンバックα係数の低さを踏まえると，［行動評価］の下位尺度として［費用便益］は適切ではなく，［行動評価］を［実行可能性］と［社会的規範］からなるものとし[3]，［費用便益］を独立させたモデルを再度設定し，分析を行った（図6－6）。

モデルでは識別性確保のため，潜在変数から観測変数へのパスで，それぞれ図上で最も上にあるパス係数を1に固定する制約を課し，最尤法により解を求

---

[1] クロンバックα係数は0.799となった。
[2] クロンバックα係数は0.891となった。
[3] ［実行可能性］と［社会的規範］でのクロンバックα係数は0.794となった。

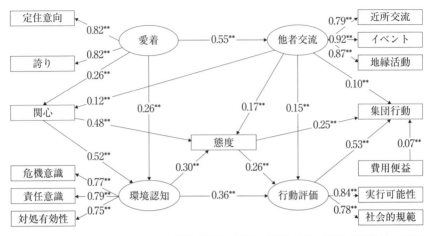

図6-6 理論モデルの分析結果

めた。また，図6-6では誤差変数，攪乱変数は省略して描画した。

　モデルの適合度はGFI＝0.946，AGFI＝0.906，CFI＝0.945，RMSEA＝0.079となり，十分な適合度を示した。また，潜在変数から下位概念の観測変数へのパスは全て有意であった（p＜0.01）。なお，「愛着→態度」，「愛着→集団行動」，「関心→集団行動」，「態度→費用便益」，「他者交流→費用便益」は統計的に有意とならなかった。

　標準化係数の大きさから，図6-4の理論モデルで想定したように，「関心→態度→集団行動」の関係が実証された。［関心］があることが直ちに［集団行動］に結びつくのではなく，中間項としての［態度］の醸成が必要なこと，そして，その［態度］に影響を与える［環境認知］と［他者交流］の重要性が示された。

　また，「関心→環境認知→態度→行動評価→集団行動」として，合理的要因である［環境認知］と［行動評価］の影響が検証された。加えて，「愛着→他者交流→集団行動」として，情緒的要因である［愛着］と［他者交流］の影響も実証された。さらに，「愛着→環境認知」，および「他者交流→行動評価」の関係が示された。

ここで，［愛着］から［環境認知］，および［他者交流］から［行動評価］にパスを設定しない場合のモデルを設定し，分析を行った。結果，モデルの適合度 はGFI＝0.936，AGFI＝0.893，CFI＝0.934，RMSEA＝0.086，AIC＝837.59となった。図6－6ではAIC＝720.53となり，「愛着→環境認知」および「他者交流→行動評価」にパスを設定した図6－6のモデルのほうが，GFI，AGFI，CFIが大きく，RMSEA，AICが小さくなり，モデルの適合度がより高くなる。したがって，図6－4の理論モデルで示した，合理的要因への情緒的要因の影響として，「愛着→環境認知」，「他者交流→行動評価」の妥当性は確認された。

3.2　各要素の［集団行動］への影響の検証

　［集団行動］に対する直接効果と間接効果の和である総合効果を表6－2に示した。直接効果は，図6－6でのそれぞれの要素から［集団行動］への直接のパス（標準化係数）で示される。間接効果は，それぞれの要素から［集団行動］へ間接的に繋がるパスを掛け合わせた数値の和である。

　表6－2より，総合効果は［行動評価］が最も大きく，［実行可能性］としての具体的な行動における知識・技能や，［社会的規範］としての周囲からの期待に基づく意識の高さが，森林ボランティア活動参加に最も大きな影響を与える。森林ボランティア活動は他者に見えやすい環境配慮行動である。活動団体である学校，職場，地域などの準拠集団における身近な他者の知識・情報や選好，圧力，期待に影響を受け，自らの評価・評判形成を気にかけるなどの影響が示唆される。

　一方，［愛着］，［他者交流］の総合効果は相対的に小さい。これは，図6－6にあるように，［愛着］は［集団行動］に統計的に有意な影響を直接与えておらず，また［他者交流］は［集団行動］への直接効果が小さいことに拠る。これより，一般的な地域への愛着やコミュニティ関係が，直接，森林ボランティア活動への参加を強く促しているわけではない。特に，［愛着］は［態度］

表6－2　［集団行動］に係る標準化総合効果

関心	態度	環境認知	行動評価	費用便益	愛着	他者交流
0.38	0.38	0.31	0.53	0.07	0.25	0.29

へのパスも有意ではなく，地域への愛着があっても，直接，森林ボランティア活動参加への意欲の醸成にも繋がらない。また［費用便益］の影響も小さい。

4．地域への愛着に基づく身近な他者との交流向上に係る考察

　本章では，森林ボランティア活動への参加という，集団での環境配慮行動の意思決定プロセスに係る理論モデルを検証した。結果，図6－6のように，「関心→態度→集団行動」の関係が確認され，これに影響を与える要素として，［環境認知］，［行動評価］，［愛着］，［他者交流］の機能が確認された。
　そして，総合効果の考察より，［行動評価］（［実行可能性］，［社会的規範］）が森林ボランティア活動参加に最も大きな影響を与えていることが示された。地域政策の観点に立つと，森林ボランティア活動に関する具体的な知識・技能向上に向けた体験型の環境教育や，これを支援する各種政策の必要性が指摘できる。加えて，近所，学校，職場などの準拠集団，さらには地域社会全体での森林保全や森林ボランティア活動の必要性や期待感向上につながる意識啓発などが求められる。
　一方，［愛着］，［他者交流］も森林ボランティア活動参加の要因となるが，その影響は相対的に小さく，特に，［愛着］はその意欲の醸成にも直接には繋がっていない。これは，個人内部での地域への愛着という意識が，直接，森林ボランティア活動につながるのではなく，地域への愛着に基づくコミュニティ活動への積極的な参加による地域社会での他者との交流向上が，森林ボランティア活動参加を促進するというプロセスを経るためである。個人的な地域への愛着だけでなく，それを基にした日常からの他者との交流が，集団での環境配慮行動につながる。
　個人の環境配慮行動と異なり，他者との交流や集団での環境配慮行動には，他者との関わりが自己の利益を損なうかもしれないという不確実性が存在するため，他者への信頼も意思決定に影響を与えると想定される。信頼の機能については後の章で検討するが，菊池（2007）が，信頼はネットワークが構成される際のフォーカルポイントの結節剤としての機能を持つと指摘するように，他者との関わりにおける信頼の重要性が示唆される。

ここで，この［愛着］を基に生じる［他者交流］は，前述した［行動評価］にも影響を与えることも確認された。これより，森林ボランティア活動に関する知識・技能（実行可能性）や周囲の期待（社会的規範）は，地域社会やコミュニティ活動での他人との交流を通じながら獲得・形成されることもあるといえる。これより，一般的な地域への愛着や他者とのつながりの醸成，およびコミュニティ活動の活性化に向けた取組みは，「愛着→他者交流→集団行動」のプロセスに基づいて森林ボランティア活動参加を促進することに加え，森林ボランティア活動に関する知識・技能や周囲の期待を向上させる効果からも，その必要性が指摘できる。

　森林ボランティア活動の活性化に向けては，その参加に係る知識・技能向上に向けた体験型の環境教育や，地域社会全体での森林保全や森林ボランティア活動への意識啓発が求められる。そして，これらの背景となる，そもそもの地域への愛着や他者とのつながりの醸成，およびコミュニティ活動の活性化に向けた取組みが必要となる。また逆に，地域への愛着や他者とのつながりの醸成を目指す地域の各種政策推進の根拠として，森林ボランティア活動に関する知識・技能の向上や参加促進による地域の資源管理の推進，という目的も掲げることができる。

第7章

森林環境税制度の森林ボランティア活動への影響

1．フォーマルな制度のソフト事業における政策効果

　森林環境税に関する研究動向は，川勝（2009）で整理されているように，課税根拠や制度設計，政策決定過程という制度づくり段階に焦点を当てた研究が多い。その一方で，青木・桂木（2008）は森林環境税に基づくハード事業による政策効果の試算を行っている[1]。税収の大半は，森林の公益的機能の維持・回復に直接貢献するハード事業に用いられており，その政策効果の分析は重要ではあるが，制度継続にも関わる住民の理解促進や住民参加につながるソフト事業の政策効果の分析もあわせて求められる。これは，植田（2003）の示す，住民の森林への関心喚起や森林のマネジメントへの具体的参加に係る議論や実践までの住民参加を保障する「参加型税制」や，松下他（2004）の「社会関係資本への投資としての地方環境税」の効果分析として，ソフト事業による住民の森林への関心喚起や関わり向上，森林ボランティア活動の活発化への貢献の評価を行うことにも関わる。
　第6章では地域への愛着と身近な他者とのつながりの森林ボランティア活動への影響を分析したが，本章ではフォーマルな制度である森林環境税制度の影響を分析する。具体的には，森林環境税の影響による，県別の森林ボランティア活動への参加状況の違いを明らかにできるモデルを設計し，これを県別に分

---

[1] 吉田（2003）では，森林環境税の税額設定等のために支払意思額（WTP；Willingness To Pay）を推計している。

析する．これにより，森林環境税の影響による，県別の森林ボランティア活動の意思決定に係る構成要素の水準，および意思決定プロセスの違いを検証する．

2．研究の方法

2.1 理論モデルの設定

　前章で示した広瀬（1995）と三阪（2003）のモデルをもとに，森林環境税の森林ボランティア活動への影響を明らかにするため，本章での理論モデル（仮説モデル）を図7－1のように設定する．なお，本章では，前章で「関心→行動」の直接のパスが有意にならなかったことを踏まえて，「関心→態度→集団行動」というモデル設計とした．さらに前章と同様に，［関心］はある対象に関心や興味を示している段階，［態度］はある対象に対して何らかの関わりを持ちたいという目的意識を有している段階，［集団行動］はある対象に対する具体的な行動の意思決定を行い，意図された行動が実行に移された段階とする．

　また，これら各要素に対する森林環境税の影響として，森林環境税により［関心］が喚起された状況を［関心喚起］，［態度］が喚起された状況を［態度喚起］，［集団行動］が喚起された状況を［行動喚起］として設定した．さらに，これら3要素は無関係でなく，森林環境税の内部関係としての「関心喚起→態度喚起→行動喚起」の関係性も仮定した．

　さらに，森林環境税による［関心喚起］の前段階として，森林環境税の認知の必要性があるため，三阪（2003）のモデルの「認知→知識」のプロセスを統合して［制度知識］とし，村上（2008）の分析結果を踏まえ，「制度知識→関心喚起」の関係性を仮定した．

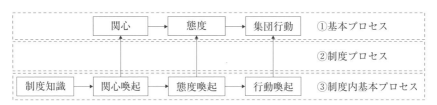

図7－1　本章の理論モデル

表7－1 各県の森林環境税の概要（税収を用いた住民参加事業の状況）［再掲］

県	創設年度	税額（年額・個人）	県民意識醸成,情報提供・教育,体験,住民参加の組織作り	グリーンツーリズム等森の多面的利用推進事業	上下流連携森林整備促進・交流学習促進事業	ボランティア育成・活動支援,活動の場の提供
福島県	2006	1,000円	○	—	○	○
静岡県	2006	400円	—	—	—	—
滋賀県	2006	800円	○	—	—	○
山口県	2005	500円	○	—	—	○
愛媛県	2005	500円	○	—	—	○
熊本県	2005	500円	○	—	○	○

資料：Bespyatko・井村（2008）より作成。

これより，図7－1は，森林環境税（［関心喚起］，［態度喚起］，［行動喚起］）が，「関心→態度→集団行動」という意思決定プロセスに影響を与える理論モデルとなっている。なお，分析結果のわかりやすい表示および説明のため，上述の内容を，図7－1に示すように，①基本プロセス，②制度プロセス，③制度内基本プロセスと表現した。

分析対象とする各県の森林環境税制度の概要は表7－1のとおりである。第Ⅱ部導入部「ⅰ．森林への人間の働きかけ低下に係る対応」で示したように，税収を用いた住民と森林所有者・経営者の交流に基づく住民参加の森づくりとして，県民意識醸成，森林ボランティア育成・活動支援などが実施されている。なお，静岡県ではこれら住民参加事業への支出は意図されていないことが特徴としてあげられる。

2.2 分析手法

まず，次項に示す質問票調査で把握する図7－1の森林ボランティア活動への参加としての［集団行動］に係る要素の平均の差を，県別に一元配置分散分析により検証する。次に，その差の要因を明らかにするため，共分散構造分析での多母集団同時分析により，県別に図7－1の因果構造の検証およびパス係数の違いを考察する。つまり，これら2段階の分析により，図7－1における県別の森林ボランティア活動参加の意思決定に係る構成要素の水準，および意思決定プロセスの違いを，森林環境税の影響を踏まえて検証する。

2.3 モデルの構成要素

　図7－1の理論モデルの構成要素を質問票調査項目に設定し，6件法で測定した（表7－2）。

　［関心］，［態度］，［集団行動］では，それぞれ「地域の森林の保全や有効活用への関心があるか」，「ボランティア活動等への参加により地域の森林を保全したいか」，「ボランティア活動等による地域の森林保全活動によく参加するか」について，「非常にそう思う」～「全くそう思わない」の6件法で測定した。

　また，［関心喚起］，［態度喚起］，［行動喚起］では，それぞれ「森林環境税導入後，地域の森林への関心が高まったか」，「森林環境税導入後，ボランティア活動等への参加により地域の森林を保全したいとの意識が高まったか」，「森林環境税導入後，ボランティア活動等による地域の森林保全活動への参加回数が増えたか」について，前述の6件法で測定した。

　［制度知識］は，「森林環境税の名称」，「森林環境税の導入時期」，「森林環境税が徴収されていること」，「森林環境税の税額」，「森林環境税の徴収方法」，「森林環境税の使い道」，「森林環境税による住民参加型事業」の7項目について，「よく知っている（よく知っていた）」～「全く知らない（全く知らなかった）」の6件法で測定した。そして，これらのクロンバックのα係数が0.97と0.70を上回ったため，これらを合成し加算平均値を表7－2に示した。なお，

表7－2　モデルの構成要素の記述統計（N＝1500）

要素	設問文	mean	SD
関心	地域の森林の保全や有効活用に関心がある	3.25	(1.34)
態度	ボランティア活動等への参加により地域の森林を保全したい	3.03	(1.25)
集団行動	ボランティア活動等による地域の森林保全活動によく参加する	2.03	(1.12)
関心喚起	森林環境税導入後，地域の森林への関心が高まった	2.17	(1.21)
態度喚起	森林環境税導入後，ボランティア活動等への参加により地域の森林を保全したいとの意識が高まった	2.11	(1.17)
行動喚起	森林環境税導入後，ボランティア活動等による地域の森林保全活動への参加回数が増えた	1.87	(1.03)
制度知識	森林環境税の名称，導入時期，徴収自体，税額，徴収方法，使い道，住民参加型事業の認知度	1.60	(1.06)

［制度知識］は上述した7項目での詳細な知識に係る平均値であるため，［関心喚起］などに比べて値は低くなった。

3．分析結果

3.1　［集団行動］に係る要素の平均の違い

　県別の記述統計を表7－3に示した。［関心］，［態度］，［集団行動］，［行動喚起］は熊本県が最も高く，［関心喚起］，［態度喚起］，［制度知識］は山口県が最も高くなった。逆に，［関心］，［態度］，［態度喚起］は滋賀県が最も低く，［集団行動］，［行動喚起］，［制度知識］は静岡県が最も低くなり，［関心喚起］は滋賀県および静岡県が同値で最も低くなった。

　次に，県別の平均の差を一元配置分散分析により検証した（表7－4）。結果，［集団行動］および［制度知識］において，統計的な有意差（$p<0.01$）がみられた。そして，［集団行動］に関して，Bonferroni法による多重比較を行うと，熊本県と静岡県，および熊本県と滋賀県に有意な差が見られた。また，［制度知識］では，表7－3から山口県の［制度知識］が他県と比較して高いことから予見できるように，Bonferroni法による多重比較で，山口県と他5県全てとの間に有意な差（山口県と熊本県は$p<0.05$，その他4県は$p<0.01$）がみられた。

　［制度知識］の差は，森林環境税に係る情報提供や検討への参加機会の違いが要因の1つとして想定される。質問票調査では，別途，森林環境税導入前の

表7－3　記述統計（各県）

	福島県		静岡県		滋賀県		山口県		愛媛県		熊本県	
	mean	SD	mean	SD	mean	SD	mean	SD	mean	SD	mean	SD
関心	3.34	(1.31)	3.19	(1.42)	3.15	(1.34)	3.18	(1.31)	3.22	(1.35)	3.43	(1.31)
態度	3.08	(1.25)	2.95	(1.24)	2.92	(1.24)	3.08	(1.27)	3.07	(1.26)	3.14	(1.23)
集団行動	2.10	(1.15)	1.88	(1.05)	1.88	(1.07)	2.09	(1.18)	2.09	(1.10)	2.18	(1.17)
関心喚起	2.21	(1.22)	2.09	(1.17)	2.09	(1.27)	2.26	(1.23)	2.16	(1.16)	2.21	(1.19)
態度喚起	2.14	(1.16)	2.01	(1.13)	1.99	(1.18)	2.18	(1.21)	2.15	(1.14)	2.18	(1.17)
行動喚起	1.87	(1.04)	1.76	(0.95)	1.80	(1.04)	1.88	(1.04)	1.93	(1.00)	1.97	(1.09)
制度知識	1.58	(1.08)	1.44	(0.82)	1.50	(1.01)	1.93	(1.34)	1.56	(0.96)	1.61	(1.01)

第7章　森林環境税制度の森林ボランティア活動への影響　165

表7-4　平均の差の検定

	F値
関心	1.60
態度	1.24
集団行動	3.15 **
関心喚起	0.81
態度喚起	1.33
行動喚起	1.39
制度知識	6.61 **

注：**p＜0.01，*p＜0.05。

表7-5　各県の森林環境税導入前における情報提供と検討プロセスへの参加・意見機会

	福島県		静岡県		滋賀県		山口県		愛媛県		熊本県	
	mean	SD	mean	SD	mean	SD	mean	SD	mean	SD	mean	SD
広報・HPでの情報提供[a]	2.12	(1.28)	2.03	(1.16)	2.02	(1.30)	2.20	(1.28)	2.22	(1.32)	2.22	(1.36)
説明会等での情報提供[b]	2.06	(1.23)	1.96	(1.09)	1.96	(1.26)	2.12	(1.22)	2.19	(1.25)	2.18	(1.31)
パブコメへの参加・意見機会[c]	2.06	(1.22)	1.96	(1.13)	1.94	(1.28)	2.10	(1.21)	2.11	(1.20)	2.13	(1.27)
説明会等への参加・意見機会[d]	2.06	(1.20)	1.97	(1.15)	1.95	(1.28)	2.11	(1.24)	2.11	(1.21)	2.12	(1.26)

注： a ）「森林環境税導入前の検討プロセスにおいて，広報やホームページ等による情報開示は十分であったか」
　　 b ）「森林環境税導入前の検討プロセスにおいて，フォーラムや説明会，セミナー等による情報開示は十分であったか」
　　 c ）「森林環境税導入前の検討プロセスにおいて，パブリックコメント等で自由に参加でき意見できる機会は十分であったか」
　　 d ）「森林環境税導入前の検討プロセスにおいて，フォーラムやセミナー等で自由に参加でき意見できる機会は十分であったか」

　検討プロセスにおいて，表7-5に示した設問について，「非常にそう思う」〜「全くそう思わない」の6件法（6〜1），および「わからない・覚えていない」（0）で測定した。

　［制度知識］には，森林環境税導入後の広報等の影響も大きいこともあり，必ずしも表7-5のみで確定的なことは言えないが，表7-3での静岡県と滋賀県の［制度知識］の低さは，表7-5での静岡県と滋賀県の森林環境税導入前の情報提供，および検討の参加機会における相対的な値の低さの影響が少なからずあるものと推測される。

　次項から，［集団行動］で有意差のあった熊本県，静岡県，滋賀県を対象として，これらの差の要因を明らかにする。

3.2 理論モデルの検証

　共分散構造分析により，最尤法を用いて県別に多母集団同時分析を行った。図7-2は熊本県の分析結果であり，誤差変数の記載は省略した。また，表7-6では静岡県と滋賀県の分析結果もあわせて示した。

　モデルの適合度はGFI＝0.967，AGFI＝0.930，CFI＝0.984，RMSEA＝0.043となり，十分な適合度を示した。また，いずれの県においても全てのパスは有意であり（p＜0.01），図7-1の理論モデルは多母集団同時分析においても検証された。

　これより，3県ともに，「関心→態度→集団行動」という森林ボランティア活動への参加に係る基本プロセスが確認された。加えて，各県の森林環境税の影響としての［関心喚起］，［態度喚起］，［行動喚起］は，それぞれ［関心］，［態度］，［集団行動］にプラスの影響を与えることで，森林ボランティア活

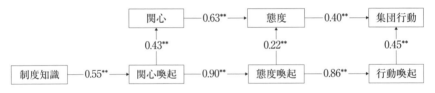

GFI=0.967，AGFI=0.930，CFI=0.984，RMSEA=0.043

注：**p＜0.01，*p＜0.05。係数は全て標準化解。誤差変数は省略して描画。

図7-2　理論モデルの分析結果（熊本県）

表7-6　分析結果（3県）

	静岡県	滋賀県	熊本県
関心→態度	0.61 **	0.59 **	0.63 **
態度→集団行動	0.27 **	0.24 **	0.40 **
関心喚起→関心	0.34 **	0.41 **	0.43 **
態度喚起→態度	0.23 **	0.28 **	0.22 **
行動喚起→集団行動	0.57 **	0.66 **	0.45 **
制度知識→関心喚起	0.41 **	0.45 **	0.55 **
関心喚起→態度喚起	0.82 **	0.83 **	0.90 **
態度喚起→行動喚起	0.81 **	0.90 **	0.86 **

注：**p＜0.01，*p＜0.05。係数は全て標準化解。

参加を促進していることが示された。

3.3 ［集団行動］に係るパス係数の違い

次に，3県のパス係数の差を検証した（表7－7）。加えて，［集団行動］に対する直接効果と間接効果の和である総合効果（標準化）を表7－8に示した。直接効果は，図7－2の各要素から［集団行動］への直接のパス係数で示される。間接効果は，それぞれの要素から［集団行動］へ間接的に繋がるパス係数を掛け合わせた数値の和である。

3.3.1 基本プロセスの分析結果

①基本プロセスに関して，表7－6より，「関心→態度」および「態度→集団行動」のパス係数は熊本県が大きく（0.63，0.40），特に「態度→集団行動」で，静岡県および滋賀県それぞれに対して有意な差がある（表7－7）。また，

表7－7　パス係数の差の検定（z値）

	熊本県－静岡県	熊本県－滋賀県
関心→態度	0.97	0.72
態度→集団行動	2.39 *	2.80 **
関心喚起→関心	0.74	0.49
態度喚起→態度	－0.25	－0.91
行動喚起→集団行動	－1.90	－2.79 **
制度知識→関心喚起	0.66	0.88
関心喚起→態度喚起	2.08 *	2.48 *
態度喚起→行動喚起	2.68 **	－0.17

注：$**p<0.01$，$*p<0.05$。

表7－8　［集団行動］に係る標準化総合効果

	静岡県	滋賀県	熊本県
関心→集団行動	0.17	0.14	0.25
態度→集団行動	0.27	0.24	0.40
制度知識→集団行動	0.20	0.27	0.29
関心喚起→集団行動	0.49	0.61	0.53
態度喚起→集団行動	0.52	0.66	0.47
行動喚起→集団行動	0.57	0.66	0.45

表7－8の総合効果では,「関心→集団行動」および「態度→集団行動」は熊本県が他2県よりも大きい。これより,表7－3で示された［集団行動］の高い熊本県と,［集団行動］の低い静岡県および滋賀県では,「態度→集団行動」の大きさの違いが,3県の［集団行動］に有意な差をもたらしている要因の1つといえる。

3.3.2 制度プロセスの分析結果

②制度プロセスに関して,表7－6,表7－7より,有意な差はないが,「関心喚起→関心」は熊本県 (0.43),「態度喚起→態度」は滋賀県 (0.28) が高い。「行動喚起→集団行動」は滋賀県が高く (0.66),熊本県との間で有意な差がある。また,静岡県も有意な差はないが,「態度喚起→態度」,「行動喚起→集団行動」ともに熊本県よりも高い。また,表7－8の総合効果では,「制度知識→集団行動」は熊本県が高いが,「関心喚起→集団行動」,「態度喚起→集団行動」,「行動喚起→集団行動」はいずれも滋賀県が高い。これより,滋賀県は,表7－3で示されたように,［関心喚起］,［態度喚起］,［行動喚起］は低いものの,これらの総合効果は大きく,森林環境税によるこれらの変化が［集団行動］に与える影響力は,他2県よりも大きい。特に,有意な差のある「行動喚起→集団行動」における森林環境税の影響の大きさが,滋賀県の特徴といえる。

3.3.3 制度内基本プロセスの分析結果

③制度内基本プロセスに関して,表7－6,表7－7より,「制度知識→関心喚起」,「関心喚起→態度喚起」のパス係数は熊本県が大きく (0.55, 0.90),特に「関心喚起→態度喚起」で,静岡県および滋賀県それぞれに対して有意な差がある（表7－7）。これより,熊本県では,表7－6の「関心→態度」が大きいプロセスと同様の構造で,「関心喚起→態度喚起」,また「制度知識→関心喚起」が大きく,これが表7－3での［関心喚起］,［態度喚起］の高さに影響を与えている。その一方で,前述したように,表7－8の総合効果では,熊本県の「制度知識→集団行動」は他2県に比べて大きいが,それ以外の森林環境税の影響に関する総合効果は滋賀県よりも小さい。また,各県の中で最も大

きい総合効果は，静岡県が「行動喚起→集団行動」(0.66)，滋賀県が「態度喚起→集団行動」および「行動喚起→集団行動」(0.66)，熊本県が「関心喚起→集団行動」(0.53)であり，熊本県の森林環境税による［集団行動］への影響の大きさは，②制度プロセスで前述した「行動喚起→集団行動」の低さを受け，他2県よりも小さくなるといえる。

3.3.4　分析結果のまとめ

表7-3より，いずれの要素も熊本県が他の2県よりも大きいことを踏まえると，熊本県では，森林環境税そのものによる変化量である［関心喚起］，［態度喚起］，［行動喚起］は大きいが，［集団行動］の水準を高めるほどの影響力はなかったといえる。熊本県は，①基本プロセスとしての「関心→態度」および「態度→集団行動」のパス係数，および［関心］および［態度］の総合効果が他2県よりも高いことから，今後は，第6章で示した地域への愛着や他者交流などの森林環境税以外の要素の向上により，［関心］や［態度］を高めていくほうが，他2県と比べて相対的に［集団行動］への効果が大きくなる可能性がある。

逆に，滋賀県は，森林環境税の効果としての［関心喚起］，［態度喚起］，［行動喚起］は小さいが，［集団行動］の水準に与えるこれら森林環境税の影響力は大きい。したがって，今後，森林環境税により［関心喚起］，［態度喚起］，［行動喚起］を高めることで，［関心］や［態度］を高めていくほうが，熊本県と比べて相対的に［集団行動］への効果は大きくなる。滋賀県ではフォーマルな制度としての森林環境税制度，熊本県では地域への愛着や身近な他者とのつながりの強度を高めていくことが，森林ボランティア活動促進の効果が大きくなる。つまり，各県の間でフォーマルな制度の相対的な影響力に違いが存在する。このことは地域ごとに有効な資源管理の促進方策の違いを示唆する。

4．県別の森林環境税制度の影響力の考察

本章では，森林環境税の影響による，県別の森林ボランティア活動参加の意思決定に係る構成要素の水準の差を一元配置分散分析により明らかにし，その

要因としての森林ボランティア活動の意思決定モデルについての県別のパス係数の違いを，多母集団同時分析により検証した。

結果，「関心→態度→集団行動」という森林ボランティア活動参加に係るプロセスが確認されるとともに，各県の森林環境税の影響としての［関心喚起］，［態度喚起］，［行動喚起］は，それぞれ［関心］，［態度］，［集団行動］にプラスの影響を与えることで，森林ボランティア活動参加を促進していることが示された。

そして，［集団行動］水準において，熊本県は，静岡県および滋賀県と有意差があるほど高かったため，これら3県でその差の要因解明の分析を行った結果，「態度→集団行動」の大きさの違いが要因の1つとして示された。これを高めるためには，図7-2および第6章で示したように，実行可能性評価（環境配慮行動の制約や容易さ），社会的規範評価（準拠集団の規範や期待）を高める，つまり森林ボランティア活動に関する具体的な知識・技能向上に向けた体験型の環境教育や，近所，学校，職場などの準拠集団，さらには地域社会全体での森林保全や森林ボランティア活動の必要性や期待感向上につながる意識啓発などが求められる。特に熊本県ではそれらの身近な他者との交流に基づく取組みが有効となる。

一方，滋賀県では，森林環境税による変化量である［関心喚起］，［態度喚起］，［行動喚起］は小さいが，「行動喚起→集団行動」を中心として，［集団行動］水準を高めるこれら森林環境税の影響力は他2県よりも大きい。したがって，滋賀県では，森林保全に関する実践的で具体的な機会や場の提供の拡充等により，直接，［行動喚起］を高める方策を推進することが効果的となる[2]。

第6章では地域への愛着と身近な他者とのつながり，第7章ではフォーマルな制度である森林環境税制度の森林ボランティア活動の意思決定プロセスへの影響を明らかにした。第8章以降では，この森林ボランティア活動を促進する機能も有す森林環境税制度の評価に係る意思決定プロセスを明らかにする。

---

[2] ここでは，理論モデルの検証結果に基づく，森林環境税の影響等の違いの観点から，森林ボランティア活動の促進方策を示した。ただし，表7-1より，静岡県の森林環境税はそもそも住民参加事業推進を意図していないこともあり，［集団行動］への影響力の違いをもたらしている森林環境税の内容や，制度設計プロセスなどの政策面の差異に基づく更なる検討が今後必要となる。

第8章

分配的公正の森林環境税制度評価への影響

1. システマティック処理とヒューリスティック処理

　住民による森林環境税の必要性判断に関して，全ての住民が高い関心を持ち，完全な情報に基づいて合理的に制度を評価し，その必要性の是非を判断するプロセスを想定するのは現実的ではない。これは，序章で示したように，政策受容の判断場面に関わらず，人間には特定情報の処理に係る動機づけ，時間，能力等に限界があり，限定合理性（Simon, 1957）に基づく意思決定がなされることに拠る。そこでは，ヒューリスティックスが意思決定に影響を与えるものと考えられ，ヒューリスティック・システマティック・モデル（Heuristic Systematic Model。以下，HSM）を用いた分析が実施されている。

　ヒューリスティックに言及した政策受容に関する研究として，リスクコミュニケーション（吉川，2001；中谷内，2006），政策主体への信頼（Earle and Cvetkovich, 1995；Siegrist et al., 2000；山崎他，2008），そして本研究対象に近い公共事業評価（大渕，2005；藤井，2005；青木・鈴木，2005；青木・鈴木，2008；中谷内他，2010）などがあげられる。青木・鈴木（2005）は，これまでのヒューリスティックを考慮した研究は，意思決定に係る要因間の関係の考慮のなさや総合的視点の欠如のため，政策立案への応用が難しいと指摘している。これより，中谷内他（2010）での相関分析と重回帰分析による研究も同様の課題があるといえる。その上で青木・鈴木（2005）は，公共事業への賛否態度形成に係る総合的な意思決定プロセスの解明を，公共事業への関心の高低で二分

したグループごとに，共分散構造分析を用いて構造的な分析を行っている。

ただし，Prentice and Gerrig（1999）は，対象事象が現実か仮想のシナリオかの違いが，分析結果に異なる影響を与える可能性があると指摘している[1]。また，青木・鈴木（2005）や藤井（2005）も，シナリオ実験結果が現実的な妥当性を有すかについて，さらなる知見を重ねる必要があるとする。ここで，青木・鈴木（2005）は仮想の公共事業に係るシナリオ実験のため，被験者の公共事業への関心の高低区分自体の信頼性に欠け，分析結果の一般化には問題がある。また，藤井（2005）も仮想のシナリオ分析であるとともに，公共事業への関心水準の高低グループ別の分析は行われていない。他方，青木・鈴木（2008）では実際の公共事業を対象としているものの，サンプル数制約から共分散構造分析までは行われておらず，意思決定プロセスに係る要素間の関係や，総合的な構造の把握はなされていない。

一方，大渕（2005）では，仮想のシナリオではなく実際の公共事業を対象とした分析を行っている。ただし，ヒューリスティックな意思決定プロセスのみを分析対象としていること，また公共事業への関心の高低グループ別の分析は行われていないという課題がある。

これらより，被験者の対象事象への関心の高低を適切に区分するため，これを正しく判断できる現実の政策を対象とすること，そしてこの関心の高低の違いによる意思決定プロセスでのシステマティック処理とヒューリスティック処理の重みの違いを分析することが求められる。これらの分析により，実際の政策への応用に資する知見が得られる。

本章は，HSMに基づく既往研究の課題等を踏まえたうえで，実際に導入されている森林環境税制度の必要性判断に係る意思決定プロセスを考察できるようなモデルを設計し，質問票調査データを用いた共分散構造分析により，モデルの妥当性を検証する。加えて，このモデルを用いて，個人の制約条件の違いとしての対象事象への自己関連性の高低が，政策受容の意思決定プロセスに与

---

[1] CVM（Contingent Valuation Method；仮想評価法）やコンジョイント分析などの表明選好法でも，人は仮の問いには，仮の答えしか返さない，との批判がある（諸富他，2008）。また序章で示したように，Levitt and List（2007），三谷（2011），三谷・伊藤（2013），肥田野（2013）らは，実験室での仮想的な状況での実験結果についての外的妥当性（選好を統制する実験室実験が，現実の環境問題解決に役立つのか，実際の政策に使えるのか）の議論を行っている。

える影響の違いを検証する。なお本章では，第Ⅱ部導入部「ⅰ．森林への人間の働きかけ低下に係る対応」で示したように，まず資源の配分結果の公正さである「分配的公正」の森林環境税制度評価への影響を中心に考察する。

2．研究の方法

2.1　理論モデルの設定

　大渕（2005）は，政策評価に関する社会心理学分野の諸理論を整理し，政策の是非を自己の利害の観点から評価する自己利益説，国や社会全体のあり方としての社会的価値を強調する理論，行政への信頼を強調するヒューリスティック論[2]の3つを示している[3]。大渕（2005）では，これらのうち，行政への信頼が公共事業の評価に与える影響のみを分析しているが，本章ではこの3つの理論の要素を統合したモデルを図8－1のように設定し，分析を行う。

　図8－1の居住県の森林環境税制度の評価としての「森林環境税の必要性」（以下，［必要性］）の意思決定構造は，自己利益に対応する，森林環境税導入後の自身への効果としての「森林環境税の効果（個人）」（以下，［効果（個人）］），社会的価値に対応する，森林環境税導入後の地域社会への効果としての「森林環境税の効果（地域）」（以下，［効果（地域）］），ヒューリスティックに対応する，森林行政（県，市町村）への信頼としての「森林行政への信頼」（以下，［行政信頼］）から構成される。また，大渕（2005）では，公共事業の評価と公共事業への満足度の相関関係の強さが示されており，［効果（個人）］と［効果（地域）］が，「森林環境税の満足度」（以下，［満足度］）を規定する関係とした。この［効果（個人）］と［効果（地域）］が分配的公正の評価項目となる。

　これより，HSMに基づくシステマティック処理として，森林環境税導入後

---

[2]　大渕（2005）は，ヒューリスティックに関して，Chanley（2002）をもとに，「政策自体の内容的検討が困難な場合，人々はしばしば政策を提案する主体が信頼できるかどうかによってその是非を判断しようとする」（p.68）と述べる。
[3]　Sears and Funk（1991）も自己利益，社会全体の利益，原理原則に基づいた政策評価がなされるとする。

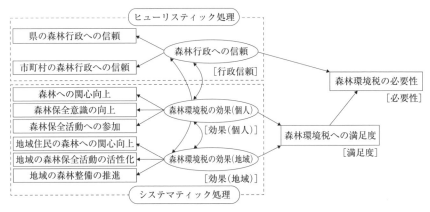

図8－1　本章の理論モデル

の自身ならびに地域社会への効果に係る情報を精査し，政策の満足度および必要性を判断する過程と，ヒューリスティック処理として，森林環境税に係る政策そのものではなく，県および市町村の森林行政全般への信頼の程度に基づき政策の必要性を判断する過程という，2つの意思決定過程からなる理論モデルを仮定した。

　ここで，Luhmann（1979）が信頼を「認知的けち（cognitive miser）」と呼び，情報処理の単純化のメカニズムとして捉えているのに対して，山岸（1998）は一般的信頼をより複雑な情報処理によりもたらされるものと位置付ける。山岸（1998）は，一般的信頼を，何も情報がないときの他者一般への信頼性であり，社会的知性と共進するものとする。ここで，序章でも示したように，Kahneman（2011）は，十分に予見可能な規則性を備えた環境であること，長時間にわたる訓練を通じてそうした規則性を学ぶ機会があることの2つの条件が満たされれば，システムI（ヒューリスティック処理）での直感はスキルとして習得でき，選好や行動の妥当性がある程度確保できるとする。社会的知性と共進する一般的信頼とは，経験や訓練に基づいた情報処理によりもたらされ，かつ正しい判断を導く可能性がある経験則としてのヒューリスティック処理といえる。

　ただし，本章での森林行政への信頼としての［行政信頼］は，山岸（1998）での一般的信頼ではなく，特定の相手の情報に基づく「情報依存的信頼」（山

岸，1998）に関わるものとなる。さらに具体的に言えば，特定のカテゴリーの人間についての情報に基づいた「カテゴリー的信頼」（山岸，1998）に関連する。序章で示した池田（2013）の制度信頼（フォーマルな制度を支えるルールや規則によるシステム的な安心と，制度の運営者である組織や担当者への対人的な信頼により構成）における，組織や担当者への対人的な信頼は，このカテゴリー的信頼にあたる。ここでの［行政信頼］の水準は，その運営組織・担当者に係る情報に基づいた対人的な信頼に加え，法律・条例などのルールや規則としてのシステム的な安心により，現実には評価される。

ただここで，第6～7章での質問票調査の記述統計で示したように，森林に係る意識や森林環境税の認知度の水準は低く，経験や規則性などのKahneman（2011）の2つの条件を満たさない。つまり，［行政信頼］としてのシステム的な安心と，対人的な信頼についての人々の認知水準は低いと想定される。したがって，序章で2区分したヒューリスティック処理において，［行政信頼］は単にコスト節約的に簡便な判断を行う，単純な直感に基づくヒューリスティックなプロセスと捉えるのが妥当といえる。

2.2 分析手法

まず，共分散構造分析により，図8－1の理論モデルの妥当性の検証を行う。なお，青木・鈴木（2005）で，事業主体への信頼と事業効果との関係性が分析結果から示されたため，［行政信頼］，［効果（個人）］，［効果（地域）］それぞれの間に共分散を設定し，分析を行う。

次に，自己関連性の高低の違いに基づく，意思決定プロセスに与える影響の違いの分析に関して，第6章のモデルの要素である地域の森林への関心水準と，地域の森林ボランティア活動への参加水準が異なるグループを設定し，多母集団同時分析を実施する。

2.3 モデルの構成要素

居住県の森林環境税を対象に，図8－1の理論モデルの構成要素を質問票調査項目に設定し，「非常にそう思う」～「全くそう思わない」の6件法で測定した（表8－1）。［必要性］は「森林環境税は必要である」，［満足度］は「森

表 8 − 1　モデルの構成要素の記述統計（N＝1500）

要素		設問文	mean	SD
必要性		森林環境税は必要である	3.11	(1.41)
満足度		森林環境税に満足している	2.48	(1.19)
行政信頼	県の森林行政への信頼	森林の保全や有効活用の取組みについて、あなたのお住まいの「県」は信頼できる	2.81	(1.17)
	市町村の森林行政への信頼	森林の保全や有効活用の取組みについて、あなたのお住まいの「市町村」は信頼できる	2.80	(1.16)
効果（個人）	森林への関心向上	森林環境税導入後、地域の森林への関心が高まった	2.17	(1.21)
	森林保全意識の向上	森林環境税導入後、ボランティア活動等への参加により地域の森林を保全したいとの意識が高まった	2.11	(1.17)
	森林保全活動への参加	森林環境税導入後、ボランティア活動等による地域の森林保全活動への参加回数が増えた	1.87	(1.03)
効果（地域）	地域住民の森林への関心向上	森林環境税により、住民の地域の森林への関心が高まっている	2.36	(1.16)
	地域の森林保全活動の活性化	森林環境税により、地域のボランティア活動等の森林保全活動が活発になっている	2.38	(1.15)
	地域の森林整備の推進	森林環境税により、地域の森林整備が進んでいる	2.38	(1.13)

林環境税に満足している」、[行政信頼] は「県（市町村）の森林の保全や有効活用に向けた取組みは信頼できる」について回答を求めた。なお、信頼概念にはBarber（1983）や山岸他（1995）での意図への信頼と能力への信頼の区別等があるが、堤（2004）の「信頼を構成する複数の要素（次元）のうち、特定の要素が強く作用する一方で、別の要素はあまり関連しない可能性がある」との指摘、およびモデルの複雑さ回避を踏まえ、本章では森林行政への包括的な信頼を [行政信頼] とした。

2.3.1　効果（個人）

　図 8 − 1 のモデルのとおり、[森林への関心向上]、[森林保全意識の向上]、[森林保全活動への参加] について、森林環境税導入後の自身への効果として、それぞれ「地域の森林への関心が高まった」、「ボランティア活動等への参加により地域の森林を保全したいとの意識が高まった」、「ボランティア活動等による地域の森林保全活動への参加回数が増えた」を 6 件法で測定した[4]。

---

[4]　各潜在変数の下位尺度の信頼性の検証として、クロンバックα係数を算出したところ、[効果（個人）] のクロンバックαは0.929、また [効果（地域）] のαは0.949、そして [信頼] のαは0.956と0.700を上回り、内的整合性が確認された。

2.3.2　効果（地域）

図8－1のモデルのとおり，［地域住民の森林への関心向上］，［地域の森林保全活動の活性化］，［地域の森林整備の推進］について，森林環境税導入後の地域社会への効果として，それぞれ「住民の地域の森林への関心が高まっている」，「地域のボランティア活動等の森林保全活動が活発になっている」，「地域の森林整備が進んでいる」を6件法で測定した。表8－1に示すように，効果（個人）よりも効果（地域）の水準が高く，森林環境税導入後の効果については，自分自身に関わる効果はあまり実感しておらず，他者や地域全体への効果を認識しているとの結果となっている。

3．理論モデルの検証結果

表8－1のデータに基づき，図8－1の理論モデルについて共分散構造分析を行った。モデルでは識別性確保のため，潜在変数から観測変数へのパスで，それぞれ図上で最も上にあるパス係数を1に固定する制約を課し，最尤法により解を求めた（図8－2）。

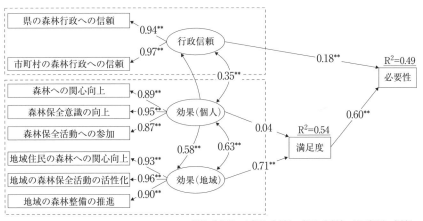

注：**p＜0.01，*p＜0.05。係数は全て標準化解。誤差変数，撹乱変数は省略して描画。
　　［行政信頼］，［効果（個人）］，［効果（地域）］それぞれの撹乱変数間に共分散を設定。

図8－2　理論モデルの分析結果

モデルの適合度はGFI＝0.957，AGFI＝0.921，CFI＝0.980，RMSEA＝0.081となり，十分な適合度を示した。また，［必要性］に係る決定係数R^2は0.49と一定の値を示すとともに，「効果（個人）→満足度」以外は，全てのパスは有意となった（$p<0.01$）。これらより，森林環境税の必要性は，図8－1の理論モデルで想定したように，森林行政（県，市町村）への信頼と，森林環境税への満足度で規定されることが実証された。

ここで，パス係数を比較すると，「行政信頼→必要性」(0.18)よりも「満足度→必要性」(0.60)が大きく（$z=11.147$，$p<0.01$），［満足度］が［行政信頼］よりも［必要性］の判断要因として大きいことが示された。これより，本研究対象の森林環境税制度は，相対的にヒューリスティック処理よりもシステマティック処理に重きが置かれ，その必要性が判断されたこととなる。また，［満足度］に係る決定係数R^2は0.54と一定の値を示すとともに，「効果（個人）→満足度」(0.04)よりも「効果（地域）→満足度」(0.71)が大きく，［効果（地域）］のほうが，［満足度］の規定要因として大きい。これらより，分配的公正の評価，特に［効果（地域）］が相対的に強い判断要因となった。

なお，［効果（地域）］と［効果（個人）］の共分散は0.63と高く，多重共線性の可能性が考えられたため，a）［効果（個人）］を削除したモデル，b）［効果（地域）］を削除したモデルそれぞれを分析した結果，a）ではAGFI＝0.905，RMSEA＝0.103，［満足度］の決定係数R^2は0.53，b）ではAGFI＝0.832，RMSEA＝0.152，［満足度］の決定係数R^2は0.24となった。これより，モデルの適合度は，a）およびb）よりも図8－2のモデルのAGFIは高く，RMSEAが低くなり，［効果（地域）］と［効果（個人）］いずれの要素も含む図8－2のモデルの妥当性が示された。

また，［満足度］の決定係数R^2の比較から，［効果（地域）］が［効果（個人）］より［満足度］の規定要因として大きいことが再度確認された。これより，［効果（個人）］は［満足度］との関係よりも，図8－2での［行政信頼］との共分散0.35の大きさから，［行政信頼］との関係性において相対的に強く機能する。つまり，森林環境税の効果としての個人的な関心や意識，行動水準の向上は，森林環境税への満足度向上ではなく，森林行政への信用向上に関連するものと推測され，この関係性において，図8－1および図8－2における

［効果（個人）］が機能し，必要になるといえる。

4．関心・行動の水準別の分析結果

4.1 関心水準および行動水準別の分析

地域の森林への関心水準と，地域の森林保全活動の行動水準が異なるグループ間での比較のため，まず関心および行動それぞれの水準の高低で二分したグループを設定する。

［関心］水準の測定については「地域の森林の保全や有効活用への関心がある」，また［行動］については「ボランティア活動等による地域の森林保全活動によく参加する」として，「非常にそう思う」～「全くそう思わない」の6件法で測定した（表8－2）。そして，「非常にそう思う」「そう思う」「ややそう思う」の回答者を高水準群（高関心群N＝765，高行動群N＝179），「あまりそう思わない」「そう思わない」「全くそう思わない」の回答者を低水準群（低関心群N＝735，低行動群N＝1321）に区分し（表8－3），多母集団同時分析を行った。

まず，［関心］および［行動］それぞれの高水準群と低水準群という複数の母集団でも，同一の因子構造が想定できるかを検証するため，配置不変の構造を仮定して分析を行った。結果，GFI＝0.955，AGFI＝0.917，CFI＝0.980，

表8－2　関心および行動水準のグループ区分に係る記述統計

要素	設問文	mean	SD
関心	地域の森林の保全や有効活用に関心がある	3.25	(1.34)
行動	ボランティア活動等による地域の森林保全活動によく参加する	2.03	(1.12)

表8－3　高水準群，低水準群別の記述統計

		mean	SD
関心	高関心群（N＝765）	4.36	(0.58)
	低関心群（N＝735）	2.10	(0.85)
行動	高行動群（N＝179）	4.23	(0.48)
	低行動群（N＝1321）	1.74	(0.81)

RMSEA＝0.039とモデルの適合度は十分な値と確認され，仮定した構造の妥当性が示された。

次に，高水準群と低水準群の［行政信頼］および［満足度］に係るパス係数の大きさの違いを検証するため，「行政信頼→必要性」，「満足度→必要性」，「効果（個人）→満足度」，「効果（地域）→満足度」以外のパス係数（潜在変数［行政信頼］［効果（個人）］［効果（地域）］間の共分散，およびこれらから下位概念の観測変数へのパス）について等値制約を設定し，高関心群，低関心群，高行動群，低行動群の４つの多母集団の同時分析を行った。結果は表8－4のとおりであり，モデルの適合度はGFI＝0.952，AGFI＝0.922，CFI＝0.979，RMSEA＝0.038となり，十分な値が確保された。なお，「効果（個人）→満足度」はいずれも有意にならなかった。

ここで，パス係数の大きさの違いをみると，「行政信頼→必要性」のパス係数の大きさは，関心区分と行動区分いずれも，低水準群が大きくなった。さらに，パス係数の差を検証した結果（表8－5），関心区分，行動区分いずれでも有意な差があった（p＜0.05）。一方，「満足度→必要性」，「効果（個人）→満足度」，「効果（地域）→満足度」のパス係数には，関心区分と行動区分いずれにおいても，高水準群と低水準群とで有意な差は見られなかった。

表8－4　関心および行動水準別の分析結果（高／低関心群，高／低行動群）

	関心		行動	
	高関心群 （N＝765）	低関心群 （N＝735）	高行動群 （N＝179）	低行動群 （N＝1321）
行政信頼→必要性	0.10 **	0.23 **	0.04	0.20 **
満足度→必要性	0.61 **	0.59 **	0.58 **	0.60 **
効果(個人)→満足度	0.03	0.04	0.01	0.04
効果(地域)→満足度	0.68 **	0.72 **	0.77 **	0.68 **
行政信頼⇔効果(個人)	0.31 **	0.30 **	0.37 **	0.31 **
行政信頼⇔効果(地域)	0.54 **	0.55 **	0.52 **	0.57 **
効果(個人)⇔効果(地域)	0.62 **	0.58 **	0.67 **	0.58 **
R^2［必要性］	0.43	0.50	0.35	0.50
R^2［満足度］	0.48	0.55	0.60	0.50
モデルの適合度	GFI＝0.952，AGFI＝0.922，CFI＝0.979，RMSEA＝0.038			

注：**$p<0.01$，*$p<0.05$。係数は全て標準化解。

表8－5　パス係数の差の検定（z値）

	関心 （高関心群－低関心群）	行動 （高行動群－低行動群）
行政信頼→必要性	－3.04 **	－2.08 *
満足度→必要性	0.65	－1.53
効果(個人)→満足度	－0.16	－0.51
効果(地域)→満足度	－1.60	0.08

注：**$p<0.01$，*$p<0.05$。

　これより，低関心群および低行動群の森林環境税の必要性の判断要因は，高関心群および高行動群に比べて，相対的に［行政信頼］の影響が大きくなる。このことは，高関心群および高行動群では［行政信頼］の影響は相対的に小さくなることを意味し，特に高行動群では「行政信頼→必要性」のパス係数は有意にもならない。したがって，高関心群および高行動群では，森林環境税導入の効果（地域）としての［満足度］が，森林環境税の主要な評価基準となるのに対して，低関心群および低行動群は，地域の森林や森林保全活動に関心が薄く，森林環境税導入の効果（地域）の認知・判断の動機が弱い，あるいは判断できないため，ヒューリスティックな情報処理に重きが置かれ，森林環境税の実施主体への［行政信頼］も森林環境税の評価基準になると解釈できる。

4.2　関心と行動の比較による分析

　第6章での環境配慮行動の「関心→態度→行動」という意思決定プロセスの上流の［関心］と下流の［行動］のつながりにおいて，高関心群と高行動群，および低関心群と低行動群という，水準の高低ごとにパス係数を比較する。ここで，この［関心］と［行動］の比較に係る仮説は，［行動］のほうが，地域の森林への関心だけでなく，実際に森林保全活動に携わっているため，森林環境税に関する自己関連性がより高いと推測される。そのため，森林環境税の評価基準としては，［行動］のほうが相対的に［行政信頼］が低く，［満足度］が高いと想定した。結果，「行政信頼→必要性」では，仮説どおり，高関心群よりも高行動群，また低関心群よりも低行動群が「行政信頼→必要性」は小さいという［行動］での値が［関心］での値よりも小さくなっている（表8－4）。

表8−6　パス係数の差の検定（z値）

	高関心・高行動 （高関心群−高行動群）	低関心・低行動 （低関心群−低行動群）
行政信頼→必要性	0.69	0.75
満足度→必要性	0.90	−0.31
効果(個人)→満足度	0.24	−0.19
効果(地域)→満足度	−0.85	0.66

ただし，表8−6に示すように，これらに有意な差は見られず，想定した仮説は統計的には支持されなかった。

5．無関心層・低関心層への対応に係る考察

本章では，住民による森林環境税制度の必要性判断に係る意思決定プロセスについて，分配的公正を組み込んだモデルを設計し，共分散構造分析により明らかにした。

結果，森林環境税導入後の地域社会への効果と森林行政への信頼が森林環境税制度受容の判断要因になること，森林環境税の導入後の地域社会への効果要因が，森林行政への信頼要因よりも影響力が大きいことが示された。加えて，森林への自己関連性水準の違いの影響として，地域の森林への関心水準と，地域の森林保全活動の行動水準が異なるグループごとの分析により，低関心群および低行動群は，高関心群および高行動群に比べて，相対的に森林行政への信頼要因の影響が大きくなることを，多母集団同時分析により明らかにした。

本章では，上記の分析を通じて，システマティック処理およびヒューリスティック処理からなる，限定合理性に基づく意思決定プロセスを明らかにした。加えて，対象事象への自己関連性が高く，情報処理の動機づけが強い場合は，相対的にシステマティックな処理過程の重みが大きくなり，自己関連性が低く，動機づけが弱い場合は，相対的にヒューリスティックな処理過程の重みが増すという，意思決定プロセスの違いがあることが確認された。

ここで，対象事象への自己関連性が低い住民は，行政の当該事象の取組みへの信頼程度に基づき，政策受容を判断することになるが，そもそも行政の取組

み自体を認知できない状況も想定される。その際は，Earle（2010）がサーベイ論文で整理しているように，住民は政策全般に対する行政への信頼評価に基づいて，対象分野での行政への信頼程度を決定し，評価するものと考えられる。

これを確認するため，政策全般に対する行政への信頼と，森林分野に係る行政への信頼の関係性を示す。居住地の県および市町村の政策全般を対象に，「あなたの生活を豊かにする取組みについて，あなたのお住まいの県（市町村）は信頼できる」について，「非常にそう思う」～「全くそう思わない」の6件法で測定し，それらを県の行政全般への信頼，および市町村の行政全般への信頼とした。そして，表8－1で示した県の森林行政への信頼および市町村の森林行政への信頼と，これらとの相関係数を，関心と行動水準の異なるグループ別に示した（表8－7）。

結果，県の行政全般への信頼と県の森林行政への信頼，市町村の行政全般への信頼と市町村の森林行政への信頼の相関係数は0.72～0.79と高くなった。これより，県および市町村の政策全般に対する信頼評価に基づいて，それぞれの森林行政に係る信頼水準が判断されるプロセスの存在が示唆される。つまり，対象事象への自己関連性が低い場合での，よりコスト節約的に認知できる情報による，単純な直感に基づくヒューリスティックな処理プロセスの存在である。

対象事象に対する関心や行動などの自己関連性が低くなればなるほど，個人あるいは地域社会への便益を認識しにくくなる。この便益に関する情報が不十分だったり，不確実性の高い場合の手がかりとして，対象に関わる主体への信頼を頼りにする。そのため，この信頼に基づいた評価を行うプロセスの重みが高まる。

表8－7 「政策全般への信頼」と「森林行政への信頼」の相関係数

	関心		行動	
	高関心群 (N=765)	低関心群 (N=735)	高行動群 (N=179)	低行動群 (N=1321)
県の行政全般への信頼 －県の森林行政への信頼	0.72 **	0.76 **	0.79 **	0.73 **
市町村の行政全般への信頼 －市町村の森林行政への信頼	0.72 **	0.77 **	0.76 **	0.75 **

注：**p＜0.01，*p＜0.05。

ただし，これらより，誰にどのような情報を提供するのが望ましいかということに関して，無関心・低関心層に対して，曖昧で漠然とした情報の提供やイメージの流布，ポピュリズム的政策により，主体としての良い評価を効率的に得ようとするのは誠実とは言えない。本分析結果は，対象事象への認知・評価の動機づけや能力水準などの制約条件の異なる個人の意思決定プロセスの規定要因を踏まえることで，行政は正しい方向で効率的に努力することが可能となる，と捉えるべきである。このことをまずは認識した上で，誰にどのような情報を提供すべきかという一律でない方策を検討していく必要がある。

第9章

身近な他者の評価とネットワークの森林環境税制度評価への影響

1. 身近な他者の意識・行動の視角

　第8章の表8−1に示したように，森林環境税への満足度と必要性にはギャップが生じている。図9−1で詳細に示すと，森林環境税への満足度は20.3%と低い。一方，森林環境税の必要性は44.9%と満足度に比べて相対的に高く，森林環境税に満足はしていないが必要であるという評価結果となっている。第8章では満足度を規定する分配的公正の影響力を検証したが，大渕（2005）が公共事業評価に際して，事業の満足度以外の評価要因を検証しているように，住民による森林環境税の必要性判断においても，満足度以外の要因の存在が示唆される。

　ここで安藤・広瀬（1999），Wood（1999），元吉他（2008）などで，準拠集団や身近な他者の意識・行動が，個人の意思決定に影響を及ぼすことが示されている。また第Ⅰ部の個人の節電行動でも同様の分析結果が得られている。さらに，水野他（2008）では，公共事業への賛否意識において，身近な他者の意見が重要な影響要因となることが検証され，馬場・田頭（2007）では，家庭内コミュニケーションの活発さや地域コミュニティとの関係性が，環境配慮行動に影響を与えることが実証されている。

　森林環境税制度の必要性判断においても，地域の身近な他者の評価結果が影響を与えると想定される。また第6章で分析したように，森林ボランティア活動には，地域社会への愛着や地域住民とのつながりによる地域コミュニティ活

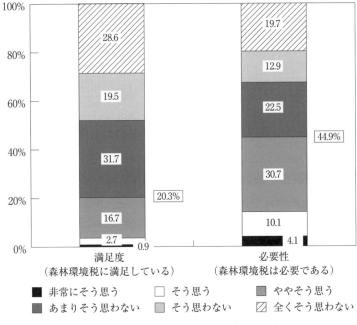

図9-1　森林環境税への満足度と必要性

　動への関与度合いが影響を与えており，森林資源管理に関わる森林環境税制度に対する意識にも，これらへの関与水準の違いが影響を与えると考えられる。また第8章では，森林への関心等が低いグループは，森林政策を担う行政への信頼程度を基準にして森林環境税制度の必要性を判断するという結果が示されたが，本章では地域の身近な他者の評価結果も判断基準となるかを検証する。
　そのため，身近な他者の評価要因を組み込んだ，森林環境税制度の必要性判断に係る意思決定プロセスを明らかにできるモデルを設計し，そのモデルの妥当性を検証する。加えて，このモデルを用いて，住民の地域の森林への関心や地域との関わりの水準の高低が，意思決定プロセスに与える影響の違いを検証する。

2. 研究の方法

2.1 理論モデルの設定

本章では，図9-2のように，居住県での森林環境税の必要性としての［森林環境税の必要性］（以下，［必要性］）に係る意思決定プロセスを，システマティック処理に対応する［制度のしくみの評価］（以下，［しくみ評価］），ヒューリスティック処理に対応する［身近な他者の評価］（以下，［他者評価］），および［森林行政への信頼］（以下，［行政信頼］）から構成されると仮定する。

［しくみ評価］と［行政信頼］に関して，大渕（2005）は，公共事業の評価対象を，事業のしくみ・設計に対する評価と，事業を推進する主体である行政に対する評価の2つに区分している。そして，事業自体に対する評価基準として，効率性，公平性，事業の効果，経済活性化効果を設定している。本章では税収のさほど大きくない森林環境税を対象とするため，経済活性化効果を除き，効率性，公平性，効果の3つを制度自体に対する評価基準に設定し，図9-2のように［しくみ評価］とする。前章では分配的公正としての政策効果（効果（地域），効果（個人））をモデルに設定したが，それらの水準は相対的に低かった。その要因として政策効果の情報・認知不足の可能性も想定される。本章

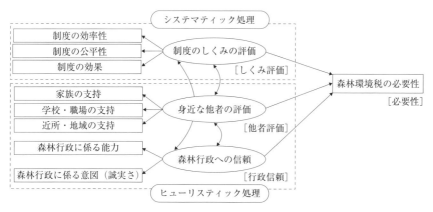

図9-2　本章の理論モデル

では政策の事後的な効果ではなく，それに影響を与えうる政策のしくみ・設計自体に対する評価項目を設定する。これにより，森林という相対的に関心の低いテーマにおいて政策効果への満足度を判断できない住民が，政策効果を一定規定するであろう制度自体のしくみ・設計を，森林環境税制度の必要性判断の手がかりとするか／できるかを分析する。

　また，大渕（2005）は行政に対する評価基準として，行政への信頼，行政による住民意向の尊重の2つを設定している。森林環境税は税率が低いこともあり，導入時において，公共事業と比べて住民の利害関係や意向の調整の必要性が小さく，実際にも大がかりな調整は行われていないため[1]，住民意向の尊重を単独の評価基準とはしない。本章では，住民意向の尊重評価を含む形で行政への信頼が判断されると想定して，行政への信頼のみを評価基準に設定し，図9－2のように［行政信頼］とする。前章では，モデルの複雑さ回避および堤（2004）を踏まえて，森林行政への包括的な信頼を［行政信頼］としたが，本章では，Barber（1983）や山岸他（1995）での信頼概念での意図への信頼と能力への信頼の区別や，Earle（2010）での実証研究の整理に基づき，図9－2の能力と意図の2要素で測定する。

　また，地域の身近な他者による森林環境税の評価に係る要素を［他者評価］とする。この［他者評価］は，自らの対象事象への認知・評価の動機づけや能力が低い場合や自らの認知・評価結果を確認したい場合等において，身近な他者からそれらを補完・確認するための，彼らの評価を参照できるネットワークがあるかどうか，そしてそれを実際に参照するかを測る要素として位置付けられる。池田他（2010）は，他者は情報処理の負荷を軽減させ，無知は周囲の他者によって補われるとする。これらに基づき，図9－2の［他者評価］を，家族，学校・職場，近所・地域による森林環境税への支持に係る要素としてモデルに組み込んだ。

　多くの既往研究では，対象事象に対する自らの認知・評価に係る動機づけおよび能力の水準の高低が，意思決定プロセスに与える影響の違いのみが分析さ

1　筆者の森林環境税の導入コンサルティング業務の経験にも基づく。なお第10章の手続き的公正の分析として，行政への信頼に影響を与える住民意向の尊重，という関係性を仮定し，森林環境税導入時での住民意見の反映状況が，行政への信頼に与える影響を検討する。

れていた．これに対して本章では，この［他者評価］をモデルに組み入れることで，身近な他者の認知・評価結果を参照できるネットワークを含んだ，意思決定プロセスの分析が可能となる．

さらに本章では，地域の森林への関心水準とともに，地域との関わり水準の高低別の分析を行う．後述するが，地域との関わり水準は，第6章で用いた地域への愛着および地域住民とのつながりの水準を測定項目として把握する．

なお前章で示したように，HSMではヒューリスティック処理とシステマティック処理が並行して行われることや，これらの相互作用が想定されているため，［しくみ評価］，［行政信頼］，［他者評価］それぞれの関係性を仮定した．

以上，HSMに基づくシステマティック処理として，森林環境税制度のしくみ・設計に係る情報を精査し，制度の必要性を判断する過程と，ヒューリスティック処理として，制度そのものではなく，制度の実施主体である県の森林行政への信頼の程度と，身近な他者の制度への支持状況を参照して制度の必要性を判断する過程という，2つの意思決定過程からなる理論モデルを設定する．

2.2 分析手法

まず，質問票調査データをもとに，共分散構造分析により，図9-2の理論モデルの妥当性の検証を行う．

次に，地域の森林への関心や地域との関わり程度の違いが，意思決定プロセスに与える影響の違いを明らかにする．そのため，質問票調査で把握する地域の森林への「関心」，地域への「愛着」，地域の人々との交流としての「他者交流」に関して，それぞれの水準の高低で二分したグループを設定し，多母集団同時分析を実施する．

2.3 モデルの構成要素

居住県の森林環境税を対象に，図9-2の理論モデルの構成要素を質問票調査項目に設定した．［必要性］は「森林環境税は必要である」について，「非常にそう思う」～「全くそう思わない」の6件法で測定した（表9-1）．

［しくみ評価］は，［制度の効率性］，［制度の公平性］，[制度の効果]について，地域の森林の保全や有効活用を進める上での森林環境税制度のしくみ・設

表9－1　モデルの構成要素の記述統計（N＝1500）

要素		設問文	mean	SD
必要性		森林環境税は必要である	3.11	(1.41)
しくみ評価	制度の効率性	地域の森林の保全や有効活用を進める上で，森林環境税は「効率的」な制度である	2.77	(1.28)
	制度の公平性	地域の森林の保全や有効活用を進める上で，森林環境税は「公平」な制度である	2.79	(1.28)
	制度の効果	地域の森林の保全や有効活用を進める上で，森林環境税は「効果的」な制度である	2.84	(1.29)
他者評価	家族の支持	「家族」は，森林環境税を支持している	2.54	(1.24)
	学校・職場の支持	「学校あるいは職場のあなたの周りの人」は，森林環境税を支持している	2.47	(1.19)
	近所・地域の支持	「近所など地域の人々」は，森林環境税を支持している	2.40	(1.14)
行政信頼	森林行政に係る能力	あなたのお住まいの「県」は，森林の保全や有効活用のための専門知識・技能を持っている	3.06	(1.22)
	森林行政に係る意図(誠実さ)	あなたのお住まいの「県」は，森林の保全や有効活用のために誠実に取組む	2.95	(1.19)

計に関して，それぞれ「森林環境税は効率的な制度である」，「森林環境税は公平な制度である」，「森林環境税は効果的な制度である」を6件法で測定した[2]。［しくみ評価］の要素の水準は第8章の表8－1の政策効果（効果（地域），効果（個人））よりも高い水準となっており，森林環境税制度の効果そのものよりも，それに影響を与えうる制度のしくみ・設計自体に対する評価が高くなっている。

　［他者評価］は，［家族の支持］，［学校・職場の支持］，［近所・地域の支持］について，森林環境税に関しての身近な他者の評価として，それぞれ「家族は，森林環境税を支持している」，「学校あるいは職場のあなたの周りの人は，森林環境税を支持している」，「近所など地域の人々は，森林環境税を支持している」を6件法で測定した。

　［行政信頼］は，［森林行政に係る能力］，［森林行政に係る意図（誠実さ）］について，居住県の森林行政への信頼の要素ごとに，「森林の保全や有効活用のための専門知識・技能を持っている」，「森林の保全や有効活用のために誠実

2　各潜在変数の下位尺度の信頼性の検証として，クロンバックα係数を算出したところ，［しくみ評価］のクロンバックαは0.952，［他者評価］のαは0.945，［行政信頼］のαは0.870と0.700を上回り，内的整合性が確認された。

に取組む」を6件法で測定した[3]。なお，意図の測定指標は，Earle（2010）で整理されているように，公正さ，正直さ，誠実さ，透明性などがあげられるが，本章では中谷内他（2010）など，多くの既往研究で用いられている誠実さを採用した。ここで［行政信頼］は，第8章で示したように，森林環境税の政策・事業に係る能力や誠実さではなく，森林行政全般に係る能力や誠実さについて測定することで，ヒューリスティック処理として捉える。

3．理論モデルの検証結果

表9－1のデータに基づき，図9－2の理論モデルについて共分散構造分析を行った。モデルでは識別性確保のため，潜在変数から観測変数へのパスで，それぞれ図上で最も上にあるパス係数を1に固定する制約を課し，最尤法によ

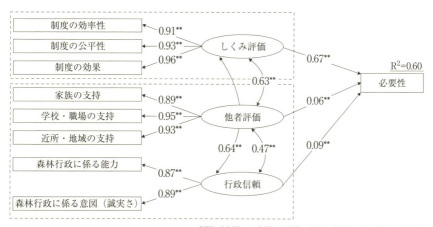

注：**$p<0.01$，*$p<0.05$。係数は全て標準化解。誤差変数，撹乱変数は省略して描画。
［しくみ評価］，［他者評価］，［行政信頼］それぞれの撹乱変数間に共分散を設定。

図9－3　理論モデルの分析結果

---

[3] 第8章で用いた［行政信頼］の下位尺度である［県の森林行政への信頼］と［市町村の森林行政への信頼］は相関係数が高く（$r=0.915$，$p<0.01$），県と市町村の森林行政の区別がついていない可能性がある。したがって，本章以降では，先に示したBarber（1983），山岸他（1995），Earle（2000）を踏まえて，［行政信頼］を居住県の［森林行政に係る能力］と［森林行政に係る意図（誠実さ）］を下位尺度として測定する。

表9-2 パス係数の差の検定

比較対象のパス	z値
「しくみ評価→必要性」-「他者評価→必要性」	13.11 **
「しくみ評価→必要性」-「行政信頼→必要性」	11.78 **
「他者評価→必要性」-「行政信頼→必要性」	-0.70

注：**p＜0.01，*p＜0.05。

り解を求めた（図9-3）。

モデルの適合度はGFI＝0.990，AGFI＝0.978，CFI＝0.996，RMSEA＝0.040となり，十分な適合度を示した。また，［必要性］に係る決定係数R^2は0.60と一定の値を示すとともに，全てのパスは有意となった（p＜0.01）。これらより，森林環境税の必要性は，図9-2の理論モデルで仮定したように，「森林環境税のしくみへの評価」（システマティック処理），および「森林行政への信頼」と「身近な他者の森林環境税への評価」（ヒューリスティック処理）で規定されることが実証された。

ここで，パス係数を比較すると，ヒューリスティック処理である「他者評価→必要性」(0.06)と「行政信頼→必要性」(0.09) よりも，システマティック処理である「しくみ評価→必要性」(0.67) が大きい。そして，パス係数の差を検証した結果（表9-2），［他者評価］および［行政信頼］より，［しくみ評価］が［必要性］の判断要因として大きいことが，統計的な有意差でもって示された（p＜0.01）。つまり，政策効果を一定規定する制度自体のしくみ・設計が，森林環境税制度の必要性判断の手がかりとなることが明らかとなった。これより，本研究対象の森林環境税の必要性判断に係る意思決定プロセスは，相対的にヒューリスティック処理よりもシステマティック処理に重きが置かれることが示された。これは第8章と同様の結果である。

4. 関心・愛着・他者交流の水準別の分析結果

4.1 関心・愛着・他者交流の水準の設定

「関心」,「愛着」,「他者交流」それぞれの水準の高低で二分したグループを設定する。なお，第6章と同様に，「愛着」はHidalgo and Hernandez（2001）を踏まえて，地域の人や資源への情緒的な想いとし，「他者交流」は地域社会の一員としての住民との具体的なつながりや交流とした。

「関心」の高低区分に関して，表9-3のように「地域の森林の保全や有効活用への関心があるか」について，「非常にそう思う」「そう思う」「ややそう思う」の回答者を高関心群（N＝765），「あまりそう思わない」「そう思わない」「全くそう思わない」の回答者を低関心群（N＝735）に区分した。

「愛着」の高低区分に関して，まず第6章と同様に，Hidalgo and Hernandez（2001），Brown et al.（2003）を踏まえて，地域の自然や景色などへの［誇り］と，地域の慣習や行政サービスなどの様々な社会環境に影響を受ける［定住意向］を測定項目に設定した。そして，表9-3のように「今住んでいる地域の自然や景色に誇りを持っている」，「今住んでいる地域に愛着があり，定住意向が強い」について，「非常にそう思う」～「全くそう思わない」の6件法で測定した。ここで，クロンバックのα係数が0.799と0.700を上回り，合成指標としての妥当性が確保されたため，これら2データの和をもとに，高愛着群（N＝1010），低愛着群（N＝490）に二分した。

表9-3 「関心」「愛着」「他者交流」のグループ区分に係る記述統計

要素		設問文	mean	SD
関心		地域の森林の保全や有効活用に関心がある	3.25	(1.34)
愛着	誇り	今住んでいる地域の自然や景色に誇りを持っている	4.03	(1.13)
(α＝0.799)	定住意向	今住んでいる地域に愛着があり，定住意向が強い	4.04	(1.31)
他者交流	近所交流	近所との付き合いは多い	3.37	(1.27)
	イベント	今住んでいる地域のお祭りやイベントによく参加する	3.13	(1.34)
(α＝0.891)	地縁活動	地縁活動（自治会，町内会，婦人会，老人会，青年団，子ども会など）によく参加する	2.95	(1.38)

「他者交流」の高低区分に関して，まず第6章と同様に，近所づきあいや地域でのコミュニティ活動への参加状況などについて，[近所交流]，[イベント]，[地縁活動] を測定項目に設定した。そして，表9-3のように「近所との付き合いは多い」，「今住んでいる地域のお祭りやイベントによく参加する」，「地縁活動（自治会，町内会，婦人会，老人会，青年団，子ども会など）によく参加する」について，「非常にそう思う」〜「全くそう思わない」の6件法で測定した。ここで，クロンバックのα係数が0.891となり，合成指標としての妥当性が確保されたため，これら3データの和をもとに，高他者交流群（N = 590），低他者交流群（N = 910）に二分した。

4.2 関心・愛着・他者交流の水準別の分析

まず，「関心」，「愛着」，「他者交流」それぞれの高水準群と低水準群という複数の母集団でも，同一の因子構造が成立するかを検証するため，配置不変の構造を仮定して分析を行った。結果，GFI = 0.985，AGFI = 0.968，CFI = 0.995，RMSEA = 0.018とモデルの適合度は十分な値と確認され，仮定した構造の妥当性が示された。

これを踏まえ，高水準群と低水準群の[必要性]に係るパス係数の差を検証するため，「しくみ評価→必要性」，「他者評価→必要性」，「行政信頼→必要性」以外のパス係数について等値制約を設定し，高関心群，低関心群，高愛着群，低愛着群，高他者交流群，低他者交流群の6つのグループでの多母集団同時分

表9-4 多母集団同時分析による関心，愛着，他者交流の水準別の分析結果

	関心		愛着		他者交流	
	高関心群 (N = 765)	低関心群 (N = 735)	高愛着群 (N = 1010)	低愛着群 (N = 490)	高他者交流群 (N = 590)	低他者交流群 (N = 910)
しくみ評価→必要性	0.70 **	0.61 **	0.65 **	0.75 **	0.59 **	0.73 **
他者評価→必要性	0.02	0.11 **	0.10 **	-0.05	0.13 **	0.02
行政信頼→必要性	0.04	0.11 **	0.06 *	0.10 *	0.10 *	0.08 *
しくみ評価⇔他者評価	0.56 **	0.63 **	0.60 **	0.64 **	0.64 **	0.61 **
しくみ評価⇔行政信頼	0.58 **	0.63 **	0.60 **	0.65 **	0.63 **	0.63 **
他者評価⇔行政信頼	0.35 **	0.51 **	0.41 **	0.51 **	0.45 **	0.46 **
R^2 [必要性]	0.55	0.58	0.57	0.62	0.56	0.62
モデルの適合度		GFI = 0.984，	AGFI = 0.972，	CFI = 0.995，	RMSEA = 0.016	

注：**p＜0.01，*p＜0.05。係数は全て標準化解。

析を行った。結果は表9－4のとおりであり，モデルの適合度はGFI＝0.984，AGFI＝0.972，CFI＝0.995，RMSEA＝0.016となり十分な値が確保された。したがって，表9－4に基づき，「関心」，「愛着」，「他者交流」ごとにパス係数の差の考察を行う。

4.2.1 「関心」での分析結果・考察

　表9－4より「しくみ評価→必要性」は高関心群が大きい。「他者評価→必要性」と「行政信頼→必要性」は低関心群が大きく，高関心群のパス係数は有意にならなかった。さらに，パス係数の差を検証した結果，表9－5より「他者評価→必要性」で有意な差があった（$p<0.05$）。なお，「行政信頼→必要性」は「関心」だけでなく，「愛着」，「他者交流」それぞれの高低水準群間で有意な差はなかった。

　これより，高関心群は［しくみ評価］のみを［必要性］の判断要因とし，［他者評価］および［行政信頼］は考慮せず，システマティック処理に基づいて意思決定がなされることが示された。

　一方，低関心群は［しくみ評価］とともに，［他者評価］と［行政信頼］も［必要性］の判断要因となり，さらに高関心群に比べて，［他者評価］の影響が大きい。低関心群は地域の森林への関心が薄く，森林環境税のしくみ評価の動機が弱い。そのため，相対的にヒューリスティック処理にも重きが置かれ，身近な他者の評価に頼らざるを得ないという，消極的な姿勢で［他者評価］に依存すると解釈できる。

4.2.2 「愛着」での分析結果・考察

　表9－4より「しくみ評価→必要性」は低愛着群が大きく，「他者評価→必要性」は高愛着群が大きく，「行政信頼→必要性」は低愛着群が大きい。また，低愛着群の「他者評価→必要性」のパス係数は有意にならなかった。さらに，パス係数の差を検証した結果，表9－5より「しくみ評価→必要性」と「他者評価→必要性」で有意な差があった（$p<0.05$）。

　ここで，呉・園田（2006）は，地域への愛着は自己と住区の心理的な一体感を高める役割を持つこと，および町の清掃やリサイクル活動等の地域コミュニ

表9-5　パス係数の差の検定（z値）

	関心	愛着	他者交流
しくみ評価→必要性	1.43	-2.56 *	-3.09 **
他者評価→必要性	-2.00 *	2.81 **	2.25 *
行政信頼→必要性	-1.32	-0.59	0.48

注：**$p<0.01$，*$p<0.05$。

ティ活動を促進させる効果を提示している。また，第6章では，地域への愛着が，近所づきあいやコミュニティ活動につながる関係性が実証されている。高愛着群は，地域の自然への誇りや定住意向で測定される愛着の高さにより，そのような意識を持つ人々とのつながりも深いと想定される。そのため，地域への愛着の深い身近な他者の評価を積極的な姿勢で重視しようとすることで，相対的にヒューリスティック処理としての［他者評価］にも重きが置かれると解釈できる。

一方，低愛着群は，地域への愛着の低さから，地域の自然への意識が弱いことに加え，地域の人々とのつながりも浅い。そのため，地域への愛着の深い人とのネットワークがない，あるいはあったとしても，そのような人の評価をあまり重視しないものと考えられる。そのため，相対的にシステマティック処理に重きが置かれると推測される。

4.2.3 「他者交流」での分析結果・考察

表9-4より「しくみ評価→必要性」は低他者交流群が大きく，「他者評価→必要性」と「行政信頼→必要性」は高他者交流群が大きい。また，低他者交流群の「他者評価→必要性」のパス係数は有意にならなかった。さらに，パス係数の差を検証した結果，表9-5より「しくみ評価→必要性」と「他者評価→必要性」で有意な差があった（$p<0.05$）。

ここで，上野（2006）は，地域行事やボランティア活動への参加等の地域との関わりが少ない場合，他人への信頼感が形成されにくいことを実証している。高他者交流群は，地域の人々との活発な交流による地域情報の共有や，他人を信頼するあるいは依存する行動様式に慣れており，森林環境税に関して意見を持っているような身近な他者の評価を積極的な姿勢で重視，信頼しようとする。

これにより，相対的にヒューリスティック処理としての［他者評価］にも重きが置かれると解釈できる。高他者交流群は，地域の身近な他者の認知・評価結果を参照できるネットワークも踏まえた意思決定を行うことができる。

一方，低他者交流群は，地域の人々との交流の少なさなどから，地域情報の収集・解釈や，地域の課題解決に向けた意思決定時での他人の意見の取扱いに慣れていないものと想定される。そのため，森林環境税に関して意見を持っているような身近な他者の評価を活用しようと思わない・思えない，またそれをうまく使えない，あるいはそれへのアクセスができないものと考えられる。そのため，相対的にシステマティック処理に重きが置かれると推測される。低他者交流群は，地域の身近な他者の認知・評価結果を参照できるネットワークを上手く活用できず，自らの認知・評価のみに基づいて意思決定を行う。

5．身近な他者とのつながりの効果に係る考察

本章では，身近な他者の評価要因を組み込んだモデルを設計し，森林環境税制度の必要性判断に係る住民の意思決定プロセスを，共分散構造分析により明らかにした。

結果，森林環境税制度のしくみ評価と，身近な他者の評価および森林行政への信頼が，森林環境税の必要性に係る判断要因になること，制度のしくみ評価としてのシステマティック処理がヒューリスティック処理（身近な他者の評価，森林行政への信頼）よりも影響力が大きいことが示された。本章では，第8章で検証した政策効果を一定規定する制度自体のしくみ・設計への評価が，森林環境税制度の判断基準として強い影響力を有することが明らかとなった。これにより，政策の事後的な効果を判断できない住民は，政策効果に影響を与えうる政策のしくみ・設計を，評価の手がかりとすることが示唆される。

加えて，地域の森林への関心や地域との関わり水準の高低が意思決定プロセスに与える影響の違いを，多母集団同時分析により考察した。分析結果を規定要因としてのパスごとに整理すると，「しくみ評価→必要性」は高関心群，低愛着群，低他者交流群が大きくなり，「愛着」，「他者交流」の高低水準群間で有意な差があった（$p<0.05$）。また，「他者評価→必要性」は低関心群，高愛

着群，高他者交流群が大きくなり，いずれも高低水準群間で有意な差があり（p＜0.05），高関心群，低愛着群，低他者交流群ではパス係数自体が有意にならなかった。

　これらより，地域の森林に関心の低い人，地域への愛着の高い人，地域の人々との交流が盛んな人は，身近な他者の評価に消極的に依存したり，それを積極的に活用することにより，森林環境税の必要性を判断する傾向が相対的に強いといえる。一方，地域の森林に関心の高い人，地域への愛着の低い人，地域の人々との交流が盛んでない人は，自らの森林環境税のしくみ評価に基づき，森林環境税の必要性を判断する傾向が相対的に強いといえる。

　ここで，HSMではヒューリスティック処理とシステマティック処理が相互作用しながら判断が行われるプロセスを想定しているため，「しくみ評価→必要性」と「他者評価→必要性」のパス係数は独立的に定まるものではない。つまり，「関心」，「愛着」，「他者交流」それぞれの高水準群と低水準群において，自らのしくみ評価に自信があるか（信頼できるか），および信頼できる身近な他者とのネットワークがありそれを効果的に使えるかという，信頼できる身近な他者の評価の参照の必要性と，それに係るアクセスおよび利用の容易さのバランスに基づき，相対的に定まると考えられる。このバランスにより，意思決定プロセスでのヒューリスティック処理とシステマティック処理の優勢度が定まる。そのため，高関心群でのシステマティック処理の優勢と，低愛着群・低他者交流群でのシステマティック処理の優勢の意味合いは異なる。つまり，地域の森林に特に高い関心を有す人は，自らのしくみ評価に自信があり他人の意見・評価を参照する必要性が低いため，信頼できる身近な他者へのアクセスおよび利用の容易性の大小はあまり考慮されず，システマティック処理が優勢になる。一方，地域への愛着や他者交流意識が特に低い人は，信頼できる身近な他者へのアクセスやその評価結果の利用が難しいために，自らのしくみ評価の自信の大小に関わらず，システマティック処理が優勢となってしまう，ということである。そして，低関心群でのヒューリスティック処理の優勢と，高愛着群・高他者交流群でのヒューリスティック処理の優勢の意味合いの違いについても，上述の裏返しで説明できる。

　これらより，システマティック処理の重みが大きいから正しい答えを得られ

る，またヒューリスティック処理のウェイトが高いから誤った答えに陥りがちになる，というわけでは必ずしもない。自身あるいは他者が有する知識・情報や選好の妥当性とそれへのアクセス可能性が答えの質を定める。Kahneman（2011）は，ヒューリスティックに基づく意思決定は，必ずしも誤った結果を導くものではないことを強調する。十分に予見可能な規則性を備えた環境であること，長時間にわたる訓練を通じてそうした規則性を学ぶ機会があることの2つの条件が満たされれば，行動の合理性は結果的に確保できるとする。また制度信頼として，法律・条例などのルールや規則としてのシステム的な安心と，その運営組織・担当者への対人的な信頼に関する知識・情報やこれまでの経験に基づく「かしこい」判断の可能性もある。序章に示したように，学習や経験の裏づけのある「経験則」としてのヒューリスティック処理と，「単純な直感」としてのヒューリスティック処理に分けて議論する必要がある。このことは上記のヒューリスティック処理の優勢の意味合いの違いにも表れている。

したがって，ヒューリスティック処理としての森林行政への信頼や，信頼できる身近な他者とのネットワークを活用した意思決定は，直ちに否定されるべきものではない。そのため，全ての住民，特に地域の森林に関心の低い住民が森林環境税に関する情報を精査の上，熟慮し判断を下す必要性，ならびに行政が全ての住民一人ひとりに詳細な情報を提供する必要性は，人間の情報処理および行政運営の効率性の観点からは必ずしも高いものとは言えない。

馬場・田頭（2007）は，地域コミュニティとの高い関係性（高い社会関係資本）が，身近な他者とのコミュニケーションを活発化させ，バイアスも含んだ他者からの情報により，個人の意識や行動が影響を受ける可能性を示している。その上で，地域コミュニティ内のチェンジエージェント（行動の変化の担い手）や社会関係資本の役割に期待し，地域コミュニティを通じた個人の意識や行動変化に向けた働きかけ方策の有用性を示唆している。高い社会関係資本により情報の不確実を低減させた上での，人々のつながり・ネットワークに基づく相互作用を活かした方策である。当然，他者の知識・情報や選好という不確実性には，自らの知見や経験，他者への信頼等を基準にした判断・対応が必要となる。誰を信頼するかという判断にも，単純な直感に基づく情報処理によるのではなく，自らの知見や経験則に基づくプロセスを経ることが求められる。

これらより，村上（2007）の環境ガバナンスの議論にあるように，行政と地域コミュニティとの役割分担の明確化や，地域コミュニティ内のつながりを前提とした，地域コミュニティ組織やNPO/NGO主導の施策展開も考えられる。これを通じることで，特に対象事象に関心の低い無関心・低関心層の住民や，地域との関わりの高い住民への情報伝達や政策理解促進への効果が期待される。第6章で示したような地域への愛着や他者とのつながりを醸成する方策は，森林ボランティア活動に関する知識・技能の向上や参加促進による地域の資源管理に寄与するだけでなく，これら各種政策情報の流通基盤として重要となる。つまり，人々のつながり・ネットワーク格差の解消に係る方策は，各人の身近な他者との関わり・ネットワークを活用した意思決定を可能にし，行政コスト低減につながる可能性もある。なお，その際，行政はネットワークごとに流通させる情報を的確に選定することが求められる。

他方，多田（2009）は，行動経済学に基づく政策実施の課題を示している。上述した方策に関連する多田（2009）での課題を本研究の文脈で解釈すると，行政によるヒューリスティックな意思決定に基づく，合理性が欠如した政策実施等による新たな政府の失敗の可能性，住民のヒューリスティック処理を利用することの倫理性，住民の行動パターンの多様性に対する一律的な対応の問題，として整理できる。本章では，個人の制約条件の違いとしての「関心」，「愛着」，「他者交流」水準ごとの分析により，制約条件の違う住民ごとの情報処理の違いを明らかにし，住民のネットワークも活用した，一律でない合理的な情報提供のあり方を示した。

本章では，限定合理性を踏まえた，森林環境税の必要性判断に係る住民の意思決定プロセスを明らかにした。これまでの研究では，対象事象に対する自らの認知・評価に係る動機づけおよび能力の水準の高低が，意思決定プロセスに与える影響の違いのみが分析されていた。これに対して，ここでは，地域の身近な他者の認知・評価結果を参照できるネットワークも踏まえた意思決定プロセスを想定し，この働きを明らかにできるモデルを構築し分析を行った。そして，他者との交流の活発な個人は，そのネットワークも活用した意思決定を行えることを明らかにした。行政はこの住民ネットワークの構築・強化に係る政策展開により，効率的な行政運営が可能となる。

第10章

手続き的公正の森林環境税制度評価への影響

1. 分配的公正と手続き的公正

　森林環境税制度の手続き的公正に係る研究として，古川（2004），高橋（2005），竹本（2009）で政策課題設定や政策形成での手続きを対象とした分析がなされている。古川（2004）は住民意見が新税導入推進や税制度設計，税制使途に影響を与えたことを事例分析から明らかにし，高橋（2005）は住民の意向は政策課題設定時には反映されないことを定量的に示した。また，竹本（2009）は，住民の意向を受けながらの行政内部組織の政策形成プロセスを事例的に分析しているが，住民の意向が政策形成にどのように反映されたかまでは分析していない。そして，これら研究では手続き的公正のみが評価対象となっており，また古川（2004），竹本（2009）では事例に基づく定性分析，高橋（2005）では政策形成前の政策課題設定時のみを対象とした分析である。

　他方，青木・桂木（2008）は森林環境税を財源とした事業の経済波及効果とCO_2吸収量の測定，また第8章では森林環境税の満足度を規定する分配的公正を対象とした分析，第9章ではその分配的公正としての政策効果を一定規定する森林環境税制度のしくみ・設計の評価を対象とした分析を行った。

　住民の森林環境税の必要性判断に係る包括的な意思決定プロセスを明らかにするには，第Ⅱ部導入部「ⅰ．森林への人間の働きかけ低下に係る対応」で示したように，分配的公正だけでなく手続き的公正の両方の評価要素を考慮したモデルでの分析が求められる。これにより，行政に対して，森林環境税制度に

係る合意形成の円滑化に向けた，一定の知見が提供できる。

本章では，第8～9章での分配的公正に関わる要因に加えて手続き的公正要因を組み込んだモデルを設計し，そのモデルの妥当性を検証する。加えて，このモデルを用いて，住民の森林環境税や森林ボランティア活動への関心水準の高低が，意思決定プロセスに与える影響の違いを検証する。

2．研究の方法

2.1 理論モデルの設定

本章では，田中（1999），大渕（2004）で示された政策判断時に重視される要素の分配的公正，手続き的公正，そして政策主体への信頼の3要素をモデルに組込む。

具体的には，図10-1のように，居住県の森林環境税の必要性としての［森林環境税の必要性］（以下，［必要性］）に係る意思決定プロセスは，分配的公正に対応する［森林環境税の政策効果］（以下，［政策効果］），手続き的公正に対応する［森林環境税導入手続きの公正さ］（以下，［手続き的公正］），政策主体への信頼に対応する［森林行政への信頼］（以下，［行政信頼］）から構成されると仮定する。また，［森林環境税導入の手続き過程］（以下，［手続き過程］）が［手続き的公正］の具体的評価につながるものとする。そして，［政策効果］，［行政信頼］，［手続き的公正］の配置および関係性は，これを分析した青木・鈴木（2005）のモデル構造と同様に図10-1のように仮定する。ただし，本理論モデル検証時で詳述するが，［政策効果］，［行政信頼］，［手続き的公正］の3要素間の因果性については議論がある。したがって，暫定的に図10-1を枠組みとした分析を行った上で，これら3要素のうち2要素間の関係を分析した他の既往研究のモデルとの比較検討を行う。また，HSMではヒューリスティック処理とシステマティック処理が平行して行われることや，これらの相互作用が想定されており，［行政信頼］と［政策効果］間の関係を仮定した。

これにより，図10-1は，HSMに基づくシステマティック処理として，森林環境税導入による政策効果に係る情報を精査し，政策の必要性を判断する過

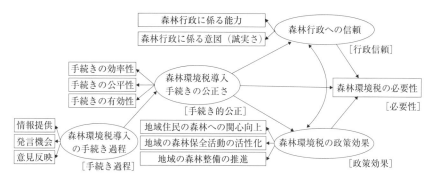

図10-1　本章の理論モデル

程と，ヒューリスティック処理として，政策そのものではなく，政策の実施主体である県の森林行政への信頼の程度，および森林環境税導入の手続きの評価に基づき政策の必要性を判断する過程で構成される理論モデルとなる。

2.2　分析手法

まず，共分散構造分析により，図10-1の理論モデルの妥当性の検証を行う。その際，複数のモデル構造との探索的な比較検証も実施する。

次に，住民の森林環境税の認知水準と森林ボランティア活動への参加水準の違いが，意思決定プロセスに与える影響の違いを明らかにする。そのため，質問票調査で把握する居住県の森林環境税の認知水準を示す［認知］，森林ボランティア活動への参加水準を示す［行動］に関して，それぞれの水準の高低で二分したグループを設定し，多母集団同時分析を実施する。

2.3　調査対象

表10-1に示す［手続き的公正］および［手続き過程］の設問は，調査実施時期から4～5年前あるいはそれ以前の森林環境税導入時の内容のため，選択肢として「分からない・覚えていない」を設定した。本章では，これら設問で「分からない・覚えていない」を1つでも選択した回答者を除外し，727サンプルでの分析を行った。

表10-1 モデルの構成要素の記述統計（N＝727）

要素		設問文	mean	SD
必要性		森林環境税は必要である	3.35	(1.28)
行政信頼	森林行政に係る能力	あなたのお住まいの「県」は，森林の保全や有効活用のための専門知識・技能を持っている	3.28	(1.05)
	森林行政に係る意図(誠実さ)	あなたのお住まいの「県」は，森林の保全や有効活用のために誠実に取組む	3.15	(1.04)
政策効果	地域住民の森林への関心向上	森林環境税により，住民の地域の森林への関心が高まっている	2.72	(1.14)
	地域の森林保全活動の活性化	森林環境税により，地域のボランティア活動等の森林保全活動が活発になっている	2.73	(1.12)
	地域の森林整備の推進	森林環境税により，地域の森林整備が進んでいる	2.71	(1.11)
手続き的公正	手続きの効率性	住民の理解を深める上で，森林環境税の検討の進め方は「効率的」であった	2.06	(1.07)
	手続きの公平性	住民の理解を深める上で，森林環境税の検討の進め方は「公平」であった	2.09	(1.08)
	手続きの有効性	住民の理解を深める上で，森林環境税の検討の進め方は「効果的」であった	2.08	(1.08)
手続き過程	情報提供（α = 0.963）	広報やホームページ等による情報開示は十分であった	2.07	(1.09)
		フォーラムや説明会，セミナー等による情報開示は十分であった	2.02	(1.03)
	発言機会（α = 0.974）	パブリックコメント等で自由に参加でき意見できる機会は十分であった	2.00	(1.01)
		フォーラムやセミナー等で自由に参加でき意見できる機会は十分であった	2.00	(1.02)
	意見反映（α = 0.985）	パブリックコメント等での意見は十分に反映・考慮された	2.00	(1.01)
		フォーラムやセミナー等の場での意見は十分に反映・考慮された	2.01	(1.02)

2.4 モデルの構成要素

　居住県の森林環境税を対象に，図10-1の理論モデルの構成要素を調査項目に設定した。［必要性］は「森林環境税は必要である」について，「非常にそう思う」～「全くそう思わない」の6件法で測定した（表10-1）。
　［政策効果］は，［地域住民の森林への関心向上］，［地域の森林保全活動の活性化］，［地域の森林整備の推進］について，森林環境税導入後の効果として，それぞれ「住民の地域の森林への関心が高まっている」，「地域のボランティア活動等の森林保全活動が活発になっている」，「地域の森林整備が進んでいる」

を6件法で測定した[1]。なお，分配的公正である［政策効果］による測定は，青木・鈴木（2005），青木・鈴木（2008）での事業の社会的妥当性としての測定にならった。

［行政信頼］は，前章と同様に能力と意図の2要素で測定し，意図の測定指標に誠実さを採用した。そして，居住県の森林行政への信頼の要素である［森林行政に係る能力］，［森林行政に係る意図（誠実さ）］について，「森林の保全や有効活用のための専門知識・技能を持っている」，「森林の保全や有効活用のために誠実に取組む」を6件法で測定した。ここで，［行政信頼］は，森林環境税の政策・事業に係る能力や誠実さではなく，森林行政全般に係る能力や誠実さについて測定することで，ヒューリスティック処理として捉える。

［手続き的公正］は，［手続きの効率性］，［手続きの公平性］，［手続きの有効性］について，森林環境税導入における住民の政策理解を深めるための行政の取組みに関して，「効率的であった」，「公平であった」，「効果的であった」を6件法で測定した。

［手続き過程］は，Tyler et al. (1985), Lind et al. (1990), 馬場（2002），原科（2007）などを踏まえて，森林環境税導入時のアカウンタビリティの具現化方法として，［情報提供］，［発言機会］，［意見反映］を設定した[2]。そして，表10-1のように，［情報提供］として「広報やホームページ等による情報開示は十分であった」「フォーラムや説明会，セミナー等による情報開示は十分であった」，［発言機会］として「パブリックコメント等で自由に参加でき意見できる機会は十分であった」「フォーラムやセミナー等で自由に参加でき意見できる機会は十分であった」，［意見反映］として「パブリックコメント等での意見は十分に反映・考慮された」「フォーラムやセミナー等の場での意見は十分に反映・考慮された」について6件法で測定した。そして，［情報提供］，

---

1 ［政策効果］は第8章の［効果（地域）］と同じものである。第8章では分配的公正を［効果（地域）］と［効果（個人）］で測定していたが，［効果（地域）］が［効果（個人）］よりも森林環境税の必要性判断への寄与が大きいとの結果が示されたため，本章では［効果（地域）］に相当する［政策効果］で分配的公正を測定する。
2 各潜在変数の下位尺度の信頼性の検証として，クロンバックα係数を算出したところ，［政策効果］のクロンバックαが0.953，［行政信頼］のαが0.840，［手続き的公正］のαが0.978，［手続き過程］のαが0.974と0.700を上回り，内的整合性が確認された。なお，対象サンプル数が異なるため，前章までで示したα係数の値とは異なる。

［発言機会］，［意見反映］をモデルの複雑化回避のため，それぞれ2つの設問項目の合計からなる合成指標で評価するために，クロンバックのα係数を用いてその信頼性を確認した。結果，いずれも0.70を上回り，合成指標としての妥当性が確保された。

これら［手続き過程］では，当然，第9章で検証したように［政策効果］を一定規定する［しくみ評価］（制度の効率性，制度の公平性，制度の効果）も議論される。したがって，図10－1の［手続き過程］を通じた［手続き的公正］は，［しくみ評価］の検討を含みながら，［政策効果］，［行政信頼］，［必要性］に影響を与える関係となる。

3．理論モデルの検証結果

表10－1のデータに基づき，図10－1の理論モデルについて共分散構造分析を行った。モデルでは識別性確保のため，潜在変数から観測変数へのパスで，それぞれ図上で最も上にあるパス係数を1に固定する制約を課し，最尤法により解を求めた（図10－2）。

モデルの適合度はGFI＝0.960，AGFI＝0.936，CFI＝0.989，RMSEA＝0.061となり，十分な適合度を示した。また，［必要性］に係る決定係数R^2は0.44と一定の値を示した。さらに，「手続き的公正→必要性」のパス以外は有意となった（$p<0.01$）。

ここで，尾花・広瀬（2008）は，［手続き的公正］と［信頼］の関係について，既往研究には「信頼→手続き的公正」と「手続き的公正→信頼」のどちらの実証結果も示す研究があるとする。そして「信頼→手続き的公正」となる研究結果の解釈を，事業主体への信頼（あるいは不信）に基づき，事業主体の手続きが公正（あるいは不公正）と信じる認識バイアスがかかるためとする。一方，「手続き的公正→信頼」となる研究結果の解釈およびその因果の理由は明らかでないとし，この関係を解明する分析を行っている。また，藤井（2005）は「信頼→手続き的公正」，青木・鈴木（2005），青木・鈴木（2008），大渕（2005）は「手続き的公正→信頼」の関係を実証している。ただし，いずれの研究も各研究者の理論仮説に基づくそれぞれの2要因の関係を前提に分析して

第10章　手続き的公正の森林環境税制度評価への影響　207

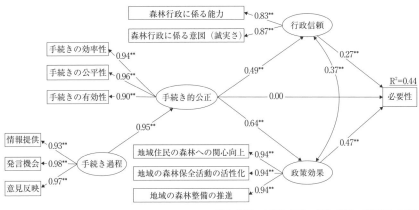

図10−2　理論モデルの分析結果

注：**p＜0.01，*p＜0.05。係数は全て標準化解。誤差変数，撹乱変数は省略して描画。
　　［行政信頼］と［政策効果］の撹乱変数間に共分散を設定。

おり，逆方向の因果関係との比較分析はなされていない。どちらの関係も示す研究結果がある状況下では，探索的なアプローチによる［手続き的公正］と［行政信頼］の関係の検証が求められる。

　そのため，図10−1のモデル構造の妥当性の再検証として，［手続き的公正］の位置づけを変えたモデルを新たに4つ設定し，図10−2との比較を行った。新たなモデルは，図10−1をベースに(a)「行政信頼→手続き的公正」の方向にパスを設定したモデル，(b)「政策効果→手続き的公正」の方向にパスを設定したモデル，(c)「行政信頼→手続き的公正，および政策効果→手続き的公正」の方向にパスを設定したモデル，(d)行政信頼および政策効果から手続き的公正にパスを設定しないモデルの4つである。

　結果，表10−2のとおり，新たに設定した4つのモデルよりも，図10−2の標準モデルが，AGFIが大きく，RMSEA，AICが小さくなった。また，図10−1をベースに［行政信頼］と［手続き的公正］の誤差変数間に共分散を設定したモデル，および［政策効果］と［手続き的公正］で同様の設定を行ったモデルで分析を行った結果においても，図10−2の標準モデルのモデル適合度が高くなった。

表10-2　モデルの比較検証

		標準モデル (図10-2)	(a)行政信頼→手続き的公正モデル	(b)政策効果→手続き的公正モデル	(c)行政信頼→手続き的公正，政策効果→手続き的公正モデル	(d)手続き的公正モデル
モデルの適合度	AGFI	0.936	0.894	0.851	0.850	0.848
	RMSEA	0.061	0.088	0.116	0.118	0.118
	AIC	237.5	375.1	579.8	591.7	614.2
パス係数	手続き的公正－行政信頼	0.49 **	0.08	0.24 **	0.08	―
	手続き的公正－政策効果	0.64 **	0.53 **	0.06	0.03	―
	手続き的公正→必要性	0.00	0.02	0.02	0.03	0.04

注：**p＜0.01，*p＜0.05。係数は全て標準化解。

　これより，［必要性］は，図10-1の理論モデルで仮定したように，［政策効果］（システマティック処理）および［行政信頼］（ヒューリスティック処理）で直接的に規定されることが確認された。

　また，［手続き的公正］は，［行政信頼］および［政策効果］に影響を与えることで，間接的に［必要性］判断に寄与することも実証された。これより，［手続き的公正］は，それが住民に知覚されることで権威者への信頼感が向上し，より肯定的な態度形成につながるという，van den Bos et al. (1998) らで示された手続き的公正効果（fair process effect）により，行政への信頼感向上，さらには政策受容へとつながることが確認された。他方，青木・鈴木（2005），青木・鈴木（2008）らも示すように，［手続き的公正］により十分な情報開示がなされることで住民の政策理解が進み，望ましい結果が見込めるという判断につながり，政策効果への期待および評価が高まることで政策受容に寄与するプロセスも確認された[3]。

　ここで，図10-2の［必要性］に係るパス係数を比較すると，ヒューリスティック処理である「行政信頼→必要性」（0.27）よりも，システマティック処理である「政策効果→必要性」（0.47）が大きい（p＜0.05）。これより，本研究対象の森林環境税の必要性判断に係る意思決定プロセスは，相対的にヒュー

---

[3] 原科（2007）は「利害関係者が正しいと考える手続きを経た結果は，実際の配分に少々の不公平が生じていたとしても，分配的公正が達成されたという意識につながることが考えられる」(p.40) とする。

リスティック処理よりもシステマティック処理に重きが置かれることが示された。これは第8～9章と同様の結果である。

4．認知・行動の水準別の分析結果

4.1 認知・行動水準の高低区分に基づくグループの設定

　［認知］，［行動］それぞれの水準の高低で二分したグループを設定する。［認知］の高低区分に関して，居住県の森林環境税に関する7項目（森林環境税の名称，森林環境税の導入時期，森林環境税が徴収されていること，森林環境税の税額，森林環境税の徴収方法，森林環境税の使い道，森林環境税による住民参加型事業）について，「よく知っている（よく知っていた）」～「全く知らない（全く知らなかった）」の6件法（6～1）で測定し，7つの設問項目の合計で評価する。ここで，クロンバックのα係数が0.98と0.70を上回り，合成指標としての妥当性が確保された。これより，7つのデータ合計の中点が24.5であることを踏まえ，25以上を高認知群（N＝95），25未満を低認知群（N＝632）に二分した。

　［行動］の高低区分に関して，「ボランティア活動等による地域の森林保全活動によく参加する」について，「非常にそう思う」～「全くそう思わない」の6件法で測定した。そして，4以上を高行動群（N＝127），4未満を低行動群（N＝600）に二分した。

4.2 認知・行動の水準別の分析

　まず，［認知］，［行動］それぞれの高水準群と低水準群という複数の母集団でも，同一の因子構造が成立するかを検証するため，配置不変の構造を仮定して分析を行った。結果，モデルの適合度は，認知区分ではGFI＝0.948，AGFI＝0.915，CFI＝0.987，RMSEA＝0.046，行動区分ではGFI＝0.941，AGFI＝0.904，CFI＝0.984，RMSEA＝0.052となり，モデルの適合度は十分な値と確認され，仮定した構造の妥当性が示された。

　これを踏まえ，高水準群と低水準群の［必要性］に係るパス係数の差を検証

表10-3　多母集団同時分析による［認知］，［行動］の水準別の分析結果

	認知		行動	
	高認知群 (N=95)	低認知群 (N=632)	高行動群 (N=127)	低行動群 (N=600)
行政信頼→必要性	0.04	0.29 **	-0.01	0.32 **
政策効果→必要性	0.61 **	0.44 **	0.57 **	0.40 **
手続き的公正→必要性	-0.06	0.02	-0.08	0.04
手続き的公正→行政信頼	0.45 **	0.47 **	0.41 **	0.47 **
手続き的公正→政策効果	0.69 **	0.61 **	0.59 **	0.62 **
行政信頼⇔政策効果	0.30 **	0.37 **	0.15 **	0.38 **
手続き過程→手続き的公正	0.97 **	0.95 **	0.97 **	0.94 **
R^2［必要性］	0.34	0.44	0.27	0.45
モデルの適合度	GFI=0.945, AGFI=0.918, CFI=0.987, RMSEA=0.045		GFI=0.939, AGFI=0.909, CFI=0.984, RMSEA=0.049	

注：**$p<0.01$，*$p<0.05$。係数は全て標準化解。

するため，「行政信頼→必要性」，「政策効果→必要性」，「手続き的公正→必要性」，および「手続き的公正→行政信頼」，「手続き的公正→政策効果」以外のパス係数について等値制約を設定し，高認知群と低認知群，および高行動群と低行動群での多母集団同時分析を行った。

結果は表10-3のとおりであり，モデルの適合度は，認知区分ではGFI=0.945，AGFI=0.918，CFI=0.987，RMSEA=0.045，行動区分ではGFI=0.939，AGFI=0.909，CFI=0.984，RMSEA=0.049と十分な値が示された。したがって，表10-3に基づき，［認知］，［行動］ごとにパス係数の差の考察を行う。なお，「手続き的公正→必要性」は，図10-2と同様にいずれの場合でも非有意であり，［手続き的公正］は直接的には［必要性］を規定しないことが再確認された。

4.2.1　［認知］での分析結果・考察

「行政信頼→必要性」は低認知群が大きく，「政策効果→必要性」は高認知群が大きい。また，高認知群の「行政信頼→必要性」のパス係数は有意にならなかった。さらに，パス係数の差を検証した結果，表10-4より「行政信頼→必要性」で有意な差があった（$p<0.05$）。これより，高認知群は［政策効果］の

表10-4　パス係数の差の検定（z値）

	高認知群-低認知群	高行動群-低行動群
行政信頼→必要性	-2.09 *	-3.21 **
政策効果→必要性	0.87	1.11
手続き的公正→必要性	-0.63	-1.21

注：**p＜0.01，*p＜0.05。

みを［必要性］の直接の判断要因とし，［行政信頼］は考慮せず，システマティック処理に基づいて意思決定されることが示された。

一方，低認知群は［政策効果］とともに，［行政信頼］も［必要性］の判断要因となる。低認知群は森林環境税に関する情報が乏しく，政策効果の評価は能力的に困難といえる。そのため，情報が不十分で不確実性の高い場合の判断方法として，相対的にヒューリスティック処理にも重きが置かれ，行政への信頼が意思決定要因として働くと解釈できる。

4.2.2　［行動］での分析結果・考察

「行政信頼→必要性」は低行動群が大きく，「政策効果→必要性」は高行動群が大きい。また，高行動群では「行政信頼→必要性」のパス係数は有意にならなかった。さらに，表10-4より「行政信頼→必要性」で有意な差があった（p＜0.01）。これより，高行動群は高認知群と同様に，［政策効果］のみを［必要性］の直接の判断要因とし，［行政信頼］は考慮せず，システマティック処理に基づいて意思決定されることが示された。

一方，低行動群は低認知群と同様に，［政策効果］とともに，［行政信頼］も［必要性］の判断要因となる。低行動群は地域の森林への関心が薄く，森林環境税の政策効果評価の動機が相対的に弱い。そのため，相対的にヒューリスティック処理にも重きが置かれ，政策主体である行政への信頼が意思決定要因として働くと解釈できる。

5．手続き的公正の機能に係る考察

本章では，手続き的公正要因を組み込んだモデルを設計し，森林環境税制度

の必要性判断に係る住民の意思決定プロセスを，共分散構造分析により明らかにした。

結果，森林環境税の政策効果と森林行政への信頼が，森林環境税の必要性に係る直接の判断要因になること，政策効果としてのシステマティック処理がヒューリスティック処理（森林行政への信頼）よりも影響力が大きいこと，森林環境税導入手続きの公正さが森林環境税の政策効果，および森林行政への信頼に影響を与えることで，間接的に森林環境税の必要性判断に寄与することが示された。

加えて，居住県の森林環境税の認知水準と，森林ボランティア活動への参加水準が異なるグループの比較分析により，低認知群および低行動群は，高認知群および高行動群に比べて，相対的に森林行政への信頼要因の影響が大きくなること，高認知群および高行動群は，そもそも森林行政への信頼は森林環境税の必要性判断要因にならないことを，多母集団同時分析により明らかにした。

本章では，システマティック処理およびヒューリスティック処理に関して，対象事象に係る情報処理の動機づけや能力が高い場合は，相対的にシステマティックな処理過程に重きが置かれ，動機づけや能力が低い場合はヒューリスティックな処理過程の重みが増すという，個人の制約状況により異なる意思決定プロセスによる判断がなされることを確認した[4]。

森林環境税制度の導入・延長プロセスの手続きの公正さは，森林行政への信頼醸成，および政策効果への高い評価あるいはその期待につながる。したがって，住民への積極的な情報提供，十分な発言機会の創出と住民意見の政策への

---

[4] 今後の課題としては，サンプル数の問題もあるが，税額や税収使途が異なる県別の分析により，制度内容や制度導入過程の違いが結果に及ぼす差異の分析も必要となる。その際には，県別に異なるであろう森林環境税の導入手続きの内容が，どのように手続き過程（情報提供，発言機会，意見反映）の評価につながり，手続き的公正（効率性，公平性，有効性）の認知に寄与したかについての考察もあわせて求められる。また本研究ではモデルの構成上，調査実施時期から4～5年前の［手続き過程］や［手続き的公正］を覚えている人のみを分析対象とし，「わからない・覚えていない」を選択した回答者は分析からは除いている。このことは，単純に月日が立ち，制度や地域の森林に関心があってもこれらを忘却した人だけでなく，手続きに係る事象をそもそも認知していなかった関心の低い人が対象に含まれていない可能性がある。つまり，本分析で区分した低認知群や低行動群でも，認知や行動の水準が高くなっており，ある程度のシステマティック処理が行われている可能性がある。さらに質問票調査という手法自体が，システマティック処理につながりやすい可能性もある。

反映は，特に地域の森林や森林環境税に関心の低い住民のヒューリスティックな判断も含みつつ，森林環境税の制度自体の評価を高める。

　第8章で分配的公正としての政策効果，第9章ではその政策効果を一定規定する制度自体のしくみ・設計への評価が，森林環境税の必要性判断に寄与することを示した。そして本章では，手続き的公正要因が政策効果に影響を与える関係，そして手続き過程の公正さ・手続き的公正と，その手続きの中で議論される制度のしくみ・設計の位置関係を間接的に示した。地域の森林への関心水準の違いに応じて，事後の政策効果を評価できない人は，それを規定する制度のしくみ・設計を評価し，それも評価できない人は制度の手続き過程の公正さを森林環境税制度評価の手がかりにする。また，ヒューリスティック処理としての政策主体である行政への信頼や身近な他者の評価も判断の手がかりとなる。システマティック処理とヒューリスティック処理は二項対立ではなく，各人において2つの処理間で相対的な重みの違いが生じており，さらにシステマティック処理においても，前述した手がかりごとのウェイトが異なる中でそれぞれが意思決定を行う。

　今後見込まれる森林環境税制度の導入や延長に際しては，資源の配分過程の公正さである「手続き的公正」が確立された検討プロセスにおいて，制度のしくみ・設計などの「しくみ評価」の議論が行われること，そして，資源の配分結果の公正さである「分配的公正」水準が判断材料とされることが望まれる。ただし，手続きの公正さ自体はあくまでも住民の制度理解を促進させる手段であり，直接，制度の評価を定めるものではない。また森林行政への信頼を高めることが最終目的でもない。一般的に，信頼醸成が短期間ではなされないことを考慮すると，森林環境税制度の導入・延長時に限らず，日常的に住民が納得できる水準での「手続きの公正さ」に基づく取組みが信頼醸成につながっていく。このことは，住民のヒューリスティックな判断にも基づく，森林政策受容ならびに森林政策に係る合意形成の円滑化につながり，ひいては効率的，効果的な森林行政運営に寄与する。

第11章

森林行政への信頼の規定要因の分析

1．伝統的な信頼モデルと主要価値類似性モデル

　住民による行政への信頼水準は，政策の受容性・実効性を規定する。第8～10章で示したように，森林行政への信頼水準は，住民の森林環境税制度の必要性判断に少なからず影響を与える。青木・鈴木（2005），藤井（2005），大渕（2005），大澤他（2009）の公共事業を対象にした研究でも，住民の行政への信頼水準の高さが政策受容度を高める結果が示されている。田中・岡田（2006）では行政への信頼の意義や課題が議論され，Noda（2009）では行政への信頼が住民参加を促進するという結果が得られている。このように，昨今の財政悪化，行政ニーズの多様化・複雑化等の環境変化に対応しつつ，効率的で効果的な政策を立案・遂行するには，住民からの信頼獲得が行政には不可欠となる。

　さらに，行政ではないが，第Ⅰ部の第2～3章では，電力会社からの情報や電力会社への信頼が節電目標への協力意識を高め，節電行動に影響を与える結果を示した。そして第5章では電力会社への信頼に係る要因（情報の有用性，情報の真実さ，能力，誠実さ）の水準の上昇傾向を確認した。組織あるいは組織の取組みへの信頼の規定要因を明らかにすることは，森林環境税制度の受容性の向上に直接寄与するとともに，節電目標への協力意識を通じた節電行動の促進にも示唆を与える。

　信頼については，第8章でも述べたように，心理学，社会学，政治学，経済学など多様な分野で長く議論がなされてきた。信頼は社会の不確実性の減少や，

人間関係および社会関係の成立に不可欠な要素として共通的に捉えられ議論されているが，確定的な概念・定義があるわけではない。代表的な議論として，Luhmann（1973）は，広い意味での信頼を，社会の複雑な問題や危機を避けるために，自分が抱いている他者や社会への様々な期待をあてにすることと捉え，Barber（1983）や山岸他（1995）は信頼を能力への期待と意図への期待に区別している。また，Earle（2010）の実証分析のサーベイ論文でも，信頼は能力と意図に関わる要素に区分，整理されている。第9～10章でも信頼をこの2要素で測定している。

ここで，信頼の規定要因を明らかにする研究に関して，中谷内・Cvetkovich（2008）は，大きく2つの研究モデルに基づく研究があるとする。1つはBarber（1983）などの多くの研究蓄積のある，前述した能力と意図への期待・評価が信頼の規定要因であるとする「伝統的な信頼モデル」を用いた研究である。もう1つはEarle and Cvetkovich（1995），Poortinga and Pidgeon（2006）などの「主要価値類似性モデル」（Salient Value Similarityモデル：以下SVSモデル）を用いた研究である。SVSモデルとは，相手の主要な価値観が自分のそれと類似していると評価できた場合に，その相手への信頼が高まると仮定するモデルである（Earle and Cvetkovich, 1995）。なお，この場合の価値とは，対象とする問題の理解において重視する点や手続きや結果のあり方の選好である。

SVSモデルを用いた研究として，Siegrist et al.（2000）は除草剤，原子力発電所，人工甘味料という科学技術の受容／拒否について，図11-1のモデルを用いて分析し，価値類似性が信頼の規定要因になること，さらに信頼が新しい科学技術の受容に係るベネフィット認知にプラスの影響を与え，リスク認知を低減させる効果を実証している。また，Earle（2010）で整理された多くの実

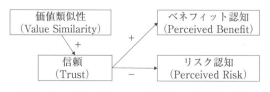

図11-1　Siegrist et al.（2000）のSVSモデル

証分析でも，能力，意図とともに，価値類似性も信頼を規定するという研究結果が示されている。

ただ，これら伝統的な信頼モデルとSVSモデルで仮定された能力，意図，価値類似性のうち，信頼への説明力が最も高い要因を直接的に明らかにする研究はほとんどなされておらず，中谷内・Cvetkovich（2008），Nakayachi and Cvetkovich（2010），中谷内他（2010）が嚆矢的な研究となる。これら研究では，対象とする問題への関心や利害の水準が異なるグループごとに行政への信頼の規定要因の重み・優先度が変わるとの仮説に基づき，住民を関心水準および利害水準の高低グループに分けた比較分析がなされている。そこでは，おおむね高関心群または高利害関係群では価値類似性の影響が大きく，低関心群または低利害関係群では能力および意図の影響が大きいという結果が示されている。つまり，高関心群または高利害関係群の住民は，当該問題に対する主要価値が明確であり，その価値の実現を期待して信頼しようとする判断プロセスが強く機能するため，価値の類似性評価により信頼が導かれる。一方，低関心群または低利害関係群の住民は，主要価値が明確でなく，何を重視して，どのような結果を導くべきかは自分では判断できないため，有能で誠実な主体に任せれば上手くいくだろうとの判断プロセスが強く働き，能力および意図により信頼が導かれるという解釈ができる。

ただし，「本論文で提示した統合信頼モデルについては，研究が端緒についたばかりであり，まだ十分に確立されたものとはいえない」（中谷内他，2010，p.212）とあるように，分析で用いられた重回帰分析モデルの決定係数の低さ，一部の分析結果の仮説との相違などの課題があげられる。また，中谷内他（2010）らの重回帰分析では，伝統的な信頼モデルとSVSモデルを統合したとするSiegrist et al.（2003）の図11－2のTCCモデル（Trust, Confidence and Cooperation）[1]での共分散構造分析を用いた研究と異なり，価値類似性，能力，意図の構造までを明らかにはできていない。

---

[1] Siegrist et al.（2003）は，Siegrist et al.（2000）の図11－1の「価値類似性（Value Similarity）→信頼（Trust）」での信頼（Trust）を，意図（Social Trust）と能力（Confidence）に区分し，「価値類似性（Value Similarity）→意図（Social Trust）」と拡張している。なおEarle（2010）では，Social TrustとConfidenceは，Intention（意図）とAbility（能力）の要素として区分，整理されている。

図11－2　Siegrist et al.（2003）のTCCモデル

　ただし一方で，図11－2のTCCモデルは，SVSモデルの議論を引き継ぎ，価値類似性が根本に存在し，それが意図の評価を規定するという考えに基づいている。そのため，価値類似性と意図および能力との位置関係が前提とされた上でモデル構築がなされ，その前提の妥当性の検証までは行われていない。中谷内・Cvetkovich（2008）らで示された，対象問題への関心水準が異なるグループごとに信頼の規定要因の重みが変わるとの仮説および実証結果に基づくと，特に低関心群では対象問題への自らの価値観の確立，および行政の価値観の認知は困難なため，価値類似性が意図を規定するTCCモデルの構造自体に課題があるといえる。

　以上の既往研究を踏まえると，まず，信頼の規定要因とされる価値類似性，能力，意図の関係性を，TCCモデルでの価値類似性の位置づけを批判的に検討しながら，構造的に明らかにすることが求められる。そして，新たに構築した分析モデルにより，関心水準の異なるグループ間で信頼の規定要因の重みが異なるか否かの検証が必要となる。

　本章では，森林行政への信頼の規定要因を明らかにできるようなモデルを設計し，そのモデルの妥当性を検証する。加えて，このモデルを用いて，地域の森林への関心水準の高低が信頼の規定要因に与える影響の違いを検証する。ここでは，第9～10章での［行政信頼］の測定要素としての能力と意図という位置づけではなく，また「手続き的公正→行政信頼」としての［行政信頼］の規定要因でもなく，［行政信頼］の中身である能力，意図，そして新たに価値類似性を含めた3要素について，森林行政への信頼に係る規定要因としての影響力や関係性を明らかにする。

2. 研究の方法

2.1 理論モデルの設定

　価値類似性，能力，意図の関係性を明らかにするため，まず，これら3つの要素を並列的に配置した基本モデルを図11-3のように設定する。

　なお，意図の測定指標は，前章までと同様に誠実さを採用する。また，Frewer et al.（1996），山崎他（2008）などの実証研究で指摘されているように，能力と意図の相関性の高さを踏まえ，これらに共分散を設定する。そして，TCCモデルの構造の再検討を目的に，価値類似性と能力および誠実さの関係性の把握に向けて，図11-4のように基本モデル（図11-3）を含めた5つのモデルを設定した。

2.2 分析方法

　それぞれのモデルで共分散構造分析を行い，最も適合度の高いモデルを選定

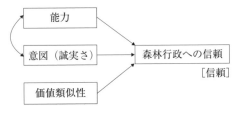

図11-3　基本モデル

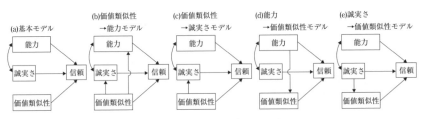

図11-4　分析モデルの設定

し，価値類似性，能力，誠実さの因果関係を明らかにする。なお，図11－2のTCCモデルや既往研究，論理的な観点から，価値類似性と能力との直接の関係性は想定しにくいが，「(b)価値類似性→能力モデル」，「(d)能力→価値類似性モデル」も検討対象とする。

次に，選定された分析モデルを用いて，地域の森林への関心の高いグループ（高関心群）と低いグループ（低関心群）での信頼の規定要因の違いの検証に関して，多母集団同時分析を実施する。

2.3 モデルの構成要素

居住する県および市町村の森林行政に関する図11－3のモデルの構成要素を質問票調査項目に設定した。ここでは，行政主体への距離感や役割・実績の認識の違いなどが，分析結果に違いを生じさせるかをみるため，県と市町村それぞれの森林行政に関して同様の質問を行った。

［能力］は「県（市町村）は森林の保全や有効活用のための専門知識・技術を持っている」，［誠実さ］は「県（市町村）は森林の保全や有効活用に向けて誠実に取組む」，［価値類似性］は「県（市町村）が森林の保全や有効活用に向けて重視することは，あなたが重視することと一致している」，［信頼］は「県（市町村）の森林の保全や有効活用に向けた取組みは信頼できる」について，「非常にそう思う」～「全くそう思わない」の6件法で測定した（表11－1）。

表11－1　モデルの構成要素の記述統計（N＝1500）

要素	設問文	mean	SD
能力	あなたのお住まいの県は，森林の保全や有効活用のための専門知識・技能を持っている	3.06	(1.22)
	あなたのお住まいの市町村は，森林の保全や有効活用のための専門知識・技能を持っている	2.93	(1.18)
誠実さ	あなたのお住まいの県は，森林の保全や有効活用のために誠実に取組む	2.95	(1.19)
	あなたのお住まいの市町村は，森林の保全や有効活用のために誠実に取組む	2.89	(1.18)
価値類似性	あなたのお住まいの県が，森林の保全や有効活用の取組みで重視することと，あなたが重視することは一致している	2.56	(1.16)
	あなたのお住まいの市町村が，森林の保全や有効活用の取組みで重視することと，あなたが重視することは一致している	2.55	(1.16)
信頼	森林の保全や有効活用の取組みについて，あなたのお住まいの県は信頼できる	2.81	(1.17)
	森林の保全や有効活用の取組みについて，あなたのお住まいの市町村は信頼できる	2.80	(1.16)

表11-2 共分散行列

		県データ						市町村データ			
		1	2	3	4			1	2	3	4
1	能力	1.48				1	能力	1.39			
2	誠実さ	1.11	1.41			2	誠実さ	1.11	1.39		
3	価値類似性	0.68	0.71	1.36		3	価値類似性	0.70	0.71	1.35	
4	信頼	1.08	1.19	0.72	1.37	4	信頼	1.07	1.17	0.72	1.34

また共分散行列は表11-2のようになった。

3．理論モデルの検証結果

表11-1のデータをもとに，図11-4に想定した5つの分析モデルそれぞれについて，共分散構造分析により最尤法を用いて分析を行った。

各モデルの適合度を比較した結果（表11-3），県と市町村のいずれのモデルでも，「(e)誠実さ→価値類似性モデル」でGFI，AGFI，CFIが最も高く，RMSEA，AICは最も低く，かつ全てのパスも統計的に有意となり（$p<0.01$），適合度が最も高いモデルとなった。

これより，図11-2のSiegrist et al.（2003）のTCCモデル，つまり図11-4での「(c)価値類似性→誠実さモデル」の想定とは異なり，「価値類似性→誠実さ」よりも「誠実さ→価値類似性」の関係性のほうが，説明力が高い結果と

表11-3 分析モデルの比較

		モデル	GFI	AGFI	CFI	RMSEA	AIC
県	(a)	基本モデル	0.878	0.389	0.878	0.403	505.5
	(b)	価値類似性→能力モデル	0.885	−0.152	0.887	0.549	470.0
	(c)	価値類似性→誠実さモデル	0.897	−0.029	0.902	0.510	408.7
	(d)	能力→価値類似性モデル	0.969	0.691	0.975	0.256	116.9
	(e)	誠実さ→価値類似性モデル	0.988	0.878	0.991	0.156	55.5
市町村	(a)	基本モデル	0.873	0.363	0.879	0.415	534.2
	(b)	価値類似性→能力モデル	0.882	−0.179	0.891	0.557	484.2
	(c)	価値類似性→誠実さモデル	0.885	−0.149	0.895	0.548	468.4
	(d)	能力→価値類似性モデル	0.978	0.784	0.984	0.211	85.7
	(e)	誠実さ→価値類似性モデル	0.983	0.833	0.988	0.184	69.9

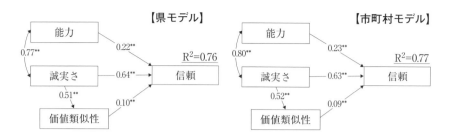

図11－5 「(e)誠実さ→価値類似性モデル」の分析結果

なった。したがって，自分自身と行政との価値の類似性が，行政の誠実さの評価を導く要因となるのではなく，誠実であるという認識が価値の類似性を導くと捉えるのが適切といえる。つまり，自らの価値と類似しているから誠実に取り組む主体であろうと評価し信頼するのではなく，誠実に取り組む主体であるという評価が価値の類似性を導くことで信頼する，と解釈できる。

また，図11－5に「(e)誠実さ→価値類似性モデル」のパス係数等を示した。[信頼]の決定係数R^2は，県モデルで0.76，市町村モデルで0.77と高い値を示した。中谷内他（2010）の重回帰分析では決定係数の低さの可能性として，価値類似性，能力，誠実さ以外の規定要因の存在を指摘しているが[2]，本章では，共分散構造分析により，「誠実さ→価値類似性」という関係を有しつつ，価値類似性，能力，誠実さの3要因それぞれが信頼の規定要因となる構造を明らかにし，信頼の決定係数が高い値になることが確認された。

また，パス係数を比較すると，県モデルおよび市町村モデルいずれも，「能力→信頼」よりも「誠実さ→信頼」が有意に大きく（県モデル：$z = 11.105$，$p < 0.01$，市町村モデル：$z = 9.839$，$p < 0.01$），[能力]より[誠実さ]が[信頼]の規定要因として大きいことが示された。これはEarle（2010）の考察結果とも一致する。

---

2 中谷内他（2010）では，このほかに，モデル概念と設問文の乖離（信頼を「お任せするのがよいと思う」との表現で質問），サンプル数の少なさ，沖縄県における行政組織への特有の認識の存在の可能性を指摘している。中谷内他（2010）では，赤土流出問題に係る村役場（宜野座村）への信頼を研究対象としており，本研究とは問題や利害関係の複雑さ，大きさなどが異なっており，これらも分析結果の違いに影響を与えたと想定される。

4. 関心の水準別の分析結果

4.1 関心水準の高低区分に基づくグループの設定

地域の森林への関心水準の高低で二分したグループを設定する。地域の森林への［関心］について，「地域の森林の保全や有効活用への関心がある」として，「非常にそう思う」「そう思う」「ややそう思う」「あまりそう思わない」「そう思わない」「全くそう思わない」の6件法で測定した（mean = 3.25, SD = 1.34）。そして，中谷内・Cvetkovich（2008）と同様に，明確に関心水準が異なるグループ間での比較のため，「非常にそう思う」および「そう思う」の回答者（N = 232）を高関心群，「そう思わない」および「全くそう思わない」の回答者（N = 426）を低関心群に二分した（表11-4）[3]。

4.2 関心水準別の分析

多母集団同時分析の結果は表11-5のとおりであり，県モデルではGFI = 0.993, AGFI = 0.934, CFI = 0.996, RMSEA = 0.072, 市町村モデルではGFI = 0.992, AGFI = 0.924, CFI = 0.995, RMSEA = 0.079となり，いずれのモデ

表11-4 関心水準別の記述統計

	県モデル				市町村モデル			
	高関心群 (N = 232)		低関心群 (N = 426)		高関心群 (N = 232)		低関心群 (N = 426)	
	mean	SD	mean	SD	mean	SD	mean	SD
能力	3.45	(1.23)	2.45	(1.20)	3.34	(1.21)	2.33	(1.13)
誠実さ	3.30	(1.28)	2.38	(1.17)	3.21	(1.29)	2.32	(1.14)
価値類似性	3.09	(1.28)	1.90	(0.97)	3.09	(1.30)	1.90	(0.97)
信頼	3.08	(1.25)	2.28	(1.11)	3.09	(1.25)	2.22	(1.09)

---

[3] 回答者全体（N = 1500）の属性比率は，男性48.1%・女性51.9%，20代8.7%・30代18.7%・40代17.7%・50代以上54.9%であった。高関心群（N = 232）では男性55.6%・女性44.4%，20代10.3%・30代17.2%・40代12.9%・50代以上59.5%，低関心群（N = 426）では男性46.7%・女性53.3%，20代9.6%・30代18.5%・40代21.8%・50代以上50.0%である。回答者全体と比較すると，高関心群の男性比率が若干高いが，年代比率には大きな差はない。

表11-5 関心水準別の分析結果

	県モデル		市町村モデル	
	高関心群 (N=232)	低関心群 (N=426)	高関心群 (N=232)	低関心群 (N=426)
能力→信頼	0.15 **	0.36 **	0.10 *	0.37 **
誠実さ→信頼	0.67 **	0.53 **	0.71 **	0.52 **
価値類似性→信頼	0.16 **	0.03	0.16 **	0.02
誠実さ→価値類似性	0.52 **	0.43 **	0.52 **	0.45 **
能力⇔誠実さ	0.68 **	0.81 **	0.76 **	0.80 **
R^2[信頼]	0.77	0.74	0.78	0.73
モデルの適合度	GFI = 0.993, AGFI = 0.934, CFI = 0.996, RMSEA = 0.072		GFI = 0.992, AGFI = 0.924, CFI = 0.995, RMSEA = 0.079	

注:**$p<0.01$,*$p<0.05$。係数は全て標準化解。

ルの適合度も十分な値が示され，複数の母集団でも同一の因果構造が確認された。また，［信頼］の決定係数R^2は0.73〜0.77と高い値を示すとともに，県および市町村モデルの低関心群の「価値類似性→信頼」以外のパスは有意となった（$p<0.05$）。

次にパス係数の大きさの違いを考察する。高関心群内での比較に関して，［信頼］に至るパス係数の大きさは，県モデルおよび市町村モデルいずれも，「誠実さ→信頼」，「価値類似性→信頼」，「能力→信頼」の順となり，表11-6より，「誠実さ→信頼」と「価値類似性→信頼」，「誠実さ→信頼」と「能力→信頼」で有意な差があった（$p<0.01$）。

一方，低関心群では，県モデルおよび市町村モデルいずれも，「誠実さ→信頼」，「能力→信頼」，「価値類似性→信頼」の順となり，前述したように「価値類似性→信頼」は有意にならなかった。また，表11-6より，県モデルではいずれのパス係数間で有意な差があり（$p<0.05$），市町村モデルでは，「価値類似性→信頼」と「誠実さ→信頼」，「価値類似性→信頼」と「能力→信頼」で有意な差があった（$p<0.01$）。これより，高関心群では他のパスに比べて「誠実さ→信頼」が有意に大きく，低関心群では他のパスに比べて「価値類似性→信頼」が有意に小さい。

また，高関心群と低関心群の比較に関して，県モデルおよび市町村モデルいずれも「誠実さ→信頼」および「価値類似性→信頼」は高関心群が高く，「能

表11-6 パス係数の差の検定（z値）

	県モデル		市町村モデル	
	高関心群 (N=232)	低関心群 (N=426)	高関心群 (N=232)	低関心群 (N=426)
「誠実さ→信頼」－「能力→信頼」	6.27 **	2.33 *	6.55 **	1.80
「誠実さ→信頼」－「価値類似性→信頼」	7.21 **	8.14 **	7.67 **	8.02 **
「価値類似性→信頼」－「能力→信頼」	0.16	-5.95 **	0.92	-6.56 **

注：**p<0.01，*p<0.05。

表11-7 関心水準間のパス係数の差の検定（z値）

	県モデル	市町村モデル
	高関心群－低関心群	高関心群－低関心群
能力→信頼	-3.15 **	-4.06 **
誠実さ→信頼	2.41 *	2.98 **
価値類似性→信頼	2.51 *	2.91 **
誠実さ→価値類似性	2.39 *	2.07 *

注：**p<0.01，*p<0.05。

力→信頼」は低関心群が高い。さらに，表11-7でパス係数の差を検証した結果，これらにはいずれも有意な差があった（p<0.05）。これより，高関心群での［信頼］の規定要因は，低関心群に比べて，相対的に［誠実さ］と［価値類似性］の影響が大きく，［能力］の影響は小さい。逆に，低関心群では，高関心群に比べて，相対的に［能力］が大きく，［誠実さ］と［価値類似性］は小さいことが示された。

以上より，高関心群と低関心群の相対的な比較から，高関心群は，能力はあまり重視せず，誠実な姿勢・態度に加え，森林に係る取組みの価値観や方向性の自らのそれとの一致も，信頼につながる要因として大きい。一方，低関心群は，高関心群と同様に誠実さが最も重要な信頼の規定要因ではあるが，高関心群と比べて，より能力が重視される。加えて，低関心ゆえに自らの価値観確立はされず，行政の価値観への認知度も低いと想定されるため，行政の価値観との類似性は評価基準とならず，信頼の規定要因にはならない。なお，本研究では県，市町村のモデル間で分析結果に大きな違いはなかった。

5．誠実さ，能力，価値類似性の関係性に係る考察

　本章では，住民の森林行政（県，市町村）に対する信頼の規定要因およびその関係性を，Siegrist et al.（2003）のTCCモデルの構造の再検討を目的に，仮説モデルを複数設定し，共分散構造分析に基づく比較検討により明らかにした。そこでは，誠実さ，能力，価値類似性の3要因それぞれが森林行政に対する信頼の規定要因となること，誠実さが能力よりも信頼への影響力が大きいことを示した。そして，「誠実さ→価値類似性」という関係性を持つ信頼の規定構造を明らかにし，Siegrist et al.（2003）のTCCモデルの想定とは異なる結果および解釈を示した。

　加えて，地域の森林への関心水準が異なるグループの信頼の規定要因の特徴として，相対的に，高関心群は誠実さと価値類似性，低関心群は誠実さと能力がより高く評価されることを，中谷内他（2010）らの重回帰分析ではなく，多母集団同時分析により明らかにした。

　TCCモデルが想定するように，価値類似性が誠実であるとの認識を導き，信頼につながるとするならば，行政は住民から価値観が異なる主体であると一度認識されてしまえば，いくら誠実な取組みを進めても信頼を得られないという悲観的なインプリケーションが示される。一方，誠実であるという認識が価値類似性を導き，信頼につながるという本分析結果のプロセスは，行政の誠実な取組みは，住民からの信頼をいつかは獲得できるという可能性を残している。第10章で明らかにしたように，「手続き的公正」に基づく日常的な取組みにより，異なる価値観の人々との間でも信頼構築や合意形成を進めていくことが望まれる。

　また，価値類似性は，対象となる問題への関心水準が低いグループにとっては，行政の価値観への認知度が低いため，評価が難しい要素となる。そのため，TCCモデルが想定するように，価値類似性が意図に先んじて定まることにはならない。したがって，関心水準の高低に関わらず分析可能な包括的な信頼モデルとして，本章で示したモデルがより論理的であり，妥当性は高いといえる。

　ただ，意図，能力についても，価値類似性ほどではないにしろ，関心水準が

表11-8 政策全般と森林行政の「能力」, 政策全般と森林行政の「誠実さ」の相関係数

	県		市町村	
	高関心群 (N=232)	低関心群 (N=426)	高関心群 (N=232)	低関心群 (N=426)
能力(政策全般)-能力(森林)	0.75 **	0.73 **	0.72 **	0.71 **
誠実さ(政策全般)-誠実さ(森林)	0.68 **	0.72 **	0.70 **	0.70 **

注:**p<0.01, *p<0.05。

低い層にとっては評価が難しい状況も想定される。その際は, Earle (2010)で示されているように, 住民は全般的な政策課題に対する行政への能力や意図の評価に基づき, 対象となる具体的な課題に係る行政の能力や意図を推測し, 判断すると考えられる。

　ここで, 政策全般に関する行政の能力と誠実さの評価と, 本研究で対象とした森林分野での行政の能力と誠実さの評価の関係性を示す。表11-8は, 居住する県および市町村の政策全般を対象に,「県(市町村)は, あなたの生活を豊かにするための専門知識・技能を持っている」,「県(市町村)は, あなたの生活を豊かにするために誠実に取組む」について,「非常にそう思う」～「全くそう思わない」の6件法で測定し, それらを能力(政策全般), 誠実さ(政策全般)とし, 表11-1で示した能力(森林)および誠実さ(森林)との相関係数を関心水準別にみた。結果, 能力(政策全般)と能力(森林), 誠実さ(政策全般)と誠実さ(森林)の相関係数は0.68～0.75と高くなった。これより, 特に森林への関心水準が低い層において, 県および市町村の政策全般の能力や意図の評価結果に基づき, それぞれの森林行政に係る能力や意図を判断する意思決定プロセスが存在する可能性がある。このことから, 特に住民の関心が低い政策の受容性・実効性は, 政策全般に関する行政への信頼水準に一定規定されることが想定される。逆に言えば, 政策全般に関する信頼が高ければ, 個別分野の政策の受容度・実効性も高まる可能性があるともいえる。

　他方, 住民の関心が高い政策の受容性・実効性は, 政策全般に関する行政への信頼水準にも影響されるが, 当該分野での誠実に取り組む意思・姿勢に加え, 取組みの方向性・内容としての価値観も評価されることから, 住民の信頼醸成においては, これらの理解を踏まえることが効果的となる。

ただし，ほとんど全ての住民が関心を持つ政策分野や，利害関係者が限られる局地的な政策を除くと，政策の受容性・実効性を高めるためには，無関心層・低関心層からの信頼を得ることが同時に求められる状況も多い。その場合は，問題解決に係る能力への理解を求めることも必要となる。そのため，住民の信頼醸成に向けた情報発信として，例えば高関心層が多いと想定されるセミナーやシンポジウムなどのメディアでは価値類似性，低関心層も多いと想定される広報誌などのメディアでは能力を誠実さとともに重点的にPRするなど，住民の政策への関心度合いを踏まえたコミュニケーション上の工夫・戦略が行政には求められる。当然ながら，行政は個人および組織としての能力向上，誠実な取組みに係るしくみづくり，客観的な根拠に基づく取組みの方向性の決定など，住民との間の信頼構築に向けた着実な取組みが前提となるのは言うまでもない[4]。信頼の形成の困難さと信頼の崩壊の容易さである「信頼の非対称性原理」（Slovic, 1993）を示す事例には事欠かない。

4　今後の課題としては，第1に本研究は森林環境税導入地域を事例として分析したものであり，結論の一般化に際しては，森林環境税の未導入地域との比較検討が求められる。第2にサンプル数の問題もあるが，税額や税収使途が異なる6県別の分析により，制度内容や制度導入プロセスの違いが結果に及ぼす差異の分析も必要となる。第3に表11-8をもとに仮説的に示した政策全般に対する能力および意図と，個別具体の政策分野でのそれらとの関係に係る分析も課題である。第4にTCCモデル再検討のためのモデル構築を超え，探索的なアプローチによるモデル構築も求められる。

終　章
「インセンティブ情報」
×
「他者との関わり・ネットワーク」

　本研究は環境配慮行動に係る意思決定プロセスの研究として，個人の節電行動，集団での森林ボランティア活動，住民の森林環境税制度の必要性判断に係る意思決定プロセスを，質問票による社会調査データの分析を通じて明らかにした。そこでは実験室ゲームでの仮想的な状況ではなく，外的妥当性の追求のため，現実の環境問題に対する選好や選択（行動）を対象とした。そして，選択の帰結だけでなく，その要因と処方指針の考察のため，帰結に至る意思決定プロセスを明らかにできるモデルを複数設定した。その上で，選好に関わる社会・経済的要因や心理的要因を構造的に把握できる共分散構造分析により，社会・経済的要因に影響を受けた，選好から選択につながるメカニズムを1つずつ明らかにした。そこでは，準拠集団などで身近な他者と相互依存関係にあり，社会的な関係に影響を受け，限定合理性やヒューリスティックスに基づいて情報処理を行う個人を想定したモデルの設計および分析を進めた。

　さらに多母集団同時分析により，個人の制約状況の違いに基づく各要因の強度の差異や，時間経過に伴う強度の変容を明らかにした。そして，各人の意思決定プロセスの違いを踏まえた，情報提供に係る手法・技術とその社会実装のしくみや制度を考察した。これらを通じて，個人がそれぞれに異なる制約状況に基づき，実際にどのように行動するかの記述的な分析だけでなく，その行動の要因を明らかにし，その行動を継続あるいは変容させる状況をつくる処方指針までを検討する，記述的かつ処方的な研究を行った。これにより，現実の環境問題解決に資する実践的な知見を提供することを目指した。

1. 第Ⅰ部のまとめ

第Ⅰ部の個人の節電行動の意思決定プロセスの研究では，個人の家庭での「節電意識→節電行動→節電効果」プロセスにおいて，節電行動に係る意識や実際の行動の程度という主観的判断水準の把握・評価にとどまらず，定量的に測定した節電行動の効果までも対象とした研究を行った。そこでは節電の数値目標，停電への不安・恐怖，電気代値上がり，身近な他者との関わり，個人費用便益の認知，社会費用便益の認知，社会的規範，電力会社への信頼，損失回避性などの要因からなる意思決定プロセスを検証した。

加えて，個人の制約状況の違い（過年度での節電の取組み水準，居住地域の違いに伴う停電への感情・身体感覚や危機意識の水準，電力需要量，他者の節電状況への関心水準）に起因するこれら要因の強度の違いや，時間経過に伴う各要因の強度の変容の分析と考察を行った。つまり，個人の制約状況や時間経過による違いや変容を踏まえた，社会からの影響および社会への影響を考慮した節電意識・行動・効果プロセスを明らかにした。そして分析結果に基づき，どのような種類・形態のインセンティブが，節電行動を無理なく継続させるのかを考察した。

1.1 節電行動の持続性の観点からの社会費用便益認知の影響

第1章では「個人費用便益認知（経済性認知，利便性認知）と社会費用便益認知」の影響を明らかにした。2011年度夏季データでの分析では，社会費用便益認知および経済性認知は，節電行動を喚起させ節電効果に寄与すること，環境認知（危機意識，責任意識，対処有効性）は節電意識を高めること，節電意識は利便性認知を高める（不便という意識は低下する）ものの節電行動には寄与しないこと，社会費用便益認知は経済性認知よりも節電行動を高めることを実証した。加えて，地域別の違いとして，東京では利便性認知は節電意識や行動には影響を及ぼさないが，経済性認知により節電行動を高めるのは東京のみであることなどを明らかにした。

また，前年節電経験別の違いとして，未経験群は節電経験が少ないため，環

終　章　「インセンティブ情報」×「他者との関わり・ネットワーク」　231

境認知や社会費用便益認知により追加的に節電意識，経済性認知，節電行動が高まる関係が相対的に強いこと，未経験群は相対的に社会費用便益認知を強く評価することで節電行動を高めることを明らかにした。このことは，特に無関心層・低関心層に対する環境・エネルギー教育による意識醸成や，リスク情報の提供・共有の効果を示唆する。

　他方，2013年度夏季データでの分析では，経済性認知は追加的な節電行動に寄与しないことが実証された。経済性認知は，時間経過に伴ってその水準と節電行動への寄与度が低下した。ただ，経済性認知の影響力の弱さの要因として，家計の節約につながるという漠然とした認識だけで，個別の節電行動の正確な節約額までを認識できていない可能性があげられる。

　一方，社会費用便益認知（停電回避貢献，環境保全意識）の水準は低下傾向を示し，節電行動への寄与度も低下したが，2013年度夏季においても有意な影響を与え続けている。時間経過によっても社会費用便益認知が節電行動を促進させ続けていることは，節電行動の持続性の観点から，短期と長期ごとの政策設計に対して示唆を与える。社会費用便益認知は持続的な節電行動の基盤として醸成を図っていくことが必要となる。

1.2　時間経過に伴う意識低下を見越した，複合的で動的なメカニズム設計の必要性

　第2章では，2011年度夏季・冬季データを用いて，「節電目標の理解度と停電への不安・恐怖」の影響を明らかにした。そこでは，節電目標の理解が節電意識および節電行動を喚起させ節電効果に寄与すること，停電への不安・恐怖が節電意識を高めること，節電目標の理解要因は停電への不安・恐怖要因よりも節電意識を高めることを実証した。加えて，地域・時期別の違いとして，東京では節電意識に寄与する節電目標の理解要因と停電への不安・恐怖要因の大きさに有意な差はなく，相対的に停電への不安・恐怖の影響が大きいことなどを明らかにした。そして第3章より，節電目標を意識した節電行動には，電力会社への信頼要因よりも社会的規範の影響が大きいことが示された。

　第4章では，第2章のモデルをベースに，2013年度夏季，2014年度夏季データを用いて，「節電数値目標の有無と電気代値上がり」の影響を明らかにした。

そこでは，停電への不安・恐怖が節電意識を高めること，節電の数値目標が設定されないことが節電意識を抑えること，電気代の値上がりが節電意識および節電行動を喚起させ節電効果に寄与すること，電気代の値上がりは節電の数値目標が設定されないことよりも節電意識への寄与度が大きいことを実証した。加えて，地域・時期別の違いとして，大阪では電気代の値上がりは節電行動に直接は寄与しないこと，東京では2014年度夏季において，電気代の値上がりが大阪よりもより強く節電行動に結びつくことを明らかにした。

ここで，2011年度データで分析を行った第2章の分析結果と比較すると，2013年度および2014年度では特に東京での停電への不安・恐怖の水準が低下し，停電への不安・恐怖が節電意識を高める強度も低下している。また，数値目標自体の影響力の低下も示唆される。ただこのことは，"節電"目標に対する態度が個人内部に既に内在化され，"数値"目標の有無に関わらず，あえて節電目標を意識することがなくなった影響も含まれる。

節電目標の理解に基づく節電意識の醸成，そして節電行動・効果の向上は期待される一方，時間経過による忘却，慣れ，関心低下等により，停電への不安・恐怖や数値目標の有無が節電意識や行動に与える影響は相対的に小さくなっている。他方，電気代の値上がりという経済的インセンティブが与える影響は相対的に大きくなっている。図らずも，ポリシー・ミックスとして，2013年度夏季から2014年度夏季において，節電の数値目標なしと電気代値上がりという，政府関与を抑制する状況になり，この状況が節電行動を促進させている。人々の社会的規範に基づいて機能するフォーマルな制度である節電の数値目標については，それを意識させ続けることの追加的な効果は弱まっていく。逆に電気代の値上がりに関しては，費用負担が大きくなるにつれて，節電行動インセンティブは高まる。これらより，即効的で短期的に効果の高い要因およびそれを促進する政策と，持続性も高い要因およびそれを促進する政策という，短期と長期という時間軸を踏まえた政策のあり方が示唆される。

一時的でなく中長期において節電意識・行動・効果プロセスを定着・持続させるには，弱まっていく外部要因への反応に基づく「個人」の身体感覚・感情や道徳・倫理のみに依存するのではなく，「社会」の制度・しくみにより対応していくことが求められる。各種情報の提供による意識醸成とともに，規制的

終　章　「インセンティブ情報」×「他者との関わり・ネットワーク」　233

施策による強制，経済的インセンティブを喚起させる制度・しくみなどからなるポリシー・ミックスとして，個人の取組みを無理なく確実に促進させ，習慣化につながるような，社会レベルでの複合的なメカニズム設計が必要といえる。そして，個人の意思決定プロセスの変容にあわせて，ポリシー・ミックスも意図的に変容させていくことが，政策の費用対効果そして社会厚生を高める。

1.3　電力会社への信頼に基づく節電促進の期待

　第3章では，まず2011年度夏季データを用いて，「社会的規範と電力会社への信頼」の影響を明らかにした。そこでは，節電目標への協力に係る態度が節電意識を喚起し節電行動および節電効果に寄与すること，社会的規範と電力会社への信頼が目標態度を高めること，社会的規範要因が電力会社への信頼要因よりも目標態度を高めることを実証した。また，地域別の違いとして，信頼要因は大阪が東京よりも大きいこと，大阪の3季（2011年度夏季，2011年度冬季，2012年度夏季）での比較分析により，大阪の2012年度夏季での信頼が目標態度を高める影響は，2011年度夏季よりも小さくなったことなどを明らかにした。

　これらより，実質的な協力対象である電力会社への信頼が低い状況であっても，社会のルールや基準としての個人への行動期待である社会的規範に基づき，人々は協力行動を取ることが示された。そこでは危機意識や当事者意識などから導かれる社会的責任（命令的規範）や，他者も協力行動を取るであろうとの予測（記述的規範）が影響を与える。

　一方，取組主体への信頼が高いほど目標態度が高まる関係性は確認されたが，その寄与度は低く，時間経過に伴ってその強度は低下していく。さらに信頼の水準自体も低い。電力会社への信頼は報道等に基づく世論の影響を強く受け，一度失った信頼の回復は容易ではない。ただし，平時においては，取組主体への信頼がその取組みへの賛同や協力意識・行動を高めるうえで鍵となる。また，時間経過による社会的規範の節電意識・行動への影響力の低下の可能性もないわけではない。中長期的な視点で考えると，社会的規範に依存しすぎるのではなく，電力会社の信頼回復も重要となる。

　なお，電力会社への信頼に係る要因（情報の有用性，情報の真実さ，能力，誠実さ）の水準は，2011年度から2014年度にかけて上昇傾向となっている。米

国Opower社は世界各国で複数の電力会社と提携して節電・省エネサービスを提供しており，そのサービスには電力会社が当然関わる．顧客の維持・拡大や節電・省エネサービスがビジネスとして成功するには，顧客から電力会社への信頼が不可欠である．そしてその信頼をベースにした効果的なコミュニケーションも求められる．電力会社への信頼向上が新たな節電・省エネサービスの普及，さらには節電効果も左右する．

1.4 節電行動の正確な便益認知と損失回避性に基づくインセンティブ供与

第4章の最後で，2013年度夏季，2014年度夏季のデータを用いて，経済的インセンティブである「電気代値上がり」と「経済性認知」の影響を明らかにした．そこでは，経済性認知の水準は相対的に高く，電気代値上がりにより経済性認知は高まるものの実際の節電行動に寄与しないこと，電気代値上がりは節電行動に直接寄与することを実証した．つまり，2013年度夏季，2014年度夏季には，経済性認知ではなく電気代値上がりが，直接，節電行動に寄与することが確認された．さらに，電気代値上がりが節電行動を直接促すのは，電力需要量の大きい個人に対してのみとの結果となった．電気代値上がりの影響力は，電力需要量の大きさによって差が生じる可能性がある．

この「経済性認知」の影響力の弱さの要因として，時間経過によって経済性認知の追加的な節電行動への寄与度が低下していることに加え，個別の節電行動における正確な便益認知がなされていない可能性があげられる．これにより，どの行動に取り組むのが合理的かについての情報欠如により実際の節電行動にまで至らない，あるいは不完全な情報に基づく節約額の小さな節電行動のみの実施経験による，節約の恩恵の小ささ認知により節電行動を継続しないことなどが想定される．ただ，全ての人にとっての情報不足や不完全な情報流通という状況ではなく，知っている人は行動につなげており，知らない人は行動に至らない，またよく知られている情報と知られていない情報があるという，まだらな情報分布が示唆される．

これらの情報の非対称性や限定合理性に基づく行動変容の程度の違いは，これまでのような情報提供の方法や内容では限界があることを示している．儲かる節電として費用対便益の大きい節電行動項目の情報を優先的に示すことで，

節電行動に対して我慢や大きい費用負担（手間・時間）のイメージを持つ人々の行動変容を促すことが可能となる。そこでは，有益な情報が見過ごされないように，かつ情報過多にならないように，人間の限定合理性を踏まえた情報提供が求められる。

他方，「電気代値上がり」に関連して，節電の便益の捉え方の個人間での違いが影響している可能性がある。具体的には，節電することを得と知覚するか，節電しないことを損と知覚するかの違いが，節電行動に影響している。プロスペクト理論（Kahneman and Tversky, 1979）での損失回避性（人間は同額の損失を同額の利益よりも大きく評価する）に基づくと，節電によって得をするよりも，損をしたくないという知覚がより強いインセンティブになる。2014年度冬季データを用いた損失回避性の検証結果として，「節電すると得」と捉える個人は多いものの，実際の節電行動に寄与するのは，「節電しないと損」との知覚に拠ることが示された。特にこの「節電しないと損」との知覚は，電力需要量の小さい個人において節電行動を促すことが明らかとなった。

1.5 身近な他者との関わりに基づく情報提供手法・技術とその社会実装のしくみづくり

第5章では，社会的比較（Festinger, 1954）に基づいて，「身近な他者との関わり」（他者からの勧め，他者からの期待）が節電意識および節電行動を喚起させ，節電効果に寄与することを明らかにした。また，地域・時期別の違いとして，相対的に東京は電気代の値上がり，大阪は身近な他者との関わりが，より強く節電行動に結びつくことを明らかにした。そしてそれぞれの影響力は，2013年度夏季よりも2014年度夏季が大きくなっており，東京では電気代の値上がり，大阪では身近な他者との関わりという地域別に異なる外的要因の影響力の時間経過に伴う増大が示唆される。

また，「身近な他者との関わり」の影響力は，他者の節電状況への関心の高い人ほど大きい。高関心群は，身近な他者への能動的なコミュニケーションを通じて，彼らの選好や知識・情報を学習し，節電に取り組むものと想定される。特に参照点としての身近な他者の行動水準や，自分の損失状況との相対的な比較結果が，節電行動を促す要因になると考えられる。そのため，「他者の見え

る化」により，身近な他者や平均的他者の行動水準との継続的な比較が可能なしくみ整備が有用となる。誰にどのような情報を提供するかに関しては，情報過多にならないように，より効果的な情報としてカスタマイズすることが望ましい。また，浸透・定着が難しく，即時的には行動につながりにくい種類の情報と，即効性の高い情報の区別が必要となる。また提供情報の種類ごとの持続性の違いへの理解も必要となる。

　節電行動の便益の正確な認知，損失回避性，身近な他者との関わりの重要性を踏まえると，節電行動の正確な便益額を，損失回避を促すような表現で，自らの世帯に類似する世帯と比較する形態をベースとした，情報提供手法・技術とその社会実装のしくみが求められる。それは，「インセンティブ情報」×「他者との関わり・ネットワーク」の相乗効果を狙うものとなる。具体的には，スマートメーターやHEMS情報の活用による常に目に触れるようなリアルタイムでの節電額の見える化，再エネ発電賦課金と地球温暖化対策税の負担額の認知向上，ピークロード・プライシングでの適切な設定金額水準，節電効果に応じたクオカード，ミールカード，商品券などの報酬ではなく未節電による損失増大のしくみ，「節電すると得」よりも「節電しないと損」というフレーミング効果を踏まえた情報の表現方法，電力需要量に応じた損失額情報の表現方法，マンション・自治会単位での損失回避のインセンティブのある協力のしくみ，身近な類似世帯やマンション・自治会単位の節電状況との比較に係るフィードバック情報の提供や，上記個々の組み合わせが有用と考えられる。

　その上で，個人の制約状況の違い（節電への関心・節電経験，地理的あるいは文化的な違いのある居住地域，個別節電行動に係る知識・情報，電力会社への信頼など）により情報内容のカスタマイズが必要となる。各人にとって節電効果が大きい有益な情報を優先的に提供し，フィードバックによりその効果を各人が実感できるような工夫が求められる。

　なお，これらの情報提供に係る工夫・しかけは，環境政策手段としての経済的手法，情報的手法，そして場合によっては規制的手法を補完し，そのパフォーマンスを向上させる機能を有すもので，単独で導入されるような新たな政策手段という位置づけにはない。つまり，コストがかかる新たな制度との組み合わせだけでなく，既存の電力需給に係る情報的手法に対しても付加できる，低

コストの情報提供に係るしくみとなる。これらのしくみづくりは，社会厚生の改善に貢献すると考えられる。

2．第Ⅱ部のまとめ

第Ⅱ部では，まず集団での環境配慮行動としての森林ボランティア活動の参加に係る意思決定プロセスを明らかにした（第6，7章）。そこでは地域への愛着や身近な他者とのつながりと，フォーマルな制度としての森林環境税制度の影響を検証した。

次に，その森林環境税制度の必要性判断に係る住民の意思決定プロセスを明らかにし（第8～11章），住民への情報提供や制度理解の促進への対応において，行政関係者に一定の知見を提供することを目指した。そこでは，行政の視点や基準に基づく評価ではなく，住民目線からの評価が求められるため，分配的公正（資源の配分結果の公正さ）に加え，手続き的公正（資源の配分過程の公正さ），身近な他者の評価，森林行政への信頼の影響，その信頼の規定要因を検証した。さらに，地域の森林への関心や森林ボランティア活動の参加状況，地域への愛着や他者との交流の水準，制度の認知水準などの個人の制約状況の違いによる，各要因の影響の違いの分析と考察を行った。なお，森林環境税の税収は森林ボランティア活動の財源としても用いられており，森林環境税制度の評価（第8～11章）は森林ボランティア活動促進（第6，7章）にも影響を与える。さらに，森林は二酸化炭素の吸収・貯蔵の機能を有すことから，適切な森林管理は第Ⅰ部での検討に関連する地球温暖化対策にもつながる。

また，本研究結果は，森林と同様に関心度の低い事象や政策分野における，人々の意思決定プロセス把握にも示唆を与えうる。このことは，住民投票など多数決で物事が決まる場に限らず，無関心層・低関心層の賛同を得たり，政策導入の判断を行う際において，行政にとっての参考になりうる。

なお以下では，前節「1．第Ⅰ部のまとめ」での考察事項とも関連させて記述を進める。

2.1 地域への愛着や身近な他者とのつながりの醸成の必要性

　第6章では「地域への愛着と身近な他者とのつながり」の森林ボランティア活動参加への影響を明らかにした。そこでは，実行可能性（知識や技能の高さ）と社会的規範が大きな影響を与えていること，地域への愛着と他者とのつながりによる影響は相対的に小さいこと，地域への愛着に基づくコミュニティ活動への積極的な参加による地域社会での他者との交流向上が，森林ボランティア活動参加を促進することなどを実証した。また，社会的規範（記述的規範）が費用便益（利便性認知）よりも影響が大きいことも確認された。第Ⅰ部での個人での節電行動と，第Ⅱ部での集団での森林ボランティア活動いずれにおいても，社会的規範の環境配慮行動への寄与度の大きさと，利便性認知の寄与度の小ささが示された。

　第Ⅰ部での個人での節電行動と異なり，森林ボランティア活動は他者に見えやすい環境配慮行動であり，活動団体の学校，職場，地域などの準拠集団における身近な他者からの知識・情報や選好に加え，圧力，期待に影響を受け，さらに自らの評価・評判形成を気にかけるなどの影響の強さが示唆される。個人的な地域への愛着だけでなく，それを基にした日常からの他者との交流が，集団での環境配慮行動につながる。そして，個人の環境配慮行動と異なり，他者との交流や集団での環境配慮行動には，他者との関わりが自己の利益を損なうかもしれないという不確実性が存在するため，他者への信頼に基づくつながりが，より一層重要となる。

　第7章ではフォーマルな制度である「森林環境税制度」の森林ボランティア活動参加への影響を明らかにした。各県の森林環境税制度が，森林ボランティアに係る関心，態度，行動それぞれにプラスの影響を与えることで，森林ボランティア活動参加を促進していることを実証した。そして森林ボランティア活動への参加促進において，各県間でフォーマルな制度としての森林環境税制度と，地域への愛着や身近な他者とのつながりの相対的な影響力の違いが存在することが明らかになった。このことは地域ごとに有効な資源管理の促進方策の違いを示唆する。また，第Ⅰ部のまとめ「1.5　身近な他者との関わりに基づく情報提供手法・技術とその社会実装のしくみづくり」で示したように，個人

の節電行動においても，身近な他者との関わりの状況や，それらが節電行動に与える影響力に地域差があることも明らかとなっている。

　森林ボランティア活動の活性化には，その参加に係る知識・技能向上に向けた体験型の環境教育や，地域社会全体での森林保全や森林ボランティア活動への意識啓発が求められる。そして，これらの背景となる，そもそもの地域への愛着や他者とのつながりの醸成，およびコミュニティ活動の活性化に向けた取組みが必要となる。また逆に，地域への愛着や他者とのつながりの醸成を目指す地域の各種政策推進の根拠として，森林ボランティア活動に関する知識・技能の向上や参加促進による地域の資源管理の推進，という目的も掲げることができる。

2.2　地域社会での分配的公正の確保とその認知水準の向上

　第8章では「分配的公正」（資源の配分結果の公正さ）の森林環境税制度の必要性判断への影響を明らかにした。そこでは，森林環境税導入後の地域社会への効果と森林行政への信頼が森林環境税受容に係る判断要因になること，森林環境税の導入後の地域社会への効果要因が，森林行政への信頼要因より影響力が大きいことを実証した。加えて，地域の森林への関心水準と，地域の森林保全活動の行動水準が異なるグループ別の違いとして，低関心群および低行動群は，高関心群および高行動群に比べて，相対的に森林行政への信頼要因の影響が大きくなることを明らかにした。なお，第9～10章においても，「分配的公正」としての政策効果や，それを一定規定する制度のしくみ・設計が最も強い判断要因になることが確認された。また第Ⅰ部のまとめ「1.1　節電行動の持続性の観点からの社会費用便益認知の影響」でも，節電行動促進への社会的便益の影響力の大きさが示されている。

　加えて，対象事象への自己関連性が低い場合における，よりコスト節約的に認知できる情報に基づく直感的なヒューリスティックな評価プロセスとして，県および市町村の政策全般に対する信頼評価に基づき，森林行政への信頼水準が規定されることも示した。対象事象に対する関心や行動などの自己関連性が低くなればなるほど，個人あるいは地域社会への便益を認識しにくくなる。この便益に関する情報が不十分だったり，不確実性の高い場合の手がかりとして，

対象に関わる主体への信頼を頼りにする。そのため，この信頼に基づいた評価プロセスの重みが高まる。

　ただし，無関心・低関心層に対して，曖昧で漠然とした情報の提供やイメージの流布，ポピュリズム的政策により，主体としての良い評価を効率的に得ようとするのは誠実とは言えない。対象事象への認知・評価の動機づけや能力水準などの制約条件の異なる個人の意思決定プロセスの規定要因を踏まえることで，行政は正しい方向で効率的に努力することが可能となる，と考えるべきである。このことをまずは認識した上で，誰にどのような情報を提供すべきかという一律でない方策を検討していく必要がある。

　第Ⅰ部のまとめ「1.1 節電行動の持続性の観点からの社会費用便益認知の影響」で示した，無関心層・低関心層に対する社会費用便益認知の影響力の大きさと，前述の低関心群・低行動群における森林行政への信頼要因の影響の大きさを踏まえると，当該問題への関心の低い層に対する地域や社会全体の便益，政策領域を横断するような便益の大きさの認知水準を高めるための継続的なコミュニケーション方策が，行政にとっての費用効率的な環境配慮行動の促進や，政策受容度を高める効果を規定する。

2.3　身近な他者の評価とネットワークの有用性と可能性

　第9章では「身近な他者の評価とネットワーク」の影響を明らかにした。そこでは，森林環境税制度のしくみ評価と，身近な他者の評価および森林行政への信頼が，森林環境税の必要性に係る判断要因になること，制度のしくみ評価としてのシステマティック処理がヒューリスティック処理（身近な他者の評価，森林行政への信頼）よりも影響力が大きいことを実証した。そして，第8章で検証した「分配的公正」としての政策効果を一定規定する制度自体のしくみ・設計への評価が，森林環境税制度の判断基準として強い影響力を有すことが明らかとなった。これにより，政策の事後的な効果を判断できない住民は，政策効果に影響を与えうる政策のしくみ・設計を，評価の手がかりとすることが示唆される。

　また，地域の森林への関心や地域との関わり水準の高低別の違いとして，地域の森林に関心の低い人，地域への愛着の高い人，地域の人々との交流が盛ん

な人は，身近な他者の評価に消極的に依存したり，それを積極的に活用することにより，森林環境税の必要性を判断する傾向が相対的に強い。一方，地域の森林に関心の高い人，地域への愛着の低い人，地域の人々との交流が盛んでない人は，自らの森林環境税のしくみ評価に基づき，森林環境税の必要性を判断する傾向が相対的に強いことを明らかにした。そして，他者との交流の活発な個人は，地域の身近な他者の認知・評価結果を参照できるネットワークも踏まえた意思決定を行えることを明らかにした。

なお，ヒューリスティックに基づく意思決定は必ずしも誤った結果を導くものではなく，ヒューリスティック処理としての森林行政への信頼や，信頼できる身近な他者とのネットワークを活用した意思決定は，直ちに否定されるべきものではない。そのため，全ての住民，特に地域の森林に関心の低い住民が森林環境税に関する情報を精査の上，熟慮し判断を下す必要性，ならびに行政が全ての住民一人ひとりに詳細な情報を提供する必要性は，人間の情報処理および行政運営の効率性の観点からは必ずしも高いものとは言えない。このことは，第Ⅰ部のまとめ「1.5 身近な他者との関わりに基づく情報提供手法・技術とその社会実装のしくみづくり」で示した，身近な他者との関わりに基づく個人の節電行動の促進にも関連する。身近な他者とのコミュニケーションを通じた，彼らの選好や知識・情報の学習や行動水準の認識，自分の損失状況との相対的な比較結果が節電行動を促すのである。

地域コミュニティとの高い関係性（高い社会関係資本）が，身近な他者とのコミュニケーションを活発化させ，バイアスも含んだ他者からの情報により，個人の意識や行動が影響を受ける可能性を考慮すると，地域コミュニティ内のチェンジエージェント（行動の変化の担い手）や社会関係資本の役割に期待し，地域コミュニティを通じた個人の意識や行動変化に向けた働きかけ方策の有用性が示唆される。高い社会関係資本により情報の不確実を低減させた上での，各人のつながり・ネットワークに基づく人々の相互作用を活かした方策である。当然，他者の知識・情報や選好という不確実性には自らの知見や他者への信頼等を基準にした判断・対応が必要となる。誰を信頼するかという判断にも，単純な直感に基づく情報処理に拠るのではなく，自らの知見や経験則に基づくプロセスを経ることが求められる。行政と地域コミュニティとの役割分担の明確

化や，地域コミュニティのつながりを前提とした，地域コミュニティ組織やNPO/NGO主導の施策展開も考えられる。これにより，特に対象事象に関心の低い無関心・低関心層や，地域との関わりの高い住民への情報伝達や政策理解促進への効果が期待される。「2.1　地域への愛着や身近な他者とのつながりの醸成の必要性」で示したような地域への愛着や他者とのつながりを醸成する方策は，森林ボランティア活動に関する知識・技能の向上や参加促進による地域の資源管理に寄与するだけでなく，前述の各種政策情報の流通基盤としても重要となる。つまり，人々のつながり・ネットワーク格差の解消に係る方策は，各人の身近な他者との関わり・ネットワークに基づく意思決定を可能にし，行政コスト低減につながる可能性もある。

2.4　日常的な手続き的公正に基づく取組みの必要性

第10章では「手続き的公正」（資源の配分過程の公正さ）の影響を明らかにした。そこでは，森林環境税の政策効果と森林行政への信頼が，森林環境税の必要性に係る直接の判断要因になること，政策効果としてのシステマティック処理がヒューリスティック処理（森林行政への信頼）よりも影響力が大きいこと，森林環境税導入手続きの公正さが森林環境税の政策効果，および森林行政への信頼に影響を与えることで，間接的に森林環境税の必要性判断に寄与することを実証した。加えて，居住県の森林環境税の認知水準と，森林ボランティア活動への参加水準が異なるグループ別の違いとして，低認知群および低行動群は，高認知群および高行動群に比べて，相対的に森林行政への信頼要因の影響が大きくなること，高認知群および高行動群は，そもそも森林行政への信頼は森林環境税の必要性判断要因にならないことを明らかにした。

森林環境税制度の導入・延長プロセスの手続きの公正さは，森林行政への信頼醸成，および政策効果への高い評価あるいはその期待につながる。したがって，住民への積極的な情報提供，十分な発言機会の創出と住民意見の政策への反映は，特に地域の森林や森林環境税に関心の低い住民のヒューリスティックな判断も含みつつ，森林環境税の制度自体の評価を高める。前項で示したように，分配的公正としての政策効果と，その政策効果を一定規定する制度自体のしくみ・設計への評価が，森林環境税の必要性判断に寄与する。ただし，地域

の森林への関心水準の違いに応じて，事後の政策効果を評価できない人は，それを規定する制度のしくみ・設計を評価し，それも評価できない人は制度の手続き過程の公正さを森林環境税制度評価の手がかりとする。また，政策主体である行政への信頼や身近な他者の評価も判断の手がかりとなる。

　なお，手続きの公正さ自体はあくまでも住民の制度理解を促進させる手段であり，直接，制度の評価を定めるものではない。また森林行政への信頼を高めることが最終目的でもない。一般的に，信頼醸成が短期間ではなされないことを考慮すると，森林環境税制度の導入・延長時に限らず，日常的に住民が納得できる水準での「手続きの公正さ」に基づく取組みが信頼醸成につながっていく。このことは，住民のヒューリスティックな判断にも基づく，森林政策受容ならびに森林政策に係る合意形成の円滑化につながり，ひいては効率的，効果的な森林行政運営に寄与する。

　これらのことは，第Ⅰ部のまとめ「1.3　電力会社への信頼に基づく節電促進の期待」で示した，電力会社の信頼回復にも関連する。手続き的公正（手続きの効率性，手続きの公平性，手続きの有効性）を担保するための適切な手続き過程（情報提供，発言機会，意見反映）が信頼醸成につながりうる。

2.5　組織への信頼向上における誠実さ，能力，価値類似性の関係性

　第11章では，第8～10章の分析で共通的に考慮される，森林行政への信頼の規定要因を明らかにした。そこでは，誠実さ，能力，価値類似性の3要因それぞれが森林行政に対する信頼の規定要因となること，誠実さが能力よりも信頼への影響力が大きいこと，「誠実さ→価値類似性」という関係性を持つ信頼の規定構造を実証した。加えて，地域の森林への関心水準が異なるグループの信頼の規定要因の特徴として，相対的に，高関心群は誠実さと価値類似性，低関心群は誠実さと能力がより高く評価されることを明らかにした。本分析結果の誠実であるという認識が価値類似性を導き，信頼につながるというプロセスは，行政の誠実な取組みは，住民からの信頼をいつかは獲得できるという可能性を残している。前項で示したように，「手続き的公正」に基づく日常的な取組みにより，異なる価値観の人々との間でも信頼構築や合意形成を進めていける余地は残されている。

なお，高関心層と無関心層・低関心層の信頼向上メカニズムは異なる。住民の関心が高い政策の受容性・実効性は，政策全般に関する行政への信頼水準にも影響されるが，当該分野での誠実に取り組む意思・姿勢に加え，取組みの方向性・内容としての価値観も評価される。したがって，住民の信頼醸成においては，これらの理解を踏まえることが効果的となる。

ただし，ほとんど全ての住民が関心を持つ政策分野や，利害関係者が限られる局地的な政策を除くと，政策の受容性・実効性を高めるためには，無関心層・低関心層からの信頼を得ることが同時に求められる状況も多い。その場合は，問題解決に係る能力への理解を求めることも必要となる。そのため，住民の信頼醸成に向けた情報発信として，例えば高関心層が多いと想定されるセミナーやシンポジウムなどのメディアでは価値類似性，低関心層も多いと想定される広報誌などのメディアでは能力を誠実さとともに重点的にPRするなど，住民の政策への関心度合いを踏まえたコミュニケーション上の工夫・戦略が行政には求められる。当然ながら，行政は個人および組織としての能力向上，誠実な取組みに係るしくみづくり，客観的な根拠に基づく取組みの方向性の決定など，住民との間の信頼構築に向けた着実な取組みが前提となる。これは，第Ⅰ部のまとめ「1.3　電力会社への信頼に基づく節電促進の期待」で示した電力会社の信頼回復にも同様のことがいえる。電力を安定供給できる能力とともに，個人および社会に対する誠実な取組みと，それらの日常的なコミュニケーションが求められる。誠実さが全ての人からの信頼を獲得するための共通要素である。

3．全体のまとめ

第Ⅰ部と第Ⅱ部の研究対象の違いとして，日常性の違いに起因する環境問題としての人々の関心度の違い（節電：高い，森林：低い），行動の種類（節電：個人行動［他者に見えにくい］，森林ボランティア活動：集団行動［他者に見えやすい］，森林環境税制度：政策評価（必要性判断）［他者への見えやすさは人／場合による］），外部要因・対象としての制度の違い（節電：強制力のないフォーマルな制度［節電目標］，森林ボランティア活動：強制力のないフ

ォーマルな制度，森林環境税制度：強制力のあるフォーマルな制度），組織への信頼（節電：電力会社，森林：森林行政）があげられる。また第Ⅰ部（第1～5章）では個人の環境配慮行動，第Ⅱ部の第6～7章では集団での環境配慮行動，第8～11章では地域の環境政策の評価であり，地域社会との関わりの広がりの程度も異なる。

　前節までにおいて，第Ⅰ部と第Ⅱ部ごとに意思決定プロセスに影響を与える各要因の考察と，個人の制約状況や時間経過に伴う違いや変容を中心に整理して示した。そこでは共通的な事項や関連する事項がみられた。以下ではそれらを踏まえて，その共通的な事項を整理し，政策インプリケーションに絡めて，効率的・効果的な情報提供に係る手法・技術とその社会実装のしくみや制度を示す。具体的には，時間をかけて高めていく「基盤としての社会便益認知」をベースとし，インセンティブをより高める手法・技術やしくみとしての「個人便益の可視化と実感」および「身近な他者との関わりに基づく知識・情報の補完と同調，競争」の相互作用による便益認知の積み上げとその他者比較が，個人の環境配慮行動を促進することを，それぞれを関連させながら示す。

3.1　個人便益の可視化と実感

　本研究での環境配慮行動に係る費用便益認知の評価結果からは，個人の便益認知よりも地域や社会全体の便益認知の環境配慮行動への影響力が強く，その持続性も高い。この個人便益認知の相対的な影響力の弱さと持続性の低さについて，家庭の節電行動では，行動に結びつけにくい主観的で曖昧な情報の処理を通じて，費用対便益を評価していることが要因の1つとしてあげられる。また，森林ボランティア活動や森林環境税制度の評価では，日常性の薄さゆえの関心や自己関連性の低さから，個人便益を実感しにくいことが要因として考えられる。いずれも具体性や想像力の不足による，なんとなくの漠然とした個人便益の認知により，行動につながらない状況といえる。

　漠然とした個人便益は，費用との比較において，節電行動や森林ボランティア活動への選好や選択（行動）とその持続性，森林環境税制度の評価に対してプラスの影響を与えにくい。そのため，地域や社会全体の便益認知が行動や政策評価の意思決定に相対的に大きな影響を与えるようにみえる。もちろん，東

日本大震災の影響や地域への愛着や他者とのつながり，自然資源の保全意識等による社会便益認知そのものの寄与の大きさの影響もある。そして地域や社会全体への便益認知の持続性も高いことも確認されている。ただこれらの結果は，環境配慮行動一般において，個人費用便益認知要因よりも社会費用便益認知要因の影響が大きいと解釈するよりも，本研究が対象とする環境配慮行動では，一般的にインセンティブの高いとされる個人便益の情報を受け取りにくく，認知しづらい状況にあると理解するのが妥当といえる。これにより個人費用便益認知要因が環境配慮行動を十分に促進させていない結果となっていると考えられる。そのため，まず費用と比較して相対的に大きな個人便益であると具体的かつ客観的に判断されれば，行動変容につながる可能性はある。実際，2010年度の節電経験群は，節電経験に基づいて実際の便益を実感してきたことで，未経験群よりも経済性認知水準が高く，2011年度の節電意識も節電行動も高い水準となっていると考えられる。行動により効果を実感することで，次の行動につなげるというサイクルが確立している。

　仮に個人便益が個人費用と比較した上で行動変容を促すほどの大きさであった場合，次のステップとして，それをどのように個人に認識させ，実感させるかが重要となる。つまり，処方指針として，合理的な行動とのギャップ解消に向けた，情報提供に係る手法・技術とその実装のしくみづくりが必要となる。

　まず家庭の節電行動では，節電に関する無関心層・低関心層に多いと想定される，節電に係る個人便益に関する情報を全く有していない人や，ヒューリスティックな判断で不確実な情報を有している人に対しての情報提供が特に求められる。加えて，金銭的な損得感覚の敏感な電力需要量の小さい個人には，「節電しないと損」としての損失回避に係る表現での個人便益情報の提供が有用といえる。また電力需要量の大きい個人には，電気料金単価（円/kWh）の大きさや，そこから想起される費用負担額に係る個人便益（損失）情報の提供が望ましい。さらに，現在の地球温暖化対策税や再エネ発電賦課金の負担額（便益損失額）の認知向上も有効となる。そこでは，電力消費量（電気料金）を正しく認識できるスマートメーターやHEMSの導入促進というハード・テクノロジー面での対策だけでなく，nudgeを踏まえた節電行動に結びつきやすい情報提供手法・技術が考えられる。損失回避性やフレーミング効果に基づき，

身近で類似の他者や平均的他者と比べてどの程度の金額を損をしているかという表現形態での，具体的な便益損失情報の提供が求められる。

損失回避に係る客観的情報が，個人の便益認知水準を高めることで節電行動を促進させる。そして，この個人の節約額情報（損失回避額情報）が見える化され，身近な他者との関わりによりその情報の共有範囲が拡大していくことで，節電行動が広まっていく。さらに，これが平均的他者の行動様式の新たな主流となり，無関心層・低関心層の模倣・同調を促すことで，社会全体の節電効果が高まることが期待される。この低コストの情報提供手法・技術とその実装のしくみは，社会厚生の改善にも貢献すると考えられる。第Ⅰ部導入部「ⅰ．東日本大震災と地球温暖化への対応」で家庭の電力価格の短期の弾性値の低さと，長期の弾性値の高さを示したように，個人便益の大きさの認知水準向上は，中長期的には省電力家電への買換えや住居の省エネリフォームなどに結びつく可能性もある。客観的な便益情報に喚起された意識変容は，短期でのソフト面での環境配慮行動とその習慣化を経て，長期でのハード対策による節電の自動化につながることで，持続可能な節電の達成を可能とする。身近な他者の行動や将来の自らの行動へのスピルオーバーとしての空間軸・時間軸での広がりにより，社会全体の節電効果の向上と持続につながることが期待される。

森林ボランティア活動や森林環境税制度は，節電と比較して相対的に人々の関心や認知度が低い。したがって，森林環境税収も用いて維持される森林の多面的機能が直接個人に与える影響について，まずは地道な情報提供により個人便益の大きさの認知水準を高める必要がある。例えば，森林の水源涵養機能が，昨今多発する局地的豪雨などから個人の安心・安全な生活を守っていること，森林ボランティア活動は森林保全に貢献するだけでなく自身の身体的・精神的健康面にも便益があり，他者との交流や地域づくりにもつながることなどである。つまり，森林ボランティア活動への参加自体が，保健や癒し，思考や思想の形成などの森林の多面的な機能の享受になる。ここで客観的な便益情報の重要性や人間の損失回避性を踏まえると，水源涵養機能低下に基づく他地域での豪雨等による具体的な被害状況などの情報提供が有用になる。安心・安全な日常生活，さらには生存に関わる損失回避という人間の根源的な欲求に係る情報が，意思決定の深い部分に影響を与える。

人々の認知度や関心が低く、直接的な経済的利得が見えにくい環境配慮行動の場合、便益の波及範囲を広げて示すことも行動経済学が扱う領域である。森林ボランティア活動による他者とのつながり強化が孤独感を解消し、うつの抑制に寄与するならば、当該個人にだけではなく社会的にも大きな便益が生じる[1]。また、主観的幸福感研究などで得られた家族関係、健康状況、精神的なゆとり、充実した余暇、趣味・社会貢献などの生きがい、友人関係に係る便益や厚生[2]などの個人便益提示を、森林ボランティア活動や森林の多面的機能による恩恵と関係付けて情報提供することで、より個人の便益認知や実感につながりやすくなると考える。つまり、社会保障政策等と森林を関連付けるのである。具体的で客観的な情報によって想像力を喚起させ、気づきを与えることが求められる。曖昧な便益情報は行動へのインセンティブとしては弱い。人々の限定合理性を踏まえ、情報過多になり過ぎないような、客観的で的確な便益情報の提供が必要となる。

　また、森林環境税収の多くが人工林対策としての間伐や混交林化等のハード事業に用いられている状況を変え、体験型の環境教育や森林ボランティア育成・活動支援、森づくり活動や体験の場提供、企業の森づくり支援などのソフト事業の拡充、さらには森林資源の直接的な分配など、税負担者にとって目に見え、手に取れるような、便益の実感を伴う還元策を拡大させることも必要となる。日常生活の中で人間の森林への関わりを高めるような政策が求められる。

　他方、住民に便益の発現プロセスを理解してもらい、便益を推測させることも代替案として考えられる。政策の事後的な効果としての個人便益が見えにくい場合は、その便益水準を一定規定する制度自体のしくみ・設計を、便益評価の手がかりにしてもらう。さらに、その制度の導入手続きの公正な実施も、便益の発現に係る評価の間接的な判断材料にしてもらう。無関心層・低関心層に

1　厚生労働省調査において、金子・佐藤（2010）は2009年の自殺・うつによる社会的損失額を2兆6782億円と試算している。
2　内閣府（2012）平成23年度国民生活選好度調査。また、内閣府・幸福度に関する研究会（2011）の「幸福度に関する研究会報告」では、ブータンのGNHや通称「スティグリッツ委員会」（Stiglitz et al., 2010）の指標など、諸外国や国際機関による幸福度調査の結果が整理されている。また、Frey and Stutzer（2002）、Frey（2008）、大竹他（2010）、Graham（2011）などの研究がある。

対しても，便益を認知，実感してもらう工夫が求められる。一方住民は，行政や多数派などに騙されたり丸め込まれないように，受動的ではなく能動的に，より精度の高い情報を収集し，自律的に意思決定を行えるほどに成熟する必要があり，それが理想ではある。

3.2 基盤としての社会便益認知

　個人便益認知だけでなく，地域や社会全体の便益認知水準向上のための取組みも重要であり，これらの持続性の高さも確認されている。特に当該問題への関心や行動水準の低い層にとっては，社会便益に係る追加的な情報は行動変容に大きな影響を与える。また，危機意識，責任意識，対処有効性などの当該問題の状況を認知させることも有効となる。さらに社会的規範に係る意識醸成も社会便益認知を高めることに寄与する。これらのことは，人々の関心度が低い森林に係る追加的な社会便益認知水準向上の効果が，相対的に高いことを示唆する。

　ただし，これらの社会的責任に係る意識は，体験型の環境教育などを通じて時間をかけて醸成を図らないと，個人内部への浸透や定着は難しいと考えられる。社会便益は時間軸と空間軸に広がりを持つため認知が困難であり，将来のリスクや効果を小さく見積もったり，社会全体におけるリスクや効果を実感しにくい。前項の個人便益情報は，即時的な行動変容につながりやすい種類の情報であり，客観的な便益額（損失額）を損益回避的な手法・技術で提供することで，その効果はより高まり，その持続性も期待される。他方，社会便益情報がスポット的に提供された場合，一般的な規範的意識を発揮させられ，その重要性を意識レベルで表面的に高く評価するだけとなり，行動変容にはつながりにくい。また当該問題への関心や行動水準の低い層にとっては，これら情報への弾力性は大きいため，ある程度の即時的な行動変容は期待されるが，その持続の不確実性は高い。さらに節電行動に関しては，東日本大震災に伴う社会全体での危機意識や責任意識の高まりが社会便益情報を流通させやすくし，これら属性の人々の即時的な行動変容を促したという平時ではない状況もある。本来は個人内部への内在化速度の遅い社会的責任に係る意識の醸成は，中長期的なスパンで地道に行わざるを得ない。したがって，社会便益やその認知に関わ

る社会的規範の醸成を目指した情報提供は，即時的な効果を狙えば狙うほどお説教型・おせっかい型の性格を帯び，行動変容とその継続性を高めることは難しくなる。特に当該問題への関心や行動水準の高い層にとっては，これら情報は既知の場合が多く，行動変容には寄与しない。逆に，追加的な情報提供は反発を買い，かえって逆効果になることもあり得る。

　他方，社会便益に係る財・サービスを供給する主体への信頼も，個人の環境配慮行動の規定要因になる。信頼できない相手の情報は信用しないし，評価や協力もしないということである。電力会社と森林行政それぞれのフォーマルな制度としての節電目標と森林環境税制度への協力または賛同の水準が，電力需要に応じた電力供給や森林の多面的機能の維持を通じた社会便益の水準に影響を与える。そのため，電力会社と森林行政は，社会便益向上のために個人からの信頼を得ていく必要がある。そこではルールや規則によるシステム的な安心を含めた組織としての能力向上，誠実な取組みに係るしくみづくり，客観的な根拠に基づく取組みの方向性の決定，そしてこれらに関しての個人および社会への日常的なコミュニケーション（情報提供，発言機会，意見反映）が求められる。なかでも，誠実さが全ての人からの信頼を獲得するための共通要素である。これらにより，間接的に社会便益水準およびその認知水準を高めていくことが必要となる。

　また，節電目標や森林環境税などのフォーマルな制度の機能水準に影響を与えるインフォーマルな制度も重要となる。地域への愛着や身近な他者とのつながりは，地域の自然資源や地球環境の保全意識を高め，環境配慮行動を促進する要因になるとともに，環境配慮意識や行動に係る情報・知識，選好，圧力や期待などの各種情報の流通基盤となる。これにより人々は身近な他者とのつながり・ネットワークも活用した意思決定を行うことが可能となる。そして，身近な他者との関わりにより，地域や社会における常識や通念，慣習や規範が個人内部に内在化・定着し，それが多くの人に広まることになれば，それはインフォーマルな制度に転化し，各人の意識・行動をより一層強く規定する。これらによりフォーマルな制度への協力や賛同が一定規定されることで，インフォーマルな制度も間接的に社会便益水準に寄与する。

　ただ，この地域への愛着や身近な他者とのつながりも，短時間で醸成される

ものではない。そのため，先に示した森林環境税収の還元策として，地域への愛着や身近な他者とのつながりの醸成も支援対象とするのが望ましい。個人便益認知を高めるためだけでなく，間接的に社会便益を高めうるインフォーマルな制度強化への投資も求められる。これにより身近な他者とのネットワークも踏まえた意思決定の精度が高まることで，森林ボランティア活動や森林環境税評価の判断だけでなく，節電行動においてもより望ましい選択（行動）が可能となる。

　以上のように，社会便益認知水準を高めるには，地道な取組みが必要となる。その際，「Think globally, act locally」として，社会便益認知を高めた上で行動を促す方法よりも，人間の限定的な想像力を前提とすると，「Think locally, act globally」，さらには「Think of him/her, act locally」として，目に見える地域の自然資源や友人，家族，子供の将来の便益のためという，身近なものへの利他的動機を醸成させていく方法がより効果的と考える。個人便益に係るmyselfだけでなく，身近な他者の便益に係るhim/herへと想像力の範囲を広げさせ，行動動機として醸成を図ることが望ましい。その行動の結果が社会便益につながるという図式である。ここに地域への愛着や身近な他者とのつながりの重要性が関わる。この「身近な他者便益」情報は，一般的な社会便益情報よりも相対的に浸透速度が速く，定着度も高いと想定される。

　なお，社会便益認知か個人便益認知かの二者択一ではなく，どちらも必要ということであり，その認知水準を高める方法や必要時間が異なる。結果として，社会便益認知と個人便益認知の総和が費用認知を上回ればよい。そのため，時間をかけて高めていく「基盤としての社会便益認知」をベースとし，インセンティブをより高める手法・技術やしくみとしての「個人便益の可視化と実感」，そして次項で示す「身近な他者との関わりに基づく知識・情報の補完と同調，競争」の相互作用による便益認知の積み上げとその他者比較が求められる。社会便益認知と個人便益認知の２つのルートに支えられた意思決定プロセスは，より強力で持続性の高いものになると考えられる。ただし，個人便益認知を強調しすぎることにより，社会便益認知や社会的規範などに基づく内的な動機づけが低下しないような注意も必要となる。人間の限定合理性に基づく認知のしくみや情報の伝わり方を踏まえた，個人の包括的な利得認識構造を望ましい方

向に変え，それを持続させるような工夫が求められる。

3.3 身近な他者との関わりに基づく知識・情報の補完と同調，競争

　人間は特定情報の処理に係る動機づけ，時間，能力等の制約状況の違いに基づき，限定合理性やヒューリスティックスに基づく意思決定を行うとされる。ただ，社会的な存在としての人間は，意思決定に際して他者から知識・情報を補完したり確認を行うことができる。実験室でない現実の社会では，直接的な利害関係の薄い誰かに依存したり，誰かに影響されて意思決定を行う。例えば，前項で示した個人便益や社会便益に係る知識・情報が不十分で不確実性の高い場合，身近な他者からそれを補完したり再確認して意思決定を行うことができる。また個人便益に係る損失回避性は強いインセンティブとなるが，そのインセンティブを持続させるには，他者との継続的な比較ができることが求められる。したがって，意思決定に係る知識・情報不足の解消や不確実性の低減，社会的比較などの観点から，身近な他者とのつながりやコミュニケーションの重要性が指摘できる。ただ，その前提として，「自分の見える化」に加えて「他者の見える化」として，身近な他者や平均的他者の行動水準との継続的な比較が可能なしくみ整備が求められる。これにより，他者の行動動機である個人便益の存在の有無が判断でき，自分の知らない知識・情報により自分だけが損をしているかもしれないという認知状況を作り上げることができる。

　なお，身近な他者とのネットワーク上では単純な知識・情報としてではなく，コミュニティ意識や環境配慮意識等に基づく他者からの期待や圧力という価値観や偏りが付与されることも多い。他者との関わりに基づく意思決定では，単純に情報の流れが活発なネットワークに属しているかだけでなく，信頼できる他者や組織の情報かどうか，自分の価値観や属性に沿った有益な情報かどうかの評価が各自に問われる。信頼できる他者や組織とのつながりが，各人にとってより望ましい選択（行動）に結びつく。また信頼できる他者・組織やその情報へのアクセスは取引費用も低い。地域への愛着やそれを基にした他者との積極的な交流や，他者の意識・行動への関心に基づく日常的なコミュニケーションにより，信頼できる他者や組織とのつながりを試行錯誤的に時間をかけて作り上げることになる。信頼はネットワークが構成される際のフォーカルポイン

トの結節剤としての機能を持つものであり（菊池，2007），これが他者との相互作用に基づく意思決定の基盤となる．

　また，知識・情報の補完にとどまらず，他者の選好，価値観，行動そのものへの同調もある．身近な他者や平均的他者が実際に取る行動であろうとの記述的規範の認知による，他者さらには皆がやるなら自分もという順応行動である．それは情報処理コストの低い模倣というフリーライド的な同調の場合や，身近な他者へのヒューリスティックな信頼に基づく追随的な同調もある．さらに，他者に見えやすい環境配慮行動であれば，自らの行動に係る評価・評判形成の意図も働く．

　他方，命令的規範や社会費用便益の認知プロセスを経た上での，他者を参照した結果としての同調の場合もありうる．この場合は，フリーライダーの回避，コモンズの悲劇や社会的ジレンマへの対応に寄与すべきという内的動機水準の高さが前提となる．また，ヒューリスティックによる他者への信頼においても，単純な直感ではなく経験則に基づく判断の場合は，その帰結が間違いだとは限らない．

　関連して，身近な他者の行動水準との比較に基づく競争意識もインセンティブとなる．顔の見える身近な他者には劣りたくないとの欲望や習性に拠るもので，そこでは絶対的な水準ではなく相対的な水準の差が問題となる．他者に見えにくい行動では負けたくないという意識，他者に見える行動では自らの評価・評判形成に係る意識がインセンティブとなる．節電行動を例にとると，自らの世帯と類似する身近な世帯と比べて相対的に損をしているとの認知が負けたくないとの意識を喚起させ，行動水準を高める．これは何もビッグデータやICTを用いたHome Energy Reportのような情報提供技術に限らず，Face to Faceでの身近な他者との会話の中でも認知できる事象でもある．森林ボランティア活動では，他者からのFace to Faceによる評価や社会的承認，評判形成が行動の促進要因になる．これらは限定的な範囲での身近な他者との日常的な交流を通じた意思決定方法であるが，そこで得られる知識・情報などは，例えばネット上での顔の見えない他者，平均的他者，世論としての知識・情報の評価の基準点として有用なものとなる．信頼できる身近な他者や組織とのつながりが，社会の中にある信頼できる知識・情報へのアクセスと評価を可能にし，

より広い・深い範囲の情報の利活用および判断により,さらに望ましい選択の可能性が開ける。「見知った他者」から「見知らぬ他者」の知識・情報や選好の活用への展開である。

SNSやインターネットでの知識・情報の参照に関して,森林ボランティア活動などの集団での環境配慮行動では,身近な他者からの圧力や期待,自らの評価・評判形成が相対的に強いインセンティブとなることから,家庭での節電などの個人での環境配慮行動と比べて,ネット上での知識・情報の影響力は相対的に小さいと考えられる。他方,個人の節電行動であっても,身近な友人や知人などの節電状況が気になる,知りたい,劣りたくないと考える意識も存在する。そのため,他者に見えにくい行動であっても,顔の見える身近な他者とのFace to Faceによるアナログ的なコミュニケーションは,ネットでの知識・情報提供サービスを超えて,競争意識に基づく強いインセンティブとなる可能性もある。

限定合理性やヒューリスティックに基づいて情報処理を行う個人の意思決定は,準拠集団における他者との関わりを通じて,身近な他者からの注視(されているとの思い込み)に基づく圧力,期待,評価・評判形成に影響を受けるとともに,参照対象としての他者の知識・情報,選好,選択の帰結水準にも影響を受ける。損失回避的に,身近な他者に嫌われたくない(良く思われたい,褒められたい),違うことをしたくない(同じことをしたい),少数派になりたくない(多数派でいたい)とともに,劣りたくない(勝ちたい),普通と見られたくない(認められたい)という人間の根源的な欲求や習性が,意思決定の深い部分に影響すると考えられる。自己満足では不十分であり,身近な他者などの第三者との比較や彼らの評価結果がインセンティブを左右する。ここに「3.1 個人便益の可視化と実感」の内容を付加すると,個人便益の客観的な測定・評価を行い,その結果を身近な他者などの第三者との比較とともに損失回避的な表現で伝えることが,インセンティブをより高める。絶対的な損失水準を認識させ,それを他者との比較により相対的に位置づけ,それを継続的に認識させる工夫・しかけが有用となる。learn by doingによる経験に基づく実感に加えて,learn by othersによる相乗効果を生み出すしくみが求められる。そこでは,「3.2 基盤としての社会便益認知」で示した,人々の行動動機とな

り得る，「身近な他者の便益」の存在も示唆することが望ましい。これらが他者との関わりを通じてさらに広がり，平均的他者の支配的な意識・行動になっていけば，それは地域や社会における常識や通念，慣習や規範としてのインフォーマルな制度に転化し，より多くの個人の意識・行動を強く規定する。

これらの「インセンティブ情報」×「他者との関わり・ネットワーク」の相乗効果を狙う情報提供に係る工夫・しかけは，環境政策手段としての経済的手法，情報的手法を補完し，そのパフォーマンスを向上させる機能を有するものであり，低コストのしくみとなる。これらの「優先すべきインセンティブ情報の選択とその表現方法の工夫」と「人々のつながり・ネットワークづくりの方策」に係るしくみや制度づくりは，各人をより望ましい行動へと導き，かつ社会厚生を高める。

社会的な関係に影響を受け，限定合理性やヒューリスティックスに基づいて情報処理を行う個人の環境配慮行動に係る意思決定プロセスでは，社会的比較に基づく身近な他者との関わりを通じた，個人便益認知と社会便益認知が影響を与える。そこでは，制度（フォーマル，インフォーマル），感情・身体感覚，社会的規範，地域への愛着や他者とのつながり，手続き的公正，信頼などの要因も影響を与える。そしてそれら影響の強度は個人の制約状況によって異なり，意思決定プロセスも一様ではない。また時間経過によりこれらは変容する。現実社会における処方指針の検討において，これら要因と個人の制約状況や時間経過に基づく影響の違いや変容についての包括的で動学的な考慮が重要となる。

参考文献

Abrahamse, W.（2007）*Energy conservation through behavioral change: Examining the effectiveness of a tailor-made approach*. University of Groningen.

Ajzen, I.（1991）The theory of planned behavior. *Organizational Behavior and Human Decision Process*, 50, 179-221.

Ajzen, I., M. Fishbein（1977）Attitude－behavior relations: A theoretical analysis and review of empirical research. *Psychological Bulletin*, 84, 888-918.

Akerlof, G.A., R.J. Shiller（2009）*Animal spirits: How human psychology drives the economy, and why it matters for global capitalism*. Princeton University Press.（山形浩生訳（2009）アニマルスピリット：人間の心理がマクロ経済を動かす．東洋経済新報社.）

Allcott, H.（2011）Social norms and energy conservation. *Journal of Public Economics*, 95, 1082-1095.

Allcott, H., T. Rogers（2012）The short-run and long-run effects of behavioral interventions: Experimental evidence from energy conservation. *NBER Working Paper*, No.18492.

Aoki, M.（2001）*Toward a comparative institutional analysis*. MIT Press.（瀧澤弘和・谷口和弘訳（2001）比較制度分析に向けて．NTT出版.）

Ariely, D.（2008）*Predictably irrational: The hidden forces that shape our decisions*. Harper.（熊谷淳子訳（2008）予想どおりに不合理:行動経済学が明かす「あなたがそれを選ぶわけ」．早川書房.）

Ariely, D.（2010）*The upside of irrationality: The unexpected benefits of defying logic at work and at home*. Harper Collins.（櫻井祐子訳（2010）不合理だからすべてがうまくいく：行動経済学で「人を動かす」．早川書房.）

Ariely, D.（2012）*The honest truth about dishonesty*. Harper Collins.（櫻井祐子訳（2012）ずる：嘘とごまかしの行動経済学．早川書房.）

Attarri, S.Z., M.L. Dekay, C.I. Davidson and W. Bruine de Bruin（2010）Public perception of energy consumption and savings. *Proceedings of the National Academy of Sciences of USA*, 107(37), 16054-16059.

Bamberg, S., P. Schmidt（2003）Incentives, morality, or habit?: Predicting students'car use for university routes with the models of Ajzen, Schwartz, and Triandis. *Environment and Behavior*, 35(2), 264-285.

Banerjee, A., E. Duflo（2011）*Poor economics: A radical rethinking of the way to fight global poverty*. Public Affairs.（山形浩生訳（2012）貧乏人の経済学：もういちど貧困問題を根っこから考える．みすず書房.）

Barber, B.（1983）*The logic and limits of trust*. Rutgers University Press.

Becker, L.J.（1978）Joint effect of feedback and goal setting on performance: A field study of residential energy conservation. *Journal of Applied Psychology*, 63(4), 428-433.

Bell, D.E, H. Raiffa and A. Tversky（1988）*Decision making: Descriptive, normative, and prescriptive interactions*. Cambridge University Press.

Black, J.S., P.C. Stern and J.T. Elworth (1985) Personal and contextual influences on household energy adaptations. *Journal of Applied Psychology*, 70(1), 3-21.
Bowles, S. (2004) *Microeconomics: Behavior, institutions, and evolution*. Princeton University Press. (塩沢由典・磯谷明徳・植村博恭訳 (2013) 制度と進化のミクロ経済学. NTT出版.)
Brandon, G., A. Lewis (1999) Reducing household energy consumption: A qualitative and quantitative field study. *Journal of Environmental Psychology*, 19(1), 75-85.
Brown, B., D. Perkins and G. Brown (2003) Place attachment in a revitalizing neighborhood: Individual and block levels of analysis. *Journal of Environmental Psychology*, 23, 259-271.
Chaiken, S. (1980) Heuristic versus systematic information processing and use of source versus message cues in persuasion. *Journal of Personality and Social Psychology*, 39, 752-756.
Chaiken, S., A. Liberman and A.H. Eagly (1989) Heuristic and systematic information processing within and beyond the persuasion context. *In* Uleman J. S., J. A. Bargh (eds.) *Unintended thought*, 212-252, Guilford Press.
Chanley, V.A (2002) Trust in government in the aftermath of 9/11: Determinants and consequences. *Political Psychology*, 23(3), 469–483.
Cialdini, R.B., R.R. Reno and C.A. Kallgren (1990) A focus theory of normative conduct: Recycling the concept of norms to reduce littering in public places. *Journal of Personality and Social Psychology*, 58, 1015-1026.
Cialdini, R.B., M.R. Trost (1998) Social influence: Social norms, conformity, and compliance. *In* Gilbert, D.T., S.T. Fiske and G. Lindzey (eds.) *The handbook of social psychology (4th ed.)*, 151-192, McGraw-Hill.
Curtin, R.T. (1976) Consumer adaptation to energy shortages. *The Journal of Energy and Development*, 2(1), 38-59.
Damasio, A. (1994) *Descartes'error: Emotion, reason, and the human brain*. Putnam. (田中三彦訳 (2000) 生存する脳：心と脳と身体の神秘. 講談社.)
Damasio, A. (1999) *The feeling of what happens: Body and emotion in the making of consciousness*. Harcourt. (田中三彦訳 (2003) 無意識の脳 自己意識の脳. 講談社.)
Deutsch, M. and H.B. Gerard (1955) A study of normative and informational social influences upon individual judgment. *The Journal of Abnormal and Social Psychology*, 51(3), 629-636.
Dowes, R.M. (1980) Social dilemmas. *Annual Review of Psychology*, 31(1), 169-193.
Duflo, E., R. Glennerster and M. Kremer (2007) Using randomization in development economics research: A toolkit. *CERP Discussion Paper*, 6059.
Earle, T.C., G. Cvetkovich (1995) *Social trust: Toward a cosmopolitan society*. Praeger Press.
Earle, T.C. (2010) Trust in risk management: A model-based review of empirical research. *Risk Analysis*, 30(4), 541-574.
Festinger, L. (1954) A theory of social comparison processes. *Human Relations*, 7(2), 117-140.
Frewer, J.L., C. Howard, D. Hedderley and R. Shepherd (1996) What determines trust in

information about food-related risks?: Underlying psychological constructs. *Risk Analysis*, 16, 473-486.

Frey, B.S., A. Stutzer (2002) *Happiness and economics: How the economy and institutions affect human well-being*. Princeton University Press.（沢崎冬日・佐和隆光訳 (2005) 幸福の政治経済学：人々の幸せを促進するものは何か．ダイヤモンド社．）

Frey, B.S. (2008) *Happiness: A revolution in economics*. The MIT Press.（白石小百合訳 (2012) 幸福度をはかる経済学．NTT出版．）

Gintis, H. (2009) *The bounds of reason: Game theory and the unification of the behavioral sciences*. Princeton University Press.（成田悠輔・小川一仁・川越敏司・佐々木俊一郎訳 (2011) ゲーム理論による社会科学の統合．NTT出版．）

Gneezy, U., J.A. List (2013) *The why axis: Hidden motives and the undiscovered economics of everyday life*. Public Affairs.（望月衛訳 (2014) その問題，経済学で解決できます．東洋経済新報社．）

Goldstein, N.J., R.B. Cialdini and V. Griskevicius (2008) A room with a viewpoint: Using social norms to motivate environmental conservation in hotels. *Journal of Consumer Research*, 35(3), 472-482.

Graham, C. (2011) *The pursuit of happiness: An economy of well-being*. Brookings Institution Press.（多田洋介訳 (2013) 幸福の経済学：人々を豊かにするものは何か．日本経済新聞出版社．）

Gul, F., W. Pesendorfer (2008) The case for mindless economics. *In* Caplin, A., A. Schotter (eds.) *The foundations of positive and normative economics: A hand book*, 3-39, Oxford University Press.

Hardin, G. (1968) The tragedy of the commons. *Science*, 162, 1243-1248.

Hayes, S.C., D.C. John (1977) Reducing residential electrical energy use: Payments, information, and feedback. *Journal of Applied Behavior Analysis*, 10(3), 425-435.

Heberlein, T.A., G. Warriner (1983) The influence of price and attitude on shifting residential electricity consumption from on-to off-peak periods. *Journal of Economic Psychology*, 4(1-2), 107-130.

Heslop, L.A., L. Moran and A. Cousineau (1981) "Consciousness" in energy conservation behavior: An exploratory study. *Journal of Consumer Research*, 8(3), 299-305.

Hidalgo, C., B. Hernandez (2001) Place attachment: Conceptual and empirical questions. *Journal of Environmental Psychology*, 21, 273-281.

Hummel, C.F., L. Levitt and R.J. Loomis (1978) Perceptions of the energy crisis: Who is blamed and how do citizens react to environment-lifestyle trade-offs?. *Environment and Behavior*, 10(1), 37-88.

Ito, K., T. Ida and M. Tanaka (2015) The persistence of moral suasion and economic incentives: Field experimental evidence from energy demand. *RIETI Discussion Paper Series*, 15-E-014.

Kahneman, D., A. Tversky (1979) Prospect theory: An analysis of decision under risk. *Econometrica*, 47(2), 263-291.

Kahneman, D., P. Slovic and A. Tversky (1982) *Judgment under uncertainty: Heuristics and biases*. Cambridge University Press.

Kahneman, D. (2011) *Thinking fast and slow*. Farrar, Straus and Giroux.（村井章子訳

（2012）ファスト＆スロー：あなたの意思はどのように決まるか？．早川書房.）

Kapp, K.W.（1968）In defense of institutional economics.（柴田徳衛・鈴木正俊訳（1975）環境破壊と社会的費用，22-53，岩波書店）

Kapp, K.W.（1976）The open-system character of the economy and its implications. In Kurt Dopfer（ed.）*Economics in the future*, 90-105, Macmillan.（都留重人監訳（1978）これからの経済学：新しい理論範式を求めて．岩波書店.）

Karlan, D., J. Appel（2011）*More than good intentions: Improving the ways the world's poor borrow, save, farm, learn, and stay healthy.* Dutton.（清川幸美訳（2013）善意で貧困はなくせるのか？：貧乏人の行動経済学．みすず書房.）

Kolstad, C.D.（1999）*Environmental economics.* Oxford University Press.（細江守紀・藤田敏之監訳（2001）環境経済学入門．有斐閣.）

Laibson, D., R. Zeckhauser（1998）Amos Tversky and the ascent of behavioral economics. *Journal of Risk and Uncertainty*, 16, 7-47.

Levitt, S.D., J.A. List（2007）What do laboratory experiments measuring social preferences reveal about the real world?. *Journal of Economic Perspectives*, 21(2), 153-174.

Levitt, S.D., S.J. Dubner（2014）*Think like a freak: The authors of freakonomics offer to retrain your brain.* William Morrow.（櫻井祐子訳（2015）0ベース思考：どんな難問もシンプルに解決できる．ダイヤモンド社.）

Lind, E.A., R. Kanfer and P.C. Early（1990）Voice, control, and procedural justice: Instrumental and noninstrumental concerns in fairness judgments. *Journal of Personality and Social psychology*, 59, 952-959.

Lind, E.A., T.R. Tyler（1988）*The social psychology of procedural justice.* Plenum Press. （菅原郁夫・大渕憲一訳（1995）フェアネスと手続きの社会心理学．ブレーン出版.）

Luhmann, N.（1973）*Vertrauen: Ein mechanismus der reduktion sozialer komplexität*（2nd ed.）．Aufl．（大庭健・正村俊之訳（1990）信頼：社会的な複雑性の縮減メカニズム．勁草書房.）

Mizobuchi, K., K. Takeuchi（2013）The influences of financial and non-financial factors on energy-saving behavior: A field experiment in Japan. *Energy Policy*, 63, 775-787.

Morrison, B.M., P.M. Gladhart（1976）Energy and families: The crisis and the response. *Journal of Home Economics*, 68(1), 15-18.

Motterlini, M.（2006）*Economia emotiva.* Rizzoli.（泉典子訳（2008）経済は感情で動く：はじめての行動経済学．紀伊國屋書店.）

Motterlini, M.（2008）*Trappole mentali.* Rizzoli.（泉典子訳（2009）世界は感情で動く：行動経済学からみる脳のトラップ．紀伊國屋書店.）

Mullainathan, S., E. Shafir（2013）*Scarcity: Why having too little means so much.* Times Books.（大田直子訳（2015）いつも「時間がない」あなたに：欠乏の行動経済学．早川書房.）

Nakayachi, K., G. Cvetkovich（2010）Public trust in government concerning tobacco control in Japan. *Risk Analysis*, 30, 143-152.

Noda, Y.（2009）Trust in administration and citizens'intent to participate. *Government Auditing Review*, 16, 49-69.

Nolan, M.J., P.W. Schultz, B.R. Cialdini, N.J. Goldstein and V. Griskevicius（2008）Normative social influence is underdetected. *Personality and Social Psychology Bulletin*,

34, 913-923.

Noorman, K.J., T.S. Uiterkamp (1998) *Green households?: Domestic consumers, the environment and sustainability*. Earthscan.

North, D.C. (1990) *Institutions, institutional change and economic performance*. Cambridge University Press.（竹下公視訳（1994）制度・制度変化・経済成果. 晃洋書房.）

OECD (2001) *Environmentally related taxes in OECD countries : Issues and strategies*. OECD Publishing.（天野明弘監訳（2002）環境関連税制. 有斐閣.）

Ohnuma, S., Y. Hirose, K. Karasawa, K. Yorifuji and J. Sugiura (2005) Why do residents accept a demanding rule?: Fairness and social benefit as determinants of approval for a recycling system. *Japanese Psychological Research*, 47(1), 1-11.

Ohtomo, S., Y. Hirose (2007) The dual process of reactive and intentional decision-making involved in eco-friendly behavior. *Journal of Environmental Psychology*, 27, 117-125.

Perugini M., R. Bagozzi (2001) The role of desires and anticipated emotions in goal-directed behaviors. *British Journal of Social Psychology*, 40(1), 79-98.

Petty, R.E., J.T. Cacioppo (1986) The elaboration likelihood model of persuasion. *Advances in Experimental Social Psychology*, 19, 123-205.

Poortinga, W., N.F. Pidgeon (2006) Prior attitudes, salient value similarity, and dimensionality: Toward an integrative model of trust in risk regulation. *Journal of Applied Social Psychology*, 36, 1674-1700.

Prentice, D., R. Gerrig (1999) Exploring the boundary between fiction and reality. *In* Chaiken, S., Y. Trope (eds.) *Dual-process theories in social psychology*, 529-546, Guilford Press.

Putnam, R.D. (1993) *Making democracy work: Civic traditions in modern Italy*. Princeton University Press.（河田潤一訳（2001）哲学する民主主義：伝統と改革の市民的構造. NTT出版.）

Schultz, P.W., M.J. Nolan, B.R. Cialdini, N.J. Goldstein and V. Griskevicius (2007) The constructive, destructive, and reconstructive power of social norms. *Psychological Science*, 18, 429-434.

Schwartz, S.H. (1977) Normative influences on altruism. *Advances in Experimental Social Psychology*, 10, 221-279.

Sears, D.O., C.L. Funk (1991) The role of self-interest in social and political attitudes. *Advances in Experimental Social Psycholog*, 24, 1-91.

Seligman, C., M. Kriss, J.M. Darley, R.H. Fazio, L.J. Becker and J.B. Pryor (1979) Predicting summer energy consumption from homeowners' attitudes. *Journal of Applied Social Psychology*, 9(1), 70-90.

Sen, A. (1999) *Development as freedom*. Oxford University Press.（石塚雅彦訳（2000）自由と経済開発. 日本経済新聞社.）

Siegrist M., G. Cvetkovich and C. Roth (2000) Salient value similarity, social trust, and risk/benefit perception. *Risk Analysis*, 20(3), 353-362.

Siegrist, M., T.C. Earle and H. Gutscher (2003) Test of a trust and confidence model in the applied context of electromagnetic field (EMF) risks. *Risk Analysis*, 23, 705-716.

Simon, H.A. (1957) *Models of man: Social and rational*. Wiley.

Slovic, P. (1993) Perceived risk, trust, and democracy. *Risk Analysis*, 13(6), 675-682.

Slovic, P., M. Finucane, E. Peters and D. MacGregor (2002) The affect heuristic. *In* Gilovich, T., D. Griffin and D. Kahneman (eds.) *Heuristics and biases*, 397-420, Cambridge University Press.

Slovic, P., M. Finucane, E. Peters and D.G. MacGregor (2004) Risk as analysis and risk as feelings: Some thoughts about affect, reason, risk, and rationality. *Risk Analysis*, 24(2), 1-12.

Smith, E.R., J. DeCoster (2000) Dual-process models in social and cognitive psychology: Conceptual integration and links to underlying memory systems. *Personality and Social Psychology Review*, 4(2), 108-131.

Staub, E. (1972) Instigation to goodness: The role of social norms and interpersonal influence. *Journal of Social Issues*, 28, 131-150.

Stiglitz, J.E., A. Sen and J.P. Fitoussi (2010) *Mismeasuring our lives: Why GDP doesn't add up*. The New Press. (福島清彦訳 (2012) 暮らしの質を測る．金融財政事情研究会．)

Stutzman, T.M., S.B. Green (1982) Factors affecting energy consumption: Two field tests of the Fishbein-Ajzen model. *The Journal of Social Psychology*, 117(2), 183-201.

Thaler, R.H. (1992) *The winner's curse: Paradoxes and anomalies of economic life*. Princeton University Press. (篠原勝訳 (2007) セイラー教授の行動経済学入門．ダイヤモンド社．)

Thaler, R.H., C.R. Sunstein (2008) *Nudge: Improving decisions about health, wealth, and happiness*. Penguin. (遠藤真美訳 (2009) 実践行動経済学：健康，富，幸福への聡明な選択．日経BP社．)

Tversky, A., D. Kahneman (1974) Judgment under uncertainty: Heuristics and biases. *Science*, 185, 1124-1131.

Tversky, A., D. Kahneman (1986) Rational choice and the framing of decisions. *Journal of Business*, 59(4), 251-278.

Tyler, T.R., K.A. Rasinski and N. Spodick (1985) Influence of voice on satisfaction with leaders: Exploring the meaning of process control. *Journal of Personality and Social Psychology*, 48, 72-81.

UNU-IHDP, UNEP (2012) *Inclusive wealth report 2012: Measuring progress toward sustainability*. Cambridge University Press. (植田和弘・山口臨太郎訳 (2014) 国連大学包括的「富」報告書：自然資本・人工資本・人的資本の国際比較．明石書店．)

van Dam S.S., C.A. Bakker and J.D.M.van Hala (2010) Home energy monitors: Impact over the medium-term. *Building Research & Information*, 38(5), 458-469.

van den Bos, K., H.A.M. Wilke and E.A. Lind (1998) When do we need procedural fairness?: The role of trust in authority. *Journal of Personality and Social Psychology*, 75, 1449-1458.

Veblen, T. (1899) *The theory of the leisure class*. Macmillan. (高哲男訳 (1998) 有閑階級の理論，筑摩書房．)

West, S.G., A.B. Taylor and W. Wu (2012) Model fit and model selection in structural equation modeling. *In* Hoyle, R.H. (ed.) *Handbook of structural equation modeling*, 209-231, Guilford Press.

Wolak, F.A. (2010) An experimental comparison of critical peak and hourly pricing: The powercents DC program. Working Paper, Stanford University.

Wolak, F.A.（2011）Do residential customers respond to hourly prices?: Evidence from a dynamic pricing experiment. *American Economic Review: Papers & Proceedings*, 101（3），83-87.

Wood, J.V.（1996）What is social comparison and how should we study it?. *Personality and Social Psychology Bulletin*, 22（5），520-537.

Wood, W.（1999）Motives and modes of processing in the social influence of groups. *In* Chaiken, S., Y. Trope（eds.）*Dual-process theories in social psychology*, 547-570, Guilford Press.

青木卓志・桂木健次（2008）森林環境税の地域への影響．富大経済論集．53(3)，531-554．

青木俊明・鈴木温（2005）社会資本整備における賛否態度の形成．実験社会心理学研究，45(1)，42-54．

青木俊明・鈴木嘉憲（2008）胆沢ダム建設事業にみる合意の構図．土木学会論文集D，64(4)，542-556．

青柳みどり（2001）環境保全にかかる価値観と行動の関連についての分析．環境科学会誌，14(6)，597-607．

秋山修一・細江宣裕（2008）電力需要関数の地域別推定．社会経済研究，56，49-58．

アジア太平洋研究所（2012）関西エコノミックインサイト，13，アジア太平洋研究所．

天野明弘（2005）わが国の温暖化対策とエネルギー需要の価格弾力性について．三田学会雑誌，98(2)，35-51．

安藤香織・広瀬幸雄（1999）環境ボランティア団体における活動継続意図・積極的活動意図の規定因．社会心理学研究，15(2)，90-99．

安藤香織・大沼進・Anke Bloebaum・Ellen Matthies（2005）日独における環境配慮行動の認知についての社会心理学的アプローチ．環境情報科学，33(4)，89-98．

池田謙一・唐沢穣・工藤恵理子・村本由紀子（2010）社会心理学．有斐閣．

池田謙一（2013）新版 社会のイメージの心理学：ぼくらのリアリティはどう形成されるか．サイエンス社．

池田新介（2012）自滅する選択：先延ばしで後悔しないための新しい経済学．東洋経済新報社．

依田高典・西村周三・後藤励（2009）行動健康経済学：人はなぜ判断を誤るのか．日本評論社．

依田高典（2010）行動経済学：感情に揺れる経済心理．中央公論新社．

岩田和之（2014）スマートメーターと省エネ．馬奈木俊介編著「エネルギー経済学」，180-194，中央経済社．

植田和弘（1996）環境経済学．岩波書店．

植田和弘（2003）環境資産マネジメントと参加型税制．地方税，54(2)，2-6．

上野眞也（2006）地域再生とソーシャル・キャピタル：付き合いと信頼．熊本大学政策創造研究センター年報，1，5-14．

植村博恭・磯谷明徳・海老塚明（1998）社会経済システムの制度分析．名古屋大学出版会．

大垣昌夫・田中沙織（2014）行動経済学：伝統的経済学との統合による新しい経済学を目指して．有斐閣．

大澤英昭・広瀬幸雄・尾花恭介（2009）吉野川第十堰を事例とした関係者への信頼，情報の理解の程度及び関係者の意見の受け入れに関する要因．土木学会論文集D，65(3)，244-

261.

大竹文雄・白石小百合・筒井義郎編著（2010）日本の幸福度：格差・労働・家族．日本評論社．

大竹文雄（2014a）基準としての伝統的経済学．大竹文雄・柳川範之（2014）行動経済学で進む経済分析．経済セミナー，679，16-18．

大竹文雄（2014b）「合理」と「非合理」．大竹文雄・柳川範之（2014）行動経済学で進む経済分析．経済セミナー，679，12-13．

大友章司・広瀬幸雄・大沼進・杉浦淳吉・依藤佳世・加藤博和（2004）環境に配慮した交通手段選択行動の規定因に関する研究：パーク・アンド・ライドの促進に向けた社会心理学的アプローチ．土木学会論文集，772，203-213．

大沼進（2007）人はどのような環境問題解決を望むのか：社会的ジレンマからのアプローチ．ナカニシヤ出版．

大渕憲一（2004）日本人の公正観：公正は個人と社会を結ぶ絆か？．現代図書．

大渕憲一（2005）公共事業政策に対する公共評価の心理学的構造．実験社会心理学研究，45(1)，65-76．

長内智・齋藤勉（2011）電力料金の値上げによる生産への影響について．経済分析レポート（大和総研，2011.8.5）．

小澤紀美子（2004）「エコライフ」と社会をめぐる生活者価値．CEL，70，3-8．

小塩隆士（2014）「幸せ」の決まり方：主観的厚生の経済学．日本経済新聞出版社．

呉宣兒・園田美保（2006）場所への愛着と原風景．南博文編「環境心理学の新しいかたち」，215-239，誠信書房．

尾花恭介・広瀬幸雄（2008）公共事業計画の手続き的公正さが事業主体の信頼に及ぼす影響と自由裁量の調整効果．土木学会論文集，64(4)，557-566．

戒能一成（2002）エネルギー政策の展開．(http://www.iser.osaka-u.ac.jp/~saijo/cd/2002/kaino01-28.pdf)

加藤潤三・池内裕美・野波寛（2004）地域焦点型目標意図と問題焦点型目標意図が環境配慮行動に及ぼす影響：地域環境としての河川に対する意思決定過程．社会心理学研究，20(2)，134-143．

金子能宏・佐藤格（2010）自殺・うつ対策の経済的便益（自殺・うつによる社会的損失）の推計．厚生労働省 第7回自殺・うつ病等対策プロジェクトチーム資料．

加納裕・三浦麻子（2002）AMOS，EQS，CALISによるグラフィカル多変量解析：目で見る共分散構造分析．現代数学社．

川勝健志（2009）森林環境政策の政府間機能配分論とポリシー・ミックス．諸富徹編著「環境政策のポリシー・ミックス」，262-284，ミネルヴァ書房．

川越敏司編著（2013）経済学に脳と心は必要か？．河出書房新社．

環境省（2005）環境税の経済分析等について．中央環境審議会 総合政策・地球環境合同部会．

環境省（2008）環境にやさしいライフスタイル実態調査（平成19年度調査）．環境省．

菊池端夫（2007）行政の信頼性に関する研究の論点と意義．季刊行政管理研究，118，67-78．

吉川肇子（2001）リスクの新しい尺度を求めて．日本リスク研究学会誌，12(2)，34-39．

栗山浩一・馬奈木俊介（2012）環境経済学をつかむ（第2版）．有斐閣．

経済産業省（2011）節電効果の算出根拠（家庭）．経済産業省．

小池俊雄・古谷崇・白川直樹・中央学術研究所／環境問題研究会（2003）環境問題に対する

心理プロセスと行動に関する基礎的考察．水工学論文集，47，361-366．
国家戦略室需給検証委員会（2012）今夏の電力需給対策のフォローアップについて．第7回需給検証委員会（資料3-1-1），国家戦略室需給検証委員会．
小松秀徳・西尾健一郎（2013）省エネルギー・節電促進策のための情報提供における「ナッジ」の活用：米国における家庭向けエネルギーレポートの事例．電力中央研究所報告，Y12035，電力中央研究所．
坂田正三（2001）社会関係資本概念の有用性と限界．佐藤寛編「援助と社会関係資本」，11-33，アジア経済研究所．
塩沢由典（1997）複雑さの帰結．NTT出版．
資源エネルギー庁（2011a）今夏の電力需要抑制対策について（平成23年11月7日）．資源エネルギー庁．
資源エネルギー庁（2011b）家庭の節電対策メニュー．資源エネルギー庁．
住環境計画研究所（2011）震災後の家庭の節電効果と省エネ行動に関する調査結果について．住環境計画研究所．
省エネルギーセンター（2012）家庭の省エネ大辞典．省エネルギーセンター．
沈中元（2003）日本におけるエネルギー需要の所得と価格の短・長期弾性値の計測．第19回エネルギーシステム・経済・環境コンファレンス講演論文集，301-306．
杉浦淳吉・大沼進・野波寛・広瀬幸雄（1998）環境ボランティアの活動が地域住民のリサイクルに関する認知・行動に及ぼす効果．社会心理学研究，13(2)，143-151．
杉浦淳吉・野波寛・広瀬幸雄（1999）資源ゴミ分別制度への住民評価におよぼす情報接触と分別行動の効果：環境社会心理学的アプローチによる検討．廃棄物学会論文誌，10(2)，87-96．
杉浦淳吉（2003）環境配慮の社会心理学．ナカニシヤ出版．
鈴木敦士・井上裕史・園山実（2012）2011年夏の電力需要予測とその検証．三菱総合研究所所報，55，28-46．
高橋卓也（2005）地方森林税はどのようにして政策課題となるのか：都道府県の対応に関する政治経済的分析．林業経済研究，51(3)，19-28．
竹村和久（2014）フレーミング効果：表現の仕方によって意思決定は変わる．西條辰義・清水和巳編著「実験が切り開く21世紀の社会科学」，35-46，勁草書房．
竹村和久（2015）経済心理学：行動経済学の心理的基礎．培風館．
竹本豊（2009）高知県での森林環境税導入における政策決定過程分析．林業経済研究，55(3)，12-22．
多田洋介（2003）行動経済学入門．日本経済新聞社．
多田洋介（2009）行動経済「政策」学のすすめ．行動経済学会誌，2(8)，1-6．
田中一昭・岡田彰（2006）信頼のガバナンス．ぎょうせい．
田中堅一郎（1998）社会的公正の心理学．ナカニシヤ出版．
谷下雅義（2009）世帯電力需要量の価格弾力性の地域別推定．エネルギー・資源学会論文誌，30(5)，1-7．
堤英敬（2004）地方政治に対する信頼：参加経験・社会関係資本・対人情報環境．香川法学，24(2)，100-122．
電気事業連合会（2011）電力需要実績確報2011年7～9月分．電気事業連合会．
電気事業連合会（2012）電力需要実績確報2012年1～3月分．電気事業連合会．
電力需給検証小委員会（2013）電力需給検証小委員会報告書（平成25年10月）．電力需給検

証小委員会.
電力需給検証小委員会（2014）電力需給検証小委員会報告書（平成26年10月）．電力需給検証小委員会．
電力需給に関する検討会合／エネルギー・環境会合（2012）需給検証委員会報告書（平成24年11月）．電力需給に関する検討会合／エネルギー・環境会合．
友野典男（2006）行動経済学：経済は「感情」で動いている．光文社．
友野典男（2011）進化と経済行動：生態的合理性は規範的行動経済学の基礎となりうるか．明治大学社会科学研究所紀要，49(2)，191-205．
豊田秀樹（1992）SASによる共分散構造分析．東京大学出版会．
豊田秀樹（1998）共分散構造分析：入門編．朝倉書店．
内閣府（1999）森林と生活に関する世論調査（平成11年7月調査）．内閣府．
内閣府（2001）近年の規制改革の経済効果：利用者メリットの分析（改訂試算）．政策効果分析レポート，7，内閣府．
内閣府（2003a）90年代以降の規制改革の経済効果：利用者メリットの分析（再改訂試算）．政策効果分析レポート，17，内閣府．
内閣府（2003b）森林と生活に関する世論調査（平成15年11月調査）．内閣府．
内閣府（2007a）規制改革の経済効果：利用者メリットの分析（改訂試算）2007年版．政策効果分析レポート，22，内閣府．
内閣府（2007b）森林と生活に関する世論調査（平成19年5月調査）．内閣府．
内閣府（2011）森林と生活に関する世論調査（平成23年12月調査）．内閣府．
内閣府（2012）平成23年度国民生活選好度調査．内閣府．
内閣府幸福度に関する研究会（2011）幸福度に関する研究会報告．内閣府．
永田豊（1995）エネルギー間競合モデル．電力経済研究，35，93-105．
中谷内一也（2006）リスクのモノサシ：安全・安心生活はありうるか．NHKブックス．
中谷内一也・Cvetkovich, G.（2008）リスク管理機関への信頼：SVSモデルと伝統的信頼モデルの統合．社会心理学研究，23(3)，259-268．
中谷内一也・野波寛・加藤潤三（2010）沖縄赤土流出問題における一般住民と被害者住民の信頼比較：リスク管理組織への信頼規定因と政策受容．実験社会心理学研究，49(2)，205-216．
西尾健一郎・大藤建太（2012）家庭における2011年夏の節電の実態．電力中央研究所報告，Y11014，電力中央研究所．
西部忠（2006）進化主義的制度設計におけるルールと制度．経済学研究，56(2)，133-146．
日本エネルギー経済研究所計量分析ユニット（2012）エネルギー・経済統計要覧（2012年版）．省エネルギーセンター．
野波寛・杉浦淳吉・大沼進・山川肇・広瀬幸雄（1997）資源リサイクル行動の意思決定における多様なメディアの役割：パス解析モデルを用いた検討．心理学研究，68(4)，264-271．
野波寛・池内裕美・加藤潤三（2002a）コモンズとしての河川に対する環境配慮行動の規定因：集団行動と個人行動における情動的意思決定と合理的意思決定．関西学院大学社会学部紀要，92，63-75．
野波寛・加藤潤三・池内裕美・小杉考司（2002b）共有財としての河川に対する環境団体員と一般住民の集合行為．社会心理学研究，17(3)，123-135．
馬場健司（2002）NIMBY施設立地プロセスにおける公平性の視点：分配的公正と手続き的公正による住民参加の評価フレームに向けての基礎的考察．都市計画論文集，37，295-

300.

馬場健司・田頭直人（2007）新エネルギー設備導入による市民への普及啓発効果．電力中央研究所報告，Y07004，電力中央研究所．

原科幸彦（2007）環境計画・政策研究の展開．岩波書店．

肥田野登（2013）環境経済学における心理的社会的要因を考慮した環境質の評価．環境科学会誌，26(1)，68-72．

広瀬幸雄・北田隆（1987）渇水時における住民の節水行動の規定因．社会心理学研究，2(2)，21-28．

広瀬幸雄（1993）環境問題へのアクション・リサーチ．心理学評論，36(3)，373-397．

広瀬幸雄（1994）環境配慮的行動の規定因について．社会心理学研究，10(1)，44-55．

広瀬幸雄（1995）環境と消費の社会心理学．名古屋大学出版会．

藤井聡（2003）社会的ジレンマの処方箋．ナカニシヤ出版．

藤井聡（2005）行政に対する信頼の醸成条件．実験社会心理学研究，45(1)，27-41．

古川泰（2004）地方自治体による新たな林政の取り組みと住民参加：高知県森林環境税と梼原町環境型森林・林業振興策を事例に．林業経済研究，50(1)，39-52．

Bespyatko, L.・井村秀文（2008）環境サービスに対する支払いとしての森林環境税に関する研究．環境科学会誌，21(2)，115-132．

星野優子（2010）エネルギー需要の長期価格弾力性：政策分析に用いる場合の留意点．電力中央研究所報告，Y09029，電力中央研究所．

星野優子（2011）日本のエネルギー需要の価格弾力性の推計：非対称性と需要トレンドの影響を考慮して．電力中央研究所報告，Y10016，電力中央研究所．

前田洋枝・広瀬幸雄・河合智也（2012）廃棄物発生抑制行動の心理学的規定因．環境科学会誌，25(2)，87-94．

松下京平・浅野耕太・飯国芳明（2004）社会関係資本への投資としての地方環境税．環境情報科学論文集，18，189-194．

三阪和弘（2003）環境教育における心理プロセスモデルの検討．環境教育，13(1)，3-14．

三阪和弘・小池俊雄（2006）水害対策行動と環境行動に至る心理プロセスと地域差の要因．土木学会論文集B，62(1)，16-26．

水野絵夢・羽鳥剛史・藤井聡（2008）公共事業に関する賛否世論の心理要因分析．土木計画学研究・論文集，25(1)，49-57．

みずほ情報総研（2011）節電に関する行動・意識調査．みずほ情報総研．

溝端幹雄・神田慶司・鈴木準・真鍋裕子・小黒由貴子（2011）電力不足解消のカギは家計部門にある．経済・社会構造分析レポート（大和総研，2011.11.2）．

三谷羊平（2011）実験経済学アプローチの新展開．柘植隆宏・栗山浩一・三谷羊平編著「環境評価の最新テクニック：表明選好法・顕示選好法・実験経済学」，151-181，勁草書房．

三谷羊平・伊藤伸幸（2013）環境経済学における実験研究の最新動向．環境経済・政策研究，6(2)，26-40．

村上一真（2002）水環境保全における水源税などの環境税のあり方．環境新聞，2002年11月20日．

村上一真（2007）環境と開発の政治経済学：持続可能な発展と社会的能力．多賀出版．

村上一真（2008）環境配慮行動の規定要因に関する構造分析．環境情報科学論文集，22，339-344．

元吉忠寛・髙尾堅司・池田三郎（2008）家庭防災と地域防災の行動意図の規定因に関する研

究．社会心理学研究，23(3)，209-220．
諸富徹（2000）環境税の理論と実際．有斐閣．
諸富徹（2003）環境．岩波書店．
諸富徹・浅野耕太・森晶寿（2008）環境経済学講義．有斐閣．
山岸俊男・山岸みどり・高橋伸幸・林直保子・渡部幹（1995）信頼とコミットメント形成：実験研究．実験社会心理学研究，35(1)，23-34．
山岸俊男（1998）信頼の構造．東京大学出版会．
山岸俊男（2000）社会的ジレンマ：「環境破壊」から「いじめ」まで．PHP研究所．
山岸俊男（2013）社会心理学とは．大垣昌夫・中林真幸・山岸俊男（2013）文化差とは何か，経済セミナー，670，12-27．
山崎瑞紀・高木彩・池田謙一・堀井秀之（2008）鉄道事業者に対する社会的信頼の規定因：共分散構造分析を用いたモデルの構成．社会心理学研究，24(2)，77-86．
山本嘉一郎・小野寺孝義（2002）Amosによる共分散構造分析と解析事例．ナカニシヤ出版．
山本信次（2007）市民参加による森林保全活動と森林教育．森林科学，49，15-18．
吉田謙太郎（2003）表明選好法を活用した模擬住民投票による水源環境税の需要分析．農村計画学会誌，22(3)，188-195．
吉田謙太郎（2013）生物多様性と生態系サービスの経済学．昭和堂．
吉田俊和・松原敏浩編（1999）社会心理学：個人と集団の理解．ナカニシヤ出版．
吉田俊和・北折充隆・斎藤和志編（2009）社会的迷惑の心理学．ナカニシヤ出版．
依藤佳世（2003）子どものごみ減量行動に及ぼす親の社会的影響．廃棄物学会論文誌，14(3)，166-175．
依藤佳世・広瀬幸雄・杉浦淳吉・大沼進・萩原喜之（2005）住民による自発的リサイクルシステムが資源分別制度の社会的受容に及ぼす効果．廃棄物学会論文誌，16(1)，55-64．
依藤佳世（2011）子どものごみ減量行動の規定因としての個人的規範と社会的規範．心理学研究，82，240-248．
林野庁（2004）森林づくり活動についてのアンケート集計結果（平成16年2月調査）．林野庁．
林野庁（2007）森林づくり活動についてのアンケート集計結果（平成19年3月調査）．林野庁．
林野庁（2010）森林づくり活動についてのアンケート集計結果（平成22年3月調査）．林野庁．
林野庁（2013）森林づくり活動についての実態調査（平成25年4月調査）．林野庁．
林野庁（2014）平成25年度森林・林業白書．林野庁．
渡部幹（2004）社会的ジレンマの解決に向けた統合的アプローチ．竹村和久編「社会心理学の新しいかたち」，101-121，誠信書房．

あとがき

　本書は，個人の環境配慮行動に係る意思決定プロセスを実証的に明らかにする研究である。マクロな制度やしくみが，組織や個人などの能力水準や意識・行動様式に及ぼす影響解明の研究として，「環境と開発の政治経済学：持続可能な発展と社会的能力」(2007年)，「環境経営のグローバル展開：海外事業およびサプライチェーンへの移転・普及のメカニズム」(2015年) に続く研究成果となる。マクロ，メゾ，ミクロの研究対象のなかで，2007年の都市，2015年の企業に続く，個人を対象とした研究の成果である。

　本書を含めて，これまで能力や意識など，伝統的経済学では扱いにくい概念を分析対象としてきた。また実際の環境問題をテーマに取り上げてきた。これらは学際的で問題解決型の研究の必要性を意味する。本書では，認知心理学や社会心理学などでの研究により発展してきた行動経済学に基づいた，現場で役立つ実践的な研究を目指した。

　各章の初出は以下のとおりであり，これに加筆修正している。序章，第3～5章，終章は書下ろしである。

　第1章「2011年夏季の専業主婦の節電行動の規定要因の分析：個人費用便益認知と社会費用便益認知の比較を中心に」(環境科学会誌, 28(1), 16-26.)

　第2章「節電目標の理解度と停電への不安・恐怖が節電行動・節電率に与える影響の分析」(環境科学会誌, 26(5), 401-412.)

　第6章「森林ボランティア活動の意思決定プロセスに関する構造分析」(環境情報科学論文集, 23, 315-320.)

　第7章「森林環境税が森林ボランティア活動に与える影響に関する構造分析」(環境情報科学論文集, 24, 207-212.)

　第8章「森林環境税制度受容の意思決定プロセスに関する構造分析」(環境情報科学論文集, 25, 101-106.)

　第9章「森林環境税の必要性判断に係る意思決定プロセスの分析：地域への愛着と地域との関わりに係る分析」(環境経済・政策研究, 5(1), 34-45.)

　第10章「住民の森林環境税制度受容に係る意思決定プロセスの分析：手続き

的公正の機能について」(環境科学会誌, 26(2), 118-127.)

　第11章「森林環境税導入地域を対象とした森林行政への信頼の規定要因に関する分析」(心理学研究, 83(5), 463-471.)

　本書は科学研究費補助金(「フォーマル／インフォーマルな制度が個人の環境配慮行動の意思決定に与える影響の研究(奨励研究, 課題番号23912006)」,「家庭での節電行動の意思決定および節電効果に影響を与える要因解明の実証研究(若手研究(B), 課題番号25871079)」)に基づく研究成果を取りまとめ, 研究成果公開促進費(課題番号16HP5193)により刊行するものである。この過程において, 三菱UFJリサーチ＆コンサルティング, アジア太平洋研究所, 滋賀県立大学の方々からの知的刺激や支援, さらに多くの学会や学術誌でのコメントに助けられた。深く感謝申し上げる。

　本研究は質問票調査に基づく分析が中心となっており, 調査にご協力いただいた方々に感謝を申し上げたい。また, 本書の出版を引き受けていただいた中央経済社に厚くお礼を申し上げたい。経営編集部の浜田匡氏には大変お世話になった。記して感謝申し上げる。

村上　一真

索　引

英　数

nudge（ナッジ）……………………………… 2
TCC モデル ……………………………………… 216

あ　行

愛着 …………………………………………… 7, 148
アカウンタビリティ ………………… 143, 205
アナウンスメント効果 ……………………… 120
アノマリー（例外）………………………………… 2
意思決定プロセス ……………………………… 3
一般的信頼 …………………………………… 174
意図 ……………………………………………… 72
因果構造 ……………………………………… 34
インセンティブ ……… 2, 48, 93, 97, 103, 116
インフォーマルな制度 ……………………… 10, 12

か　行

外生性の検定 ………………………………… 124
外的妥当性 ……………………………………… 5
外的要因 …………………………………… 10, 53
外部経済 ……………………………………… 140
外部不経済 ……………………………………… 6
価格効果 ……………………………………… 120
価格弾性値 ………………………… 22, 123, 125
学習効果 ……………………………………… 43
価値類似性 …………………………………… 215
カテゴリー的信頼 ……………………… 12, 175
環境ガバナンス ……………………………… 200
環境教育 ……………………………………… 138
環境政策手段 ………………………………… 2, 55
環境認知 ………………………………………… 31
環境配慮行動 …………………………………… 6
感情 ……………………………………………… 55
間接効果 ………………………………………… 65

危機意識 ………………………………………… 31
記述的規範 …………………………………… 103
帰属意識 ……………………………………… 148
規則性 …………………………………………… 10
期待 ……………………………………… 5, 32, 72
規範活性化理論 …………………………… 24, 28
規範的アプローチ ……………………………… 1
逆進性 ………………………………………… 128
強制力 ………………………………… 6, 14, 55
共分散構造分析 ………………………………… 4, 34
協力行動 ………………………………… 69, 110
クロンバック α ……………………………… 39
計画停電 ………………………………… 53, 71
計画的行動理論 …………………………… 24, 28
経験則 …………………………………………… 10
経験的システム ………………………………… 9
経済合理性基準 ………………………………… 5
経済性認知 ……………………………………… 32
経済的利得 …………………………………… 248
系列相関の検定 ……………………………… 124
限定合理性 ……………………………………… 8
公共事業評価 ………………………………… 171
交互作用 ……………………………………… 41
構造的方略 ……………………………………… 4
行動意図 ……………………………………… 30
行動経済学 ………………………… 1, 7, 9, 15, 200
行動評価 ………………………………………… 31
行動変容 ……………………………… 4, 51, 116
合理性 …………………………………… 2, 7, 9
互恵性 ………………………………………… 7, 12
個人厚生 ………………………………………… 5
個人費用便益認知 ……………………… 32, 246
コスト・ベネフィット ………………… 24, 31
コモンズの悲劇 ……………………………… 6, 32

さ　行

財源調達手段……………………………… 141
最小二乗法………………………………… 124
最尤法……………………………………… 39
参加型税制………………………………… 160
参照点……………………………………… 235
識別性確保………………………………… 39
自己関連性………………………………… 172
市場の失敗………………………………… 6
システマティック処理………………… 9, 172
自然資本…………………………………… 134
実行可能性………………………………… 31
実証的アプローチ………………………… 1
社会依存関係……………………………… 4
社会関係資本……………………………… 199
社会厚生…………………………… 5, 94, 255
社会心理学……………………… 4, 24, 147, 173
社会性……………………………………… 7
社会的影響力……………………………… 102
社会的規範………………………… 10, 32, 69, 151
社会的ジレンマ…………………… 6, 32, 110
社会的責任…………………………… 81, 119
社会的選好………………………………… 4, 7
社会的知性………………………………… 174
社会的比較…………………………… 11, 102
社会費用便益認知……………………… 33, 246
主観的幸福感…………………………… 3, 248
主効果……………………………………… 41
主要価値類似性モデル…………………… 215
準拠集団…………………………… 11, 32, 151
状況依存…………………………………… 8
情緒的要因…………………………… 148, 149
消費者行動研究…………………………… 24
情報依存的信頼…………………………… 174
情報処理…………………………… 3, 9, 174
情報の非対称性…………………………… 51
処方的アプローチ………………………… 1

神経経済学………………………………… 4
人工資本…………………………………… 134
身体感覚…………………………………… 55
人的資本…………………………………… 134
信頼……………………… 11, 69, 72, 158, 173
信頼の非対称性原理………………… 81, 227
心理的方略…………………………… 4, 110
森林環境税制度…………………… 13, 141
森林の多面的機能………………………… 13
森林ボランティア活動………… 13, 138
スピルオーバー…………………………… 247
政策課題……………………………… 201, 226
政策決定プロセス………………………… 144
政策効果……………………………… 93, 160
政策受容……………………… 69, 144, 171
誠実さ……………………………… 72, 191, 225
精緻化見込みモデル……………………… 9
制度………………………………… 10, 12
制度信頼……………………………… 12, 70, 175
政府関与…………………………………… 93
政府の介入………………………………… 6
政府の失敗………………………………… 200
責任意識…………………………………… 31
節電意識…………………………………… 30
節電効果…………………………………… 25
節電行動…………………………………… 31
節電目標……………………………… 42, 53, 68
節電要請……………………………… 29, 53
節電率……………………………… 25, 31, 34
選好………………………………………… 3, 7
選好関数…………………………………… 7
潜在変数………………………………… 39, 43
選択……………………………………… 1
総合効果…………………………………… 65
相互作用………………… 10, 11, 198, 245
相互理解…………………………………… 143
操作変数法………………………………… 124
損失回避性…………………………… 97, 115

た 行

ダービンのh統計量……………………… 124
対処有効性…………………………………… 31
態度………………………………………… 30, 31
ダイナミック・プライシング……………… 96
多重比較…………………………………… 111, 164
多母集団同時分析………………………… 8, 34
短期弾性値………………………………… 23
チェンジエージェント…………………… 199
超過課税方式……………………………… 141
長期弾性値………………………………… 23, 125
直接効果…………………………………… 65
手続き的公正……………………………… 144, 201
デマンド・レスポンス…………………… 22
伝統的な経済学………………………… 1, 3, 8, 145
電力需要関数……………………………… 18, 123
動機づけ…………………………………… 7, 8
同調……………………………………… 102, 247, 253
取引費用…………………………………… 117, 252

な 行

内在化…………………………………… 10, 12, 116
内生性……………………………………… 7
内的妥当性………………………………… 5
内的要因…………………………………… 10
二次的ジレンマ…………………………… 4
二重過程理論……………………………… 9
認知心理学………………………………… 1
認知的けち………………………………… 174
ネットワーク…………………… 12, 120, 158, 197

は 行

バイアス………………………………… 1, 11, 96, 199
ハウスマン・テスト……………………… 125
ピークロード・プライシング…………… 120

非競合性…………………………………… 6
非合理性…………………………………… 7
非排除性…………………………………… 6
ヒューリスティック・システマティック・
  モデル……………………………………… 9, 171
ヒューリスティック処理…………… 9, 10, 172
ヒューリスティックス………………… 8, 171
費用対効果…………………………… 6, 94, 145
評判形成………………………… 11, 102, 157
費用評価…………………………………… 28
費用便益…………………………………… 32
フィードバック…………………………… 121
フォーマルな制度………………… 10, 55, 137
不確実性………………………… 8, 158, 199
ブラックボックス………………………… 3
フリーライダー…………………………… 5, 6
フレーミング効果…………………… 96, 120
プロスペクト理論………………………… 97
分散分析………………………… 41, 111, 162
分析的システム…………………………… 9
分配的公正…………………………… 144, 173
便益評価…………………………………… 28
包括的富…………………………………… 134

ま 行

身近な他者……………………… 11, 102, 150, 185
命令的規範………………………………… 69
目標意図…………………………………… 30
模倣……………………………… 102, 247, 253

ら 行

ランダム化比較試験法…………… 2, 96, 116
リスクコミュニケーション……………… 171
利他性……………………………………… 7
利便性認知………………………………… 32
倫理性……………………………………… 200

【著者紹介】

村上一真（むらかみ　かずま）

滋賀県立大学准教授。専門は環境経済学，開発経済学，行動経済学。
1974年島根県生まれ，2000年三和総合研究所，2007年広島大学大学院国際協力研究科修了，2011年アジア太平洋研究所。2013年より現職。博士（学術）。
主な著書　環境と開発の政治経済学：持続可能な発展と社会的能力（単著，多賀出版，2007年），Effective Environmental Management in Developing Countries: Assessing Social Capacity Development（分担執筆，Macmillan Palgrave，2007年），環境経営のグローバル展開：海外事業およびサプライチェーンへの移転・普及のメカニズム（共著，白桃書房，2015年），Economic Change in Asia: Implications for Corporate Strategy and Social Responsibility（分担執筆，Routledge，2016年）。

環境配慮行動の意思決定プロセスの分析
節電・ボランティア・環境税評価の行動経済学

2016年8月15日　第1版第1刷発行

著　者　村　上　一　真
発行者　山　本　　　継
発行所　㈱中央経済社
発売元　㈱中央経済グループ
　　　　パブリッシング

〒101-0051　東京都千代田区神田神保町1-31-2
電　話　03（3293）3371（編集代表）
　　　　03（3293）3381（営業代表）
http://www.chuokeizai.co.jp/
印　刷／㈱堀内印刷所
製　本／誠製本㈱

Ⓒ 2016
Printed in Japan

※頁の「欠落」や「順序違い」などがありましたらお取り替えいたしますので発売元までご送付ください。（送料小社負担）
ISBN978-4-502-19571-6　C3033

JCOPY〈出版者著作権管理機構委託出版物〉本書を無断で複写複製（コピー）することは，著作権法上の例外を除き，禁じられています。本書をコピーされる場合は事前に出版者著作権管理機構（JCOPY）の許諾を受けてください。
JCOPY〈http://www.jcopy.or.jp　eメール：info@jcopy.or.jp　電話：03-3513-6969〉